新世纪普通高等教育
电气工程及其自动化类课程规划教材

电气CAD（第三版）

Electrical CAD

主　编　郭香敏　吴　云
副主编　杜明娟　董微微　范振禄　张艳肖
主　审　瓮嘉民

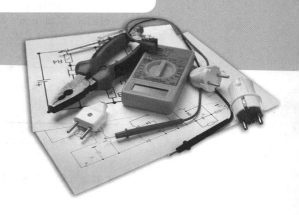

 大连理工大学出版社

图书在版编目(CIP)数据

电气 CAD / 郭香敏,吴云主编. -- 3 版. -- 大连 :
大连理工大学出版社,2024.1(2025.1重印)
ISBN 978-7-5685-4598-3

Ⅰ.①电… Ⅱ.①郭…②吴… Ⅲ.①电气制图—
AutoCAD 软件—教材 Ⅳ.①TM02-39

中国国家版本馆 CIP 数据核字(2023)第 195514 号

大连理工大学出版社出版

地址:大连市软件园路 80 号　邮政编码:116023
营销中心:0411-84707410　84708842　邮购及零售:0411-84706041
E-mail:dutp@dutp.cn　　URL:https://www.dutp.cn
辽宁星海彩色印刷有限公司印刷　　大连理工大学出版社发行

幅面尺寸:185mm×260mm　　印张:18.5　　字数:450 千字
2013 年 2 月第 1 版　　　　　　　　　2024 年 1 月第 3 版
2025 年 1 月第 2 次印刷

责任编辑:王晓历　　　　　　　　　责任校对:齐　欣
封面设计:张　莹

ISBN 978-7-5685-4598-3　　　　　　　定　价:51.80 元

本书如有印装质量问题,请与我社营销中心联系更换。

前　言

　　《电气 CAD》（第三版）是新世纪普通高等教育电气工程及其自动化类课程规划教材之一。

　　本教材以 AutoCAD 2023 为工具，介绍电气图纸的设计和绘制方法。本教材在内容安排上，突出案例教学，对具体实例分步骤做出说明；在表现方式上，文字说明和图表并用，图文并茂，简单直观，通俗易懂。有利于读者掌握电气图纸的设计和绘制方法，并为实际工作奠定良好基础。本教材适合高等院校电气工程及其自动化专业的学生使用，也可供科研人员参考。

　　在修订本教材的过程中，为了能够既保留传统知识的精华，又尽可能地反映电气工程行业新发展，编者基于多年的电气 CAD 基础课程教学实践，以及进行的大量调研和改革工作，在充分了解社会需求与人才培养诸多方面的需求后，按照教育部对高等教育发展的指导思想，在充分考虑应用领域对人才需求的同时，结合教学中学时分配、内容分配及教学的学术性、趣味性、易用性等诸多方面的经验和体会对教材内容进行了修订。

　　与传统教材相比，本教材在体系结构上进行了调整，角度独特，内容新颖，主要有以下几方面特色：

　　1. 重在介绍基本概念、基本运行原理与基本运行特性，并强调实用性。

　　2. 为适应当前发展需要，对教材中 AutoCAD 软件进行了升级并实施现行标准。

　　3. 为满足学生进一步学习及发展的需求，附录部分增加了常用电气符号和电气工程图实例，有利于加深读者对所学内容的体会和理解。

　　本教材共 10 章。其中，第 1～4 章分别介绍了电气工程图的基本知识、AutoCAD 2023 的基本命令和操作、电气图形符号的绘制及简单实用电路的绘制，内容循序渐进，构成入门的基础部分；第 5～8 章针对机床电路、建筑电气、供配电、电力电子等方面分别进行讲授，以案例为先导，按步骤绘制相关图纸，内容丰富、全面；第 9～10 章分别介绍三维实体绘图、图

新世纪

纸打印相关知识。

为响应教育部全面推进高等学校课程思政建设工作的要求,本教材编写团队深入推进党的二十大精神融入教材,不仅围绕专业育人目标,结合课程特点,注重知识传授能力的培养与价值塑造统一,还体现了专业素养、科研学术道德等教育,立志培养有理想、敢担当、能吃苦、肯奋斗的新时代好青年,让青春在全面建设社会主义现代化国家的火热实践中谱写绚丽华章。

本教材响应二十大精神,推进教育数字化,建设全民终身学习的学习型社会、学习型大国,及时丰富和更新了数字化微课资源,以二维码形式融合纸质教材,使得教材更具及时性、内容的丰富性和环境的可交互性等特征,使读者学习时更轻松、更有趣味,促进了碎片化学习,提高了学习效果和效率。

本教材由云南经济管理学院郭香敏,辽宁石油化工大学吴云任主编;辽宁石油化工大学杜明娟,大连海洋大学应用技术学院董微微、范振禄,西安交通大学城市学院张艳肖任副主编。具体编写分工如下:郭香敏编写第1章、第3章、附录;杜明娟编写第4章、第6章和第7章;董微微编写第2章;范振禄编写第9章、第10章;张艳肖编写第5章、第8章。全书由郭香敏、吴云统稿并定稿。河南工程学院瓮嘉民审阅了书稿,并提出了宝贵意见,在此仅致谢忱。

在编写本教材的过程中,编者参考、引用和改编了国内外出版物中的相关资料以及网络资源,在此表示深深的谢意!相关著作权人看到本教材后,请与出版社联系,出版社将按照相关法律的规定支付稿酬。

尽管我们在教材特色的建设方面做了许多努力,但由于编者水平有限,教材中难免存在疏漏和不妥之处,恳请教学单位和读者多提宝贵意见,以便下次修订时改进。

编 者
2024 年 1 月

所有意见和建议请发往:dutpbk@163.com
欢迎访问高教数字化服务平台:https://www.dutp.cn/hep/
联系电话:0411-84708445 84708462

目 录

第1章

电气工程图基本知识

本章主要介绍电气工程图的基本知识,包括电气工程图的种类及特点;电气CAD制图的基本规范:图纸的幅面和分区,标题栏、会签栏和图号,比例、图线、字体等的选用;电气工程图中的连接线和元件的一些表示方法,以及电气技术中的文字符号和常用图形符号等。

守规矩,做国家标准的践行者
大国匠心|
30年,他一直在跟笔头较劲!

1.1 电气工程图的种类和特点

1.1.1 电气工程图的种类

电气工程图是用来阐述电气工程的构成和功能,描述电气装置的工作原理,提供电气系统安装和维护信息的图纸。

电气工程图可以根据功能和使用场合的不同来分类,一般来说,电气系统图、电气原理图、电气安装接线图、电气平面布置图是最主要的电气工程图。电气工程的规模不同,该项工程的电气工程图的种类和数量也不同。

一项工程的电气工程图通常包括以下内容,根据各工程的不同情况,有些内容可以删减,并将它们装订成册。

1.目录和前言

目录由序号、图样名称、编号、张数等构成,主要是便于检索图样。

前言中包括设计说明、图例、设备材料明细表、工程经费概算等。

设计说明的主要目的在于阐述电气工程设计的依据、基本指导思想与原则,图样中未能清楚表明的工程特点、安装方法、工艺要求、特殊设备的安装使用说明,以及有关的注意事项等的补充说明。图例即图形符号,一般只列出本套图样涉及的一些特殊图例。

设备材料明细表列出该项电气工程所需的主要电气设备和材料的名称、型号、规格和数量,可供经费预算和购置设备材料时参考。工程经费概算用于大致统计出电气工程所需的费用,可以作为工程经费预算和决算的重要依据。

2.电气系统图

电气系统图用于表示整个工程或该工程中某一项目的供电方式和电能输送的关系,也可表示某一装置各主要组成部分的关系。例如,某台电动机的供电关系可采用图1-1所示的电气系统图来表示。该电气系统图由电源 L1、L2、L3,熔断器 FU1,交流接触器 KM,热继电器 FR,电动机 M 构成,并通过连线表示如何连接这些元件。

3. 电气原理图

电气原理图主要表示系统或装置的电气工作原理，又称为电路图。

例如，为了描述图 1-1 所示电动机的控制原理，要使用图 1-2 所示的电气原理图清楚地表示其工作原理。图 1-2 中 SB2 是电动机的启动按钮，按下它可让交流接触器 KM 的电磁线圈通电，交流接触器 KM 的主触头闭合，电动机运转；SB1 是电动机的停止按钮，按下它电动机就停止运转。

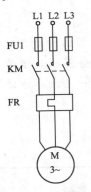
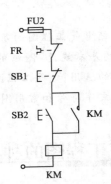

图 1-1　电动机电气系统图　　　　图 1-2　电动机电气原理图

4. 电气安装接线图

电气安装接线图主要用于表示电气装置内部各元件之间及其与外部其他装置之间的连接关系，有单元接线图、互连接线圈端子接线图、电线电缆配置图等类型。图 1-3 所示电气安装接线图清楚地表示了各元件之间的实际位置和连接关系。图中，电源(L1、L2、L3)由型号为 BX-3×6 的导线，顺序接至端子排 X、熔断器 FU、交流接触器 KM 的主触头，再经热继电器 FR 的热元件，接至电动机 M 的接线端子 U、V、W。电气安装接线图与实际电路是完全对应的。

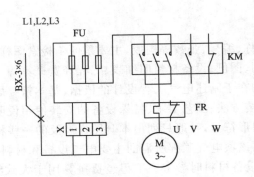

图 1-3　电动机电气安装接线图

5. 电气平面布置图

电气平面布置图表示电气工程中电气设备、装置和线路的平面布置，一般在建筑平面图中绘制出来，根据用途不同，电气平面布置图可分为线路平面布置图、变电所平面布置图、动力平面布置图、照明平面布置图、弱电系统平面布置图、防雷与接地平面布置图等。图 1-4 所示是一个车间的电气平面布置图。图中从配电柜引出导线接到上、下两组配电箱，各个配电箱再分别引出导线接至电动机。图中示出了电源经控制箱或配电箱,再分别经导线 BX-3×2.5、BX-3×4、BX-3×6 接至电动机 1、2、3 的具体平面布置。

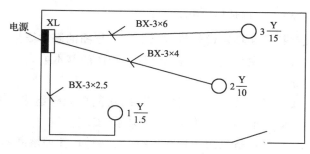

图 1-4　车间电气平面布置图

6. 设备布置图

设备布置图主要表示各种电气设备和装置的布置形式、安装方式及相互位置之间的尺寸关系,通常由平面图、立面图、断面图、剖面图等组成。

7. 大样图

大样图用于表示电气工程某一部件、构件的结构,用于指导加工与安装,部分大样图为国家标准图。

8. 产品使用说明书用电气工程图

厂家往往在产品使用说明书中附上电气工程中选用的设备和装置的电气工程图。

9. 其他电气工程图

除主要的电气工程图外,在一些较复杂的电气工程中,为了补充和详细说明某一局部工程,还需要使用一些特殊的电气工程图,如功能图、逻辑图、印刷板电路图、曲线图、表格等。

10. 设备元件和材料表

设备元件和材料表的作用是把一项电气工程中所需的主要设备、元件、材料和有关的数据列成表格,表示其名称、符号、型号、规格、数量等。这种表格主要用于说明电气工程图上符号所对应的元件名称和有关数据,应与电气工程图联系起来阅读。以图 1-1 和图 1-2 所示的电气工程图为例,可列出设备元件表见表 1-1。

表 1-1　　　　　　　　　　　　　　　设备元件表

序　号	符　号	名　称	型　号	规　格	单　位	数　量	备　注
1	M	电动机	Y	300 V,15 kW	台	1	
2	KM	交流接触器	CJ10	300 V,40 A	个	1	
3	FU1	熔断器	RT0	380 V,40 A	个	3	配熔丝 3 A
4	FU2	熔断器	RC1	250 V,1 A	个	1	配熔丝 1 A
5	FR	热继电器	JR3	40 A	个	1	整定值 25 A
6	SB1 SB2	按钮	LA2	250 V,3 A	个	2	用常闭触点 用常开触点

1.1.2 电气工程图的特点

电气工程图的特点主要包括以下几方面：

1.图形符号、文字符号和项目代号是构成电气工程图的基本要素

图形符号、文字符号和项目代号是构成电气工程图的基本要素，一些技术数据也是电气工程图的主要内容。

电气系统、设备或装置通常由许多部件、组件、功能单元等组成。一般用图形符号描述和区分这些项目的名称、功能、状态、特征、相互关系、安装位置、电气连接等，而不必画出它们的外形结构。通常，一类设备只用一种图形符号。例如，各种熔断器都用同一个符号 FU 表示。

为了区别同一类设备中不同元件的名称、功能、状态、特征以及安装位置等，还必须在符号旁边标注文字符号。例如，不同功能、不同规格的熔断器分别标注为 FU1、FU2、FU3。

为了更具体地区分，除了标注文字符号、项目代号外，有时还要标注一些技术数据。例如，RL1-15A 表示额定电流为 15 A 的螺旋式熔断器。

2.简图是电气工程图的主要形式

简图是一种用图形符号、带注释的围框或简化外形表示系统或设备中各组成部分之间相互关系的图。电气工程图绝大多数都采用简图这种形式。

简图并不是指内容"简单"，而是指形式的"简化"，它是相对于严格按几何尺寸、绝对位置等绘制的机械图而言的。电气工程图中的电气系统图、电气原理图、电气安装接线图、电气平面布置图等都是简图。

3.元件和连接线是电气工程图描述的主要内容

一种电气装置主要由元件和连接线构成，因此，无论是说明电气工作原理的电气原理图、表示供电关系的电气系统图，还是表明安装位置和接线关系的电气平面布置图和电气安装接线图等，都是以元件和连接线作为描述的主要内容。

4.功能布局法和位置布局法是电气工程图两种基本的布局方法

机械图必须严格按机件的位置进行布局，而简图的布局则可根据具体情况灵活运用，这是一般机械图与简图在布局方法上的一个重要区别。电气工程图基本上都属于简图，因此简图的布局是电气制图中要考虑的一个重要问题，要从便于对图理解和使用的方面出发，做到布局合理、排列均匀、图面清晰、便于看图。电气工程图中两种基本的布局方法为功能布局法和位置布局法。

功能布局法是指电气工程图中元件符号的布置，只考虑便于看出它们所表示的元件之间的功能关系，而不考虑各元件之间实际位置的一种布局方法。电气工程图中的电气系统图、电气原理图都是采用这种布局方法。例如，图 1-1 中，各元件按供电顺序（从电源至负载）排列；图 1-2 中，各元件按动作原理排列。至于这些元件的实际位置怎样布置则不表示。这样的图就是按功能布局法绘制的图。

位置布局法是指电气工程图中元件符号的布置对应于该元件实际位置的布局方法。电气工程图中的电气安装接线图、电气平面布置图通常采用这种布局方法。例如，图 1-3 中，

各元件基本上都是按元件在控制箱内的实际相对位置布置和接线的；图 1-4 中，配电箱、电动机及其连接导线是按实际位置布置的。这样的图就是按位置布局法绘制的图。

5. 对能量流、信息流、逻辑流、功能流的不同描述方法，构成了电气工程图的多样性

在某一个电气系统或电气装置中，各种元件、设备、装置之间，从不同角度、不同侧面去考察，存在着不同的关系，即构成四种物理流：

能量流——电能的流向和传递。

信息流——信号的流向、传递和反馈。

逻辑流——表示相互间的逻辑关系。

功能流——表示相互间的功能关系。

物理流有的是具体的，如能量流、信息流等；有的则是抽象的，表示的是某种概念，如逻辑流、功能流等。

在电气技术领域内，往往需要从不同的目的出发，对上述四种物理流进行研究和描述，电气工程图作为描述这些物理流的工具之一，当然也需要采用不同的形式。这些不同的形式，从本质上揭示了各种电气工程图内在的特征和规律。实际上是将电气工程图分成若干种类，从而构成了电气工程图的多样性。

例如，描述能量流和信息流的电气工程图有电气系统图、电气原理图、电气安装接线图等；描述逻辑流的电气工程图有逻辑图等；描述功能流的电气工程图有功能表图、程序图、产品使用说明书用电气工程图等。

1.2　电气 CAD 制图规范

电气工程设计部门设计、绘制图样，施工部门按图样组织工程施工，所以图样必须有设计和施工等部门共同遵守的一定的格式和一些基本规定、要求。这些规定包括电气工程图自身的规定和机械制图、建筑制图等方面的有关规定。

1.2.1　图纸的幅面和分区

1. 图纸的幅面

图纸的幅面就是由边框线所围成的图面。基本幅面尺寸共分五种：A0～A4。完整的图纸幅面由边框线、图框线、标题栏、会签栏组成，具体的尺寸要求见表 1-2，图纸的图框格式及幅面代号含义如图 1-5 所示。

表 1-2　　　　　　　　　　　　　图纸幅面及图框尺寸　　　　　　　　　　　　　　mm

图纸幅面代号	A0	A1	A2	A3	A4
$B×L$	841×1 189	594×841	420×594	297×420	210×297
e	20			10	
c	10			5	
a	25				

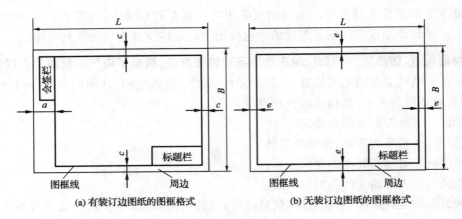

(a) 有装订边图纸的图框格式　　　　　　　(b) 无装订边图纸的图框格式

图 1-5　图纸的图框格式

A0～A4 为优先选用的基本幅面,必要时也允许选用加长幅面。A0～A2 号图纸一般不得加长,A3、A4 号图纸可根据需要,沿短边加长。A3×3、A3×4、A4×3、A4×4、A4×5 为第二选择的加长幅面。例如,A4 号图纸的短边长为 210 mm,若加长到 A4×4 号图纸,则该边加长到 210 mm×4≈841 mm,故 A4×4 的幅面尺寸为 297 mm×841 mm。

选择幅面尺寸的基本前提是:保证幅面布局紧凑、清晰和使用方便。主要考虑的因素如下:

(1)所设计对象的规模和复杂程度。

(2)由简图种类所确定的资料的详细程度。

(3)尽量选用较小幅面。

(4)便于图纸的装订和管理。

(5)复印和缩微的要求。

(6)计算机辅助设计 CAD 的要求。

2. 图纸幅面分区

如果电气工程图上的内容很多,尤其是一些图幅面大、内容复杂,就需要对这些图进行分区,以便在看图或更改图的过程中,迅速找到相应的部分。

图纸幅面分区的方法是等分图纸相互垂直的两边。分区的数目视图的复杂程度而定,但要求每边必须为偶数。每一分区的长度为 25～75 mm。分区代号,竖向方向用大写拉丁字母从上到下编号,横向方向用阿拉伯数字从左往右编号,如图 1-6 所示。

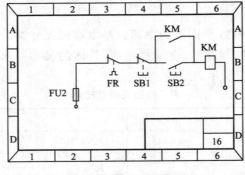

图 1-6　图纸幅面分区

图纸幅面分区以后,相当于在图纸上建立了一个坐标。电气工程图上项目和连接线的位置由此"坐标"唯一地确定下来了。项目和连接线在图上的位置可用如下方式表示:

（1）用行的代号（拉丁字母）表示。

（2）用列的代号（阿拉伯数字）表示。

（3）用区的代号表示。

分区代号用字母和数字表示,字母在前,数字在后,如 B2、C3 等。图 1-6 中,图纸幅面分成 4 行（A～D）、6 列（1～6）,图纸幅面内绘制的项目元件 KM、SB1、SB2、FR、FU2 等在图上的位置被唯一地确定下来,其位置表示方法见表 1-3。表 1-3 中另一表示方法是将图号 16 也写出来了。

表 1-3　　　　　　　　　　　　　　　　项目位置标记示例

序　号	元件名称	符　号	行　号	列　号	区　号	说　明
1	接触器线圈	KM	B	6	B6	
2	接触器触点	KM	B	5	B5	也可标出图号,如接触器
3	按钮 1	SB1	B	5	B5	线圈 KM 可表示成:
4	按钮 2	SB2	B	4	B4	16/B6,16/B, 16/6
5	热继电器	FR	B	3	B3	
6	熔断器	FU2	C	2	C2	

一般情况下,有图号、张次、分区代号的组合索引代号的组成如下:图号/张次·分区代号。例如,在图号为 3215 的第 28 张图纸的 B6 区内,标记为 3215/28·B6。

当某一元件相关的各符号元素出现在不同图号的图纸上,而当每个图号仅有一张图纸时,索引代号应简化成:图号/分区代号。例如,在图号为 3215 图纸的 B6 区内,标记为:3215/B6。

当某一元件相关的各符号元素出现在同一图号的图纸上,而该图号有几张图纸时,可省略图号,索引代号应简化成:张次·分区代号。例如,在第 28 张图纸的 B6 区内,标记为 28·B6。

1.2.2　标题栏、会签栏和图号

1. 标题栏

标题栏是用来确定图样的名称、图号、张次、更改和有关人员签署等内容的栏目,位于图样的下方或右下方。标题栏的文字方向为看图方向,即图中的说明、符号均应以标题栏的文字方向为准。

通常采用的标题栏格式应有以下内容:设计单位名称、工程名称、项目名称、图名、图号等。图 1-7 所示是一种标题栏格式,可供读者借鉴。在校学生在课程设计、毕业设计等环节中,可参考使用如图 1-8 所示的标题栏。

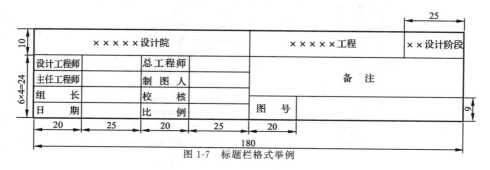

图 1-7　标题栏格式举例

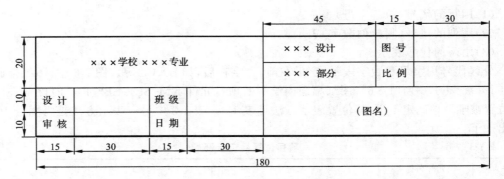

图 1-8　课程设计用简化标题栏

2. 会签栏

会签栏是与设计相关的专业人员的签字栏,是用来表明信息的一种标签栏,栏内应填写会签人员所代表的专业、姓名、签名、日期(年、月、日)等,如图 1-9 所示。一个会签栏不够时,可以另加一个,两个会签栏应该并列,不需要会签的图纸可以不设会签栏。

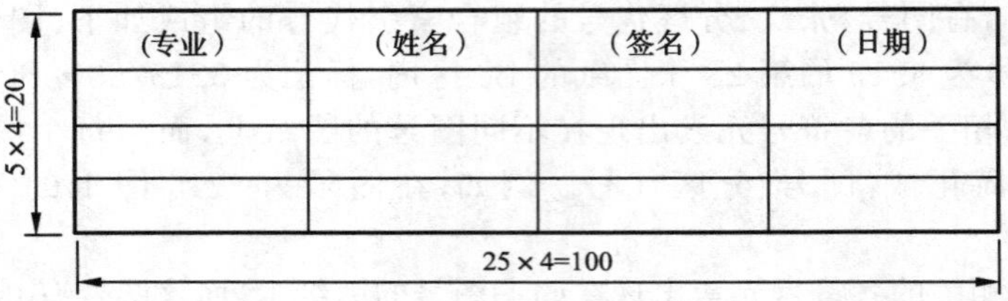

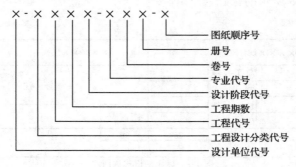

图 1-9　会签栏格式举例

例如,给排水、暖通、设备、工艺等专业要提出条件图,由建筑专业进行相关设计后,这些专业人员都要进行检查,以确定所提供的条件是否都得到满足,然后在会签栏进行签字。

3. 图　号

每张图在标题栏中应有一个图号。由多张图组成的一个完整的图,其中每张图都应以与彼此相关的方法编制张次。如果在一张图上有多个不同类型的图,应通过附加图号的方式,使图纸幅面内的每个图都能被清晰地分辨出来。图号暂时没有什么特别的规定,可根据实际情况自行编号。

电气工程图的图号可参考如图 1-10 所示的形式编写。

图 1-10　电气工程图的一般编号方法

1.2.3　比例、图线、字体和围框

1. 比　例

图面上图形尺寸与实际尺寸的比值称为比例。由于图纸幅面有限,而实际的设备尺寸大小不同,需要按照不同的比例绘制,才能安置在图中。大部分电气工程图(如电气原理图等)都是不按比例绘制的,但位置图等一般按比例绘制,并且多按缩小比例绘制。

通常采用的缩小比例系列有 1∶10、1∶20、1∶50、1∶100、1∶200、1∶500 等。

例如,图样比例为 1∶100,图样上某段线路为 20 cm,则实际长度为 20 cm×100 = 2 000 cm。

如需要选用其他比例,可按制图的有关规定选用。

2. 图　线

(1)电气工程图常用图线样式和应用

图线是绘制电气工程图所用的各种线条的统称,在绘制图样时,应按标准制图规定选用适当的图线。电气工程图中常用的图线有实线、虚线、点画线、双点画线。电气工程图常用的线型和应用范围见表 1-4。

表 1-4　　　　　　　　　　电气工程图常用的线型和应用范围

序 号	图线名称	线 型	应 用 范 围
1	粗实线	——————	简图主要用线,可见轮廓线,可见电气线路,一次线路
2	细实线	——————	基本线,简图主要用线,可见轮廓线,二次线路,一般线路
3	虚线	- - - - - - -	辅助线,屏蔽线,机械连接线,不可见轮廓线,不可见导线,计划扩展内容用线
4	点画线	—·—·—·—	控制线,信号线,围框线
5	双点画线	—··—··—··	辅助围框线,36 V 以下线路

(2)图线的宽度

所有线型的图线宽度,均应按图样的类型和尺寸大小在 0.13 mm、0.18 mm、0.25 mm、0.35 mm、0.50 mm、0.70 mm、1.00 mm、1.40 mm、2.00 mm 中选择,该系列的公比为 $1∶\sqrt{2}$。粗线、中粗线和细线的宽度比为 4∶2∶1。在同一图样中,表达同一结构的线宽应一致。

(3)箭头和指引线

电气工程图中有两种形状的箭头:

①开口箭头。如图 1-11(a)所示,主要用于表示电气能量、电气信号的传递方向(能量流、信息流流向)。

②实心箭头。如图 1-11(b)所示,主要用于表示可变性、力或运动方向,以及指引线方向。

(a)开口箭头　(b)实心箭头　(c)应用示例

图 1-11　电气工程图中的箭头

箭头应用示例如图 1-11(c)所示。其中,电流方向用开口箭头表示,可变电容的可变性限定符号用实心箭头表示,电压 u 指示方向用实心箭头表示。

指引线用来指示注释的对象,它应为细实线,并在其末端加注如下标记:指向轮廓线内,

用一黑点,如图 1-12(a)所示;指向轮廓线上,用一实心箭头,如图 1-12(b)所示;指向电气连接线上,加一短线,如图 1-12(c)所示。

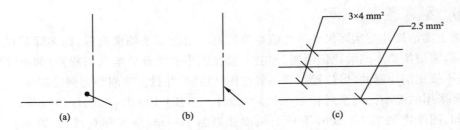

图 1-12　指引线末端指示标记

3.字　体

图中的文字、字母和数字是电气工程图的重要组成部分。电气工程图中的字体必须符合标准,一般汉字用长仿宋体,字母、数字用正体。图面上字体的大小依图纸幅面而定,国家标准推荐的电气工程图中字体的最小高度见表 1-5。

表 1-5　　　　　　　　　　电气工程图中字体的最小高度

图纸幅面代号	A0	A1	A2	A3	A4
字体最小高度/mm	5	3.5	2.5	2.5	2.5

4.围　框

当需要在图上显示出图的某一部分,如功能单元、结构单元、项目组(电器组、继电器装置)时,可用点画线围框表示。为了图面的清晰,围框的形状可以是不规则的。如图 1-13 所示,继电器 KM 由线圈和三对触点组成,用一围框表示,其组成关系更加明显。

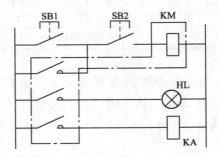

图 1-13　点画线围框示例

1.3　电气工程图的基本表示方法

1.3.1　简图的连接线

在电气安装接线图和某些电气原理图中,通常要求表示连接线的两端各引向何处。表示连接线去向一般有连续线表示法和中断线表示法。如果表示两接线端子或连接点之间导线的线条是连续的,这种方法称为连续线表示法;如果表示两接线端子或连接点之间导线的线条是中断的,这种方法称为中断线表示法。

1.一般规定

非位置布局简图的连接线应尽量采用直线,减少交叉线及弯曲线,提高简图的可读性。简图的连接线应采用实线来表示,表示计划扩展的连接线用虚线。同一张电气工程图中,所有的连接线的宽度相同,具体线宽应根据所选图纸幅面和图形的尺寸来决定。但有些电气工程图中,为了突出和区分某些重要电路,如电源电路,可采用粗实线,必要时可采用两种以上的线宽。

2.连接线的标记

连接线需要标记时,标记必须沿着连接线放在水平连接线的上方、垂直连接线的左侧或放在连接线中断处,如图 1-14 所示。

3.连接线中断处理

绘制电气工程图时,当穿越图面的连接线较长或穿越稠密区域时,为了保持图面清晰,允许将连接线中断,在中断处加相应的标记。在同一张图纸上绘制中断线的示例如图 1-15 所示。如在同一张图上有两条或两条以上中断线,必须用不同的标记把它们区分开,如用不同的字母来表示,如图 1-16 所示。

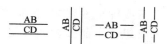

图 1-14　连接线标记的书写位置示意

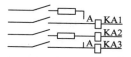

图 1-15　图中带标记 A 的中断线

当需用多张电气工程图来表示一电路时,连到另一张图上的连接线,应画成中断形式,并在中断处注明图号、张次、图纸幅面分区代号等标记,如图 1-16 所示。

平行走向的连接线组也可中断,但需在图上线组的末端加注适当的标记,如图 1-17 所示。

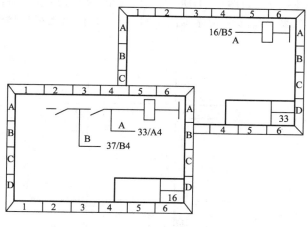

图 1-16　多条中断线的标记

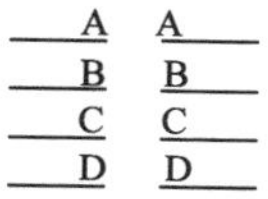

图 1-17　平行中断线的绘制

4.连接线的接点

连接线的接点按照标准有两种表示方法:一种为 T 形连接,如图 1-18(a)所示,当布局比较方便时,优先选用此种表示方法;另一种为双重接点,如图 1-18(b)所示,采用此种表示方法的图中,所有连接点都应加上小圆点,不加小圆点的十字交叉线被认为是两线跨接而过,并不相连。需要注意的是,在同一份图上,只能采用其中一种表示方法。图 1-18(a)、图 1-18(b)所示两个电路是等效的。

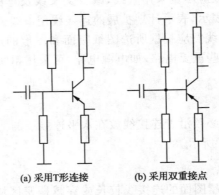

(a) 采用T形连接   (b) 采用双重接点

图 1-18　连接线接点的两种表示方法

5. 平行连接线

平行连接线有两种表示方法:一种是单线表示法,如图 1-19(a)所示;一种是多线表示法,如图 1-19(b)所示。

(1)采用多线表示法时,当平行走向的连接线数大于或等于 6 根时,就应将它们分组排列。在概略图、功能图和电气原理图中,应按照功能来分组。不能按功能分组的其余情形,则应按不多于 5 根线分为一组进行排列。

(2)多根平行走向连接线组可采用下列两种方法中的一种,用单根图线来表示。

①短垂线法。平行连接线被中断,留有一点间隔,画上短垂线,其间隔之间用一根横线相连,如图 1-20(a)所示。

②倾斜相接法。单根连接线汇入线束时,应倾斜相接,如图 1-20(b)所示。

如果连接线的顺序相同,但次序不明显,如图 1-21 所示,当线束折弯时,必须在每端注明第一根连接线,例如用一个圆点。如果连接线的顺序不同,应在每一端标出每根连接线的标记。

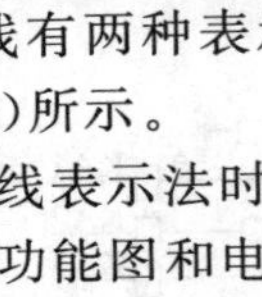

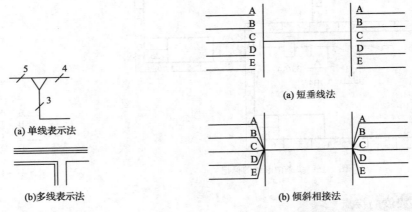

(a) 单线表示法

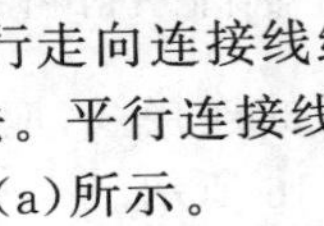

(b)多线表示法

图 1-19　平行连接线的两种表示方法

(a) 短垂线法

(b) 倾斜相接法

图 1-20　用单根图线表示线组

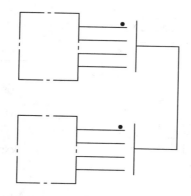

图 1-21　采用短垂线并用圆点表示第一根连接线的示例

6. 信息总线

　　如果连接线表示传输几个信息的总线(同时的或时间复用的)，可用单向总线指示符、双向总线指示符表示，如图 1-22 所示。

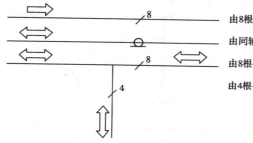

由8根导线组成的单向传输信息总线

由同轴电缆组成的多路传输的双向传输信息总线

由8根导线组成的双向传输信息总线

由4根导线组成的双向传输分接传输信息总线

图 1-22　信息总线表示方法的示例

1.3.2　电路连接线表示方法示例

1. 多线表示法

　　用多线表示法绘制的图能详细地表达出各相或各线的内容，尤其是在各相或各线内容不对称的情况下，宜采用这种方法。电动机正/反转控制线路的多线表示法如图 1-23 所示。

2. 单线表示法

　　单线表示法适用于三相或多线基本对称的情况。对于某些不对称的部分或用单线没有明确表示的部分，在图中应有另外的说明，补充某些附加信息。电动机正/反转控制线路的单线表示法如图 1-24 所示。

　　这种单线表示法还可引申用于图形符号，即用单个图形符号表示多个相同的元器件，示例见表 1-6。

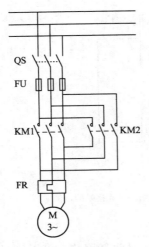

图 1-23　多线表示法

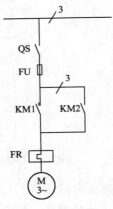

图 1-24　单线表示法

表 1-6　　　　　　　　　　单线表示法用于图形符号示例

序　号	示　例	对应的多线表示	说　明
1			1 个手动三极开关
2			3 个手动单极开关
3			3 根导线,每根都带有 1 个电流互感器,共有 4 根次级引线引出
4			3 根导线,每根都带有 1 个电流互感器,共有 6 根次级引线引出
5			3 根导线 L1,L2,L3,其中 L1、L3 各带有 1 个电流互感器,共有 3 根次级引线引出

3. 混合表示法

在一个图中,一部分采用单线表示法,一部分采用多线表示法,称为混合表示法。电动机正/反转控制线路的混合表示法如图 1-25 所示。

这种表示法既有单线表示法简洁、精炼的优点,又兼有多线表示法对对象描述精确、充分的优点,并且由于两种表示方法并存,变化灵活,能给看图者以动感和美感,是值得提倡的一种形式。

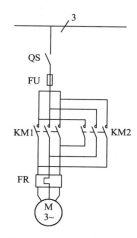

图 1-25　混合表示法

1.3.3　用于元件的表示方法

电气元件在电气原理图中的三种表示方法分别为集中表示法、半集中表示法和分开表示法。

集中表示法是把一个元件各组成部分的图形符号绘制在一起的表示方法。例如,可以把交流接触器的主触头和辅助触头、热继电器的热元件和触点集中绘制在一起,如图 1-26 所示。在集中表示法中,元件各组成部分使用机械连接线(虚线)相互连接起来。

半集中表示法是介于集中表示法和分开表示法之间的一种表示方法。其特点是,在图中把一个项目的某些部分的图形符号分开布置,并用机械连接线表示出项目中各部分的关系,其目的是得到清晰的电路布局。在这里,机械连接线可以是直线,也可以是折弯、分支或交叉的线。如图 1-27 所示为半集中表示法。

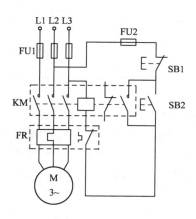

图 1-26　集中表示法

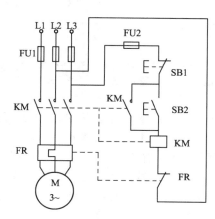

图 1-27　半集中表示法

分开表示法是把一个元件的各组成部分分开布置的表示方法。对同一个交流接触器,驱动线圈、主触头、辅助触头、热继电器的热元件、触点分别画在不同的电路中,用同一个符号 KM 或 FR 将各部分联系起来。分开表示法也可以称为展开表示法,如图 1-28 所示。

集中、半集中、分开三种表示法是电气工程图中最基本的表示方法,它们各有特点,三种表示方法的比较见表 1-7。

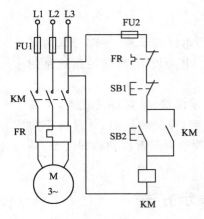

图 1-28　分开表示法

表 1-7 三种表示方法的比较

方法名称	表示形式	特　点
集中表示法	图形符号的各组成部分在图中集中(靠近)绘制	易于寻找项目的各个部分,适用于较简单的图
半集中表示法	图形符号的某些部分在图上分开绘制,并用机械连接线(虚线)表示各部分的关系,机械连接线可以弯折、交叉和分支	可以减少电路连接线的往返和交叉,使图面清晰,但是会出现穿越图面的机械连接线。适用于内部具有机械联系的元件
分开表示法	图形符号的各组成部分在图上分开绘制,不用机械连接线而用项目代号表示各组成部分的关系,还应表示出图上的位置	既可减少电路连接线的往返和交叉,又不出现穿越图面的机械连接线,但是为了寻找被分开的各部分,需要采用插图或表格,适用于内部具有机械的、磁的和光的功能联系的元件

1.4　电气技术中的文字符号

　　一个电气系统或一种电气设备、装置都是由各种元件、部件、组件等组成的。为了在图上或其他技术文件中表示这些元件、部件、组件,除了各种图形符号外,还必须标注一些其他符号和代号,以区别其名称、功能、状态、特征、相互关系、安装位置等。这些符号和代号就是文字符号和项目代号。文字符号和项目代号的标注必须符合国家有关标准。电气技术中的文字符号分为基本文字符号和辅助文字符号。

1.4.1　基本文字符号

　　基本文字符号分为单字母符号和双字母符号。

1. 单字母符号

　　单字母符号是用拉丁字母(其中"I""O"易同阿拉伯数字"1""0"混淆,不允许使用,字母"J"也未采用)将各种电气设备、装置和元件划分为 23 大类,见附录中附表 1 电气设备的基本分类符号。每大类用一个专用单字母符号表示,如"R"表示电阻器类,"Q"表示电力电路的开关器件类等。

2. 双字母符号

常用电气设备和装置的文字符号举例见附录中附表 2。双字母符号是由附表 2 所列的一个表示种类的单字母符号与另一字母组成,其组合形式为单字母符号在前,另一个字母在后。双字母符号可以较详细和更具体地表达电气设备、装置和元件的名称。双字母符号中的另一个字母通常选用该类设备、装置和元件的英文名词的首位字母,或常用缩略语,或约定俗成的习惯用字母。例如,"G"为电源的单字母符号,"Synchronous Generator"为同步发电机的英文名,"Asynchronous Generator"为异步发电机的英文名,则同步发电机、异步发电机的双字母符号分别为"GS""GA"。

1.4.2　辅助文字符号

辅助文字符号用来表示电气设备、装置和元件以及线路的功能、状态和特征,通常也是由英文单词的前一两个字母构成。例如,"R"表示红色,"F"表示快速。常用辅助文字符号举例见附录中附表 3。

辅助文字符号一般放在基本文字符号的后面,构成组合文字符号。例如,"Y"是电气操作的机械器件类的基本文字符号,"B"是表示制动的辅助文字符号,则"YB"是制动电磁铁的符号。

辅助文字符号也可单独使用,如"OFF"表示关闭。

1.4.3　补充文字符号的原则

在电气工程图和其他电气技术文件中,若基本文字符号和辅助文字符号不够使用,可按符号组成规律和下述原则予以补充:

(1)在不违背前面所述原则的基础上,可采用国际标准中规定的电气技术文字符号。

(2)在优先采用规定的单字母符号、双字母符号和辅助文字符号的前提下可补充字母符号和文字符号。

(3)文字符号应由相关电气名词术语的国家标准或专业标准中规定的英文术语缩写而成。同一设备若有几种名称时,应选用其中一个名称。当设备名称、功能、状态或特征为一个英文单词时,一般采用该单词的第一位字母构成文字符号,必要时也可用前两位字母或前两个音节的首位字母,或采用常用缩略语或约定俗成的习惯用法构成文字符号。基本文字符号不得超过两位字母,辅助文字符号一般不能超过三位字母。

(4)因"I""O"易同"1""0"混淆,因此不允许单独作为文字符号使用。

1.5　电气工程图中的图形符号

1.5.1　电气工程图用图形符号现行标准

绘制电气工程图需要遵循众多的标准,现行的电气工程图所用的图形符号应遵循国家标准《电气简图用图形符号》(GB/T 4728)来绘制,该国家标准共分为 13 部分,每一部分标准编号、标准名称和内容及实施日期间见表 1-8。

表 1-8 　　《电气简图用图形符号》(GB/T 4728)各部分标准编号、标准名称和内容及实施日期

标准编号	标准名称
GB/T 4728.1—2018	电气简图用图形符号 第 1 部分:一般要求 内容包括本标准内容提要、名词术语、符号的绘制、编号使用及其他规定等
GB/T 4728.2—2018	电气简图用图形符号 第 2 部分:符号要素、限定符号和其他常用符号 内容包括轮廓和外壳、电流和电压的种类、可变性、力或运动的方向、流动方向、材料的类型、效应或相关性、辐射、信号波形、机械控制、操作件和操作方法、非电量控制、接地、接机壳和理想电路元件等
GB/T 4728.3—2018	电气简图用图形符号 第 3 部分:导体和连接件 内容包括:电线、屏蔽或绞合导线、同轴电缆、端子与导线连接、插头和插座、电缆终端头等
GB/T 4728.4—2018	电气简图用图形符号 第 4 部分:基本无源元件 内容包括:电阻器、电容器、电感器、铁氧体磁芯、压电晶体等
GB/T 4728.5—2018	电气简图用图形符号 第 5 部分:半导体管和电子管 内容包括:二极管、三极管、晶闸管、电子管等
GB/T 4728.6—2022	电气简图用图形符号 第 6 部分:电能的发生与转换 内容包括:绕组、发电机、变压器等
GB/T 4728.7—2022	电气简图用图形符号 第 7 部分:开关、控制和保护器件 内容包括:触点、开关、开关装置、控制装置、启动器、继电器、接触器和保护器件等
GB/T 4728.8—2022	电气简图用图形符号 第 8 部分:测量仪表、灯和信号器件 内容包括:指示仪表、记录仪表、热电偶、遥测装置、传感器、灯、电铃、蜂鸣器、喇叭等
GB/T 4728.9—2022	电气简图用图形符号 第 9 部分:电信:交换和外围设备 内容包括:交换系统、选择器、电话机、电报和数据处理设备、传真机等
GB/T 4728.10—2022	电气简图用图形符号 第 10 部分:电信:传输 内容包括:通信电路、天线、波导管器件、信号发生器、激光器、调制器、解调器、光纤传输线路等
GB/T 4728.11—2022	电气简图用图形符号 第 11 部分:建筑安装平面布置图 内容包括:发电站、变电所、网络、音响和电视的分配系统、建筑用设备、露天设备等
GB/T 4728.12—2022	电气简图用图形符号 第 12 部分:二进制逻辑元件 内容包括:计数器、存储器等
GB/T 4728.13—2022	电气简图用图形符号 第 13 部分:模拟元件 内容包括:放大器、函数器、电子开关等

1.5.2　电气简图用图形符号

常用电气简图用图形符号见表 1-9。

表 1-9　　　　　　　　　　　　常用电气简图用图形符号

图形符号	说　明	图形符号	说　明
	直流,右边可示出电压		交流,右边可示出频率
	正极性		负极性
N	中性线		等电位
	接地,地,一般符号		保护接地
	连线(导线、电线、电缆)		3 根导线
	连接,连接点		端子
	T 形连接		导线的双重连接
	插头和插座		熔断器一般符号
	具有动合触点且无自动复位的旋转开关		避雷器
	熔断器式隔离开关		熔断器式负荷开关
	位置开关,动合触点		位置开关,动断触点

（续表）

图形符号	说　明	图形符号	说　明
	接触器的主动合触点		断路器
	隔离开关		负荷开关
	动合（常开）触点，本符号也可作为开关的一般符号		动断（常闭）触点
	当操作器件被吸合时延时闭合的动合触点		当操作器件被吸合时延时断开的动断触点
	当操作器件被释放时延时断开的动合触点		当操作器件被释放时延时闭合的动断触点
	具有动合触点且自动复位的按钮开关		具有动断触点且自动复位的按钮开关
	电阻器，一般符号		压敏电阻器
	电感器，线圈，绕组		电容器，一般符号
	半导体二极管		电抗器
	驱动器件，线圈，一般符号，操作器件的一般符号		热继电器的驱动器件
	过流继电器		过压继电器
	缓慢吸合继电器线圈		缓慢释放继电器线圈

（续表）

图形符号	说　明	图形符号	说　明
	双绕组变压器		三绕组变压器
	电流互感器		具有两个铁芯,每个铁芯有一个次级绕组的电流互感器
	规划(设计)的发电站		运行的发电站
	规划(设计)的变电所、配电所		运行的变电所、配电所
	整流器		逆变器
	蓄电池		灯,一般符号信号灯,一般符号
	电喇叭		电铃
	地下线路		具有埋入地下连接点的线路
	架空线路		管道线路
	中性线		保护线
	保护线和中性线共用线		具有中性线和保护线的三相线路
	配电中心,示出五路馈线		

第2章

AutoCAD 2023 基础

精益求精、一丝不苟
大国匠心 |
0.01 毫米铸就大国重器

　　AutoCAD 2023 中文版全称 Autodesk Autocad 2023，它是由美国 Autodesk 公司推出的一款计算机辅助设计软件，该软件具有 2D 和 3D CAD 工具。AutoCAD 2023 不仅为用户提供了平面绘图、编辑图形、三维绘图三大功能，同时还提供正交、对象捕捉、极轴追踪、捕捉追踪等绘图辅助工具，广泛应用于土木建筑、装饰装潢、工业制图、电子工业、服装加工等领域，甚至还拥有数以千计的可用的附加组件，为用户提供了最大的灵活性，并且还可以根据用户的特定需求来进行定制。

　　本章介绍 AutoCAD 2023 的基本知识，包括绘图环境的介绍、基本绘图命令、基本编辑命令的使用、块的操作、图层的设置、文本、表格、尺寸标注等基本操作。

2.1　总体介绍

2.1.1　运行环境

Autodesk 公司对软件每升级一次，对硬件的要求也随之升高。
AutoCAD 2023 中文版硬件要求，见表 2-1。

表 2-1　　　　　　　　　　　　　　AutoCAD 2023 中文版硬件要求

操作系统	64 位 Microsoft © Windows © 11 和 Windows 10 版本 1809 或更高版本
处理器	基本要求：2.5－2.9 GHz 处理器（基础版），不支持 ARM 处理器。 建议：3＋ GHz 处理器（基础版），4＋ GHz（Turbo 版）
内存	基本要求：8 GB 建议：16 GB
显示器分辨率	传统显示器： 1 920×1 080 真彩色显示器 高分辨率和 4 K 显示器： 支持高达 3 840×2 160 的分辨率（使用支持的显卡）
显卡	基本要求：1 GB GPU，具有 29 GB/s 带宽，与 DirectX 11 兼容 建议：4 GB GPU，具有 106 GB/s 带宽，与 DirectX 12 兼容
磁盘空间	10.0 GB（建议使用 SSD）

2.1.2　操作界面

1.启动

在默认的情况下,成功地安装 AutoCAD 2023 中文版以后,在桌面上会产生一个 Auto-CAD 2023 中文版快捷图标,如图 2-1 所示。在程序组里边也会产生一个 AutoCAD 2023 中文版的程序组。与其他的应用程序一样,我们可以通过双击 AutoCAD 2023 中文版快捷图标或从程序组中选择 AutoCAD 2023 中文版来启动 AutoCAD 2023 中文版。

图 2-1　AutoCAD 2023 中文版快捷图标

2.操作界面

启动 AutoCAD 2023 中文版以后,它的操作界面如图 2-2 所示。操作界面包括以下几个方面:标题栏、快速访问工具栏、交互信息工具栏、功能栏、绘图区、命令行、布局标签、应用程序状态栏和导航栏等。如果是第一次启动 AutoCAD 2023 中文版,界面可能与此稍有不同,但结构是一样的。

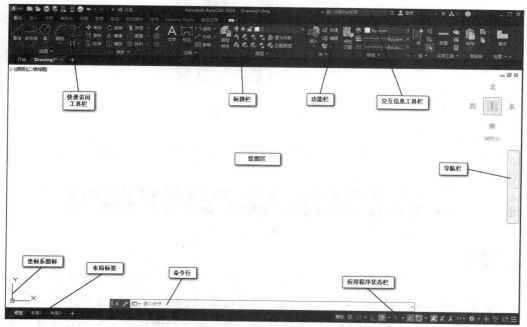

图 2-2　AutoCAD 2023 中文版操作界面

1.标题栏

标题栏位于操作界面的最上端,显示了系统当前正在运行的应用程序和用户正在使用的图形文件。用户第一次启动 AutoCAD 2023 中文版时,在操作界面的标题栏中,将显示 AutoCAD 2023 中文版启动时创建并打开的图形文件"Drawing1.dwg",如图 2-2 所示。

2. 快速访问工具栏和交互信息工具栏

（1）快速访问工具栏

快速访问工具栏包括"新建""打开""保存""放弃""重做""打印"等最常用的工具如图 2-3 所示。用户也可以单击工具栏后面的向下箭头设置需要的常用工具，如图 2-4 所示。

图 2-3　快速访问工具栏

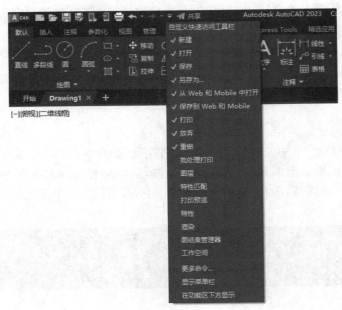

图 2-4　设置快速访问工具栏

（2）交互信息工具栏

交互信息工具栏包括"搜索""收藏夹""帮助"等常用的数据交互访问工具，如图 2-5 所示。

图 2-5　交互信息工具栏

3. 功能区

AutoCAD 2023 中文版包括"默认""插入""注释""参数化""视图""管理""输出"等功能区，每个功能区集成了相关的操作工具，方便用户的使用，如图 2-6 所示。用户可以单击功能区选项后面的向下箭头，控制功能的展开与收缩。也可以通过以下方式打开或关闭功能区。

图 2-6　功能区

（1）AutoCAD 2023 中文版隐藏功能区面板

方法一：启动 AutoCAD 2023 中文版软件，如图 2-2 所示。在 AutoCAD 2023 中文版命令行中输入＜RIBBONCLOSE＞命令（隐藏功能区），按＜回转＞键确认，可隐藏功能区面板，如图 2-7 所示。

方法二：在 AutoCAD2023 中文版"功能区"选项板空白处单击鼠标右键，在弹出的快捷菜单中选择"关闭"命令。

方法三：在 AutoCAD 2023 中文版菜单栏中选择"工具"-"选项板"-"功能区"命令，也可以隐藏"功能区"面板。

（2）AutoCAD 2023 中文版显示功能区面板

方法一：在 AutoCAD 2023 中文版命令行中输入＜RIBBON＞命令（显示功能区），按＜回车＞键，即可显示已隐藏的功能区。

方法二：再次在 AutoCAD 2023 中文版菜单栏中选择"工具"-"选项板"-"功能区"命令，即可显示"功能区"面板。

在默认情况下，可以看到功能区的"绘图""修改""注释""图层""块""特性""组""实用特性""剪贴板""视图"10 个面板，每个面板均可通过下拉按钮展开。

图 2-7 隐藏功能栏

4.菜单栏

它的位置在标题栏的下面，AutoCAD 2023 的菜单栏同 AutoCAD 其他版本一样也是下拉形式的，并在菜单中包含子菜单。AutoCAD 2023 的菜单栏中包含"文件""编辑""视图""插入""格式""工具""绘图""标注""修改""参数""窗口""帮助""Express"共 13 个菜单，这些菜单几乎包含了 AutoCAD 2023 的所有绘图命令。

单击"快速访问工具栏"中的向下箭头，打开"自定义"下拉列表，选择"显示菜单栏"选项,如图 2-8 所示,菜单栏将出现在 AutoCAD 2023 操作界面标题栏的下方,如图 2-9 所示。

图 2-8　设置显示菜单栏

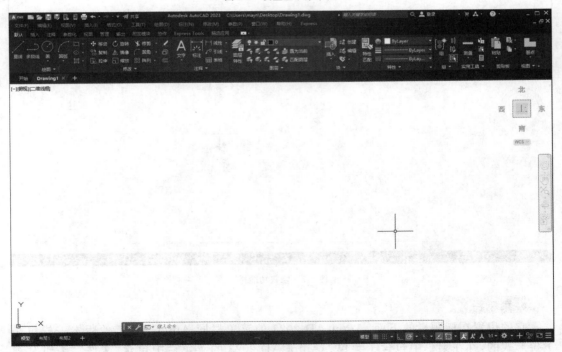

图 2-9　菜单栏显示界面

AutoCAD 2023 中文版再次单击"快速访问工具栏"中右侧按钮图标█,在弹出的下拉菜单中 选择"隐藏菜单栏"选项,如图 2-10 所示,即可隐藏菜单栏。

图 2-10　隐藏菜单栏

5. 绘图区

绘图区是用户工作区域,是操作界面中大面积的空白区域,在绘图区中可以绘制各种图形,修改图形。在最底部有模型/布局选项卡,它用于模型空间与布局(图纸)空间之间的切换。

6. 光标

当鼠标在绘图区中,会有一个十字线,其交点反映了光标在当前坐标系中的位置。在 AutoCAD 2023 中文版中,将该十字线称为光标。在使用 AutoCAD 2023 中文版绘图时,可通过光标显示当前点的位置,如图 2-11 所示。

7. 工具栏

AutoCAD 2023 中文版用户除了可利用菜单栏执行命令以外,还可以使用工具栏来执行命令。默认的情况下 AutoCAD 2023 中文版预先设置了 10 个工具栏,如图 2-12 所示,它们分别如下:

(1)绘图工具栏。

(2)修改工具栏。

(3)注释工具栏。

(4)图层工具栏。

(5)块工具栏。

(6)对象特性工具栏。

(7)组工具栏。

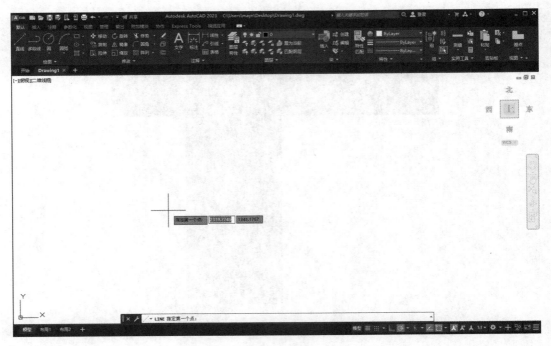

图 2-11 光标

图 2-12 默认工具栏

(8)实用工具工具栏。

(9)剪贴板工具栏。

(10)视图工具栏。

工具栏是一组图标型工具的集合,把光标移动到某个图标上,稍停片刻即在该图标一侧显示相应的工具提示。单击图标可以启动相应命令,同时在命令行中显示对应的命令名和提示。

8.命令行

命令行是用户输入命令及系统显示信息的位置,默认的命令行布置在绘图区下方。对命令行有以下几点需要说明:

(1)移动拆分条,可以扩大或缩小命令行。

(2)可以拖动命令行,布置在操作界面上的其他位置。默认情况下布置在绘图区下方。

(3)对当前命令行中输入的内容,可以按<F2>键用文本编辑的方法进行编辑,如图 2-13 所示。

AutoCAD 2023 中文版的文本窗口和命令行相似,它可以显示当前 AutoCAD 2023 进程中命令的输入和执行过程。

(4))AutoCAD 2023 中文版通过命令行反馈各种信息,包括出错信息。因此,用户要时刻关注在命令行中出现的信息。

(5)通过执行以下操作可以隐藏和重新显示命令行。

【命令激活方式】

菜单栏："工具"→"命令行"

快捷键:<Ctrl>+<9>

图 2-13　命令行

9.布局标签

AutoCAD 2023 中文版中,空间分为模型空间和图纸空间,系统默认设定一个"模型"模型空间布局标签和"布局 1""布局 2"两个图纸空间布局标签。

2023 版中的新增功能

(1)模型。模型空间是我们通常绘图的环境。

(2)布局。布局是系统为绘图设置的一种环境,包括图纸大小、尺寸单位、角度设定、数值精确度等。

在系统预设的三个标签中,这些环境变量都按默认设置。用户可以根据实际需要改变这些变量的值。AutoCAD 2023 中文版系统默认打开模型空间,用户可以通过鼠标选择需要的布局。

10.应用程序状态栏

应用程序状态栏在操作界面的底部,从左至右依次设有"模型或图纸空间""显示图形栅格""捕捉模式""正交限制光标""按指定角度限制光标""等轴测草图""显示捕捉参照线""将光标捕捉到二维参照点""显示注释对象""当注释比例发生变化时,将比例添加到注释性对象""当前视图的注释比例""切换工作空间""注释监视器""隔离对象""全屏显示""自定义"共 16 个功能开关按钮,如图 2-14 所示。单击这些按钮,可以实现这些功能的开启和关闭。

11.导航栏

导航栏提供对"全导航控制盘""平移""范围缩放""动态观察""ShowMotion"的访问,如图 2-15 所示,单击右下角的菜单按钮 ,可以自定义导航栏。

图 2-14　应用程序状态栏

图 2-15　导航栏

2.1.2 绘图环境设置

进入 AutoCAD 2023 中文版绘图环境后,需要首先设置图形单位和图形界限。

1.图形单位设置

【命令激活方式】

> 命令行:DDUNITS(或 UNITS)
> 菜单栏:"格式"→"单位"

执行上述命令后,系统打开"图形单位"对话框,如图 2-16 所示。该对话框用于定义长度和角度单位格式。

【选项说明】

● 长度/角度:这两个选项组用于指定测量长度/角度的当前单位及当前单位的精度。

● 插入时的缩放单位:该下拉列表用于控制使用工具选项板(如设计中心)拖入当前块或图形的测量单位。

如果块或图形创建时使用的单位与该选项指定的单位不同,则在插入这些块或图形时,将对其按比例缩放。插入比例是源块或图形使用的单位与目标块或图形使用的单位之比。如果插入块或图形时不按指定单位缩放,请选择"无单位"。

● 输出样例:显示用当前单位和角度设置的例子。

● 光源:该下拉列表用于控制当前图形中光源强度的单位。

● 方向:单击该按钮,系统显示"方向控制"对话框,如图 2-17 所示,可进行方向控制设置。

图 2-16 "图形单位"对话框

图 2-17 "方向控制"对话框

2.图形界限设置

【命令激活方式】

> 命令行:LIMITS
> 菜单栏:"格式"→"图形界限"

【命令行提示】

命令:′_limits

重新设置模型空间界限:

指定左下角点或[开(ON)/关(OFF)]<0.0000,0.0000>:

指定右上角点<420.0000,297.0000>:

【选项说明】

● 开(ON):图形界限有效。系统将在图形界限以外拾取的点视为无效。

● 关(OFF):图形界限无效。用户可以在图形界限以外拾取点或实体。

● 动态输入角点坐标:可以直接输入角点坐标。输入横坐标后,输入逗号,接着输入纵坐标,注意要在英文半角输入状态下输入才有效,如图 2-18 所示。也可以按光标位置直接单击确定角点位置。

图 2-18　动态输入角点坐标

2.1.3　配置绘图系统

由于每台计算机所使用的输入设备和输出设备的类型不同,用户喜好的风格及计算机的目录设置也是不同的,所以每台计算机都是独特的。一般来讲,使用 AutoCAD 2023 中文版的默认配置就可以绘图,但为了使用户提高绘图的效率,AutoCAD 2023 中文版推荐用户在开始作图前进行必要的配置。

【命令激活方式】

命令行:PREFERENCES

菜单栏:"工具"→"选项"

快捷菜单:"选项"(在绘图区空白处右击,打开快捷菜单,其中包括一些最常用的命令)

执行上述命令后,系统自动打开"选项"对话框。用户可以从该对话框中选择有关选项对系统进行配置。

【选项说明】

● "选项"对话框中的第五个选项卡为"系统",如图 2-19 所示。该选项卡用来设置 AutoCAD 2023 中文版 系统的有关特性。

● "选项"对话框中的第二个选项卡为"显示",该选项卡控制 AutoCAD 2023 中文版操作界面窗口的外观,如图 2-20 所示。

在默认情况下,AutoCAD 2023 中文版的操作界面窗口是白色背景、黑色线条。有时需要修改操作界面窗口的颜色,其修改步骤为:

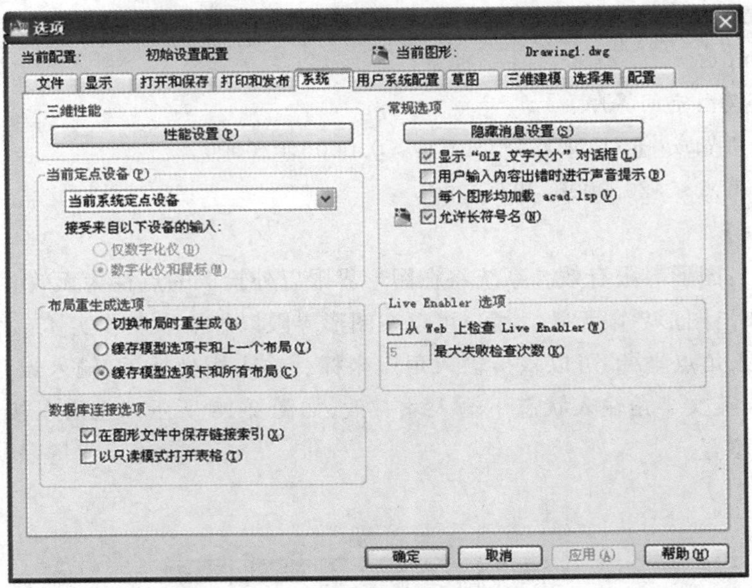

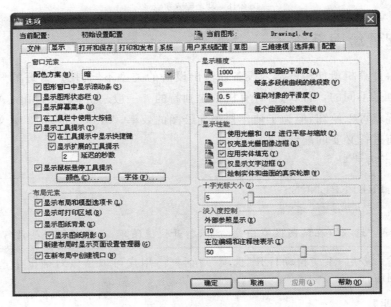

图 2-19 "系统"选项卡

图 2-20 "显示"选项卡

(1)菜单栏:"工具"→"选项",系统打开"选项"对话框,打开"显示"选项卡,如图 2-21 所示。单击"窗口元素"选项组中的"颜色"按钮,将打开图 2-21 所示的"图形窗口颜色"对话框。

(2)单击"图形窗口颜色"对话框中"颜色"下拉列表右侧的向下箭头,在打开的下拉列表中,选择需要的窗口颜色,然后单击"应用并关闭"按钮,此时 AutoCAD 2023 中文版的操作界面窗口的颜色变成了所选的颜色。

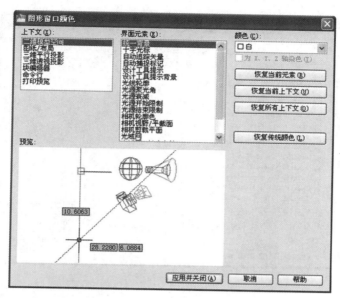

图 2-21　"图形窗口颜色"对话框

2.2　文件管理

本节将介绍有关文件管理的一些基本操作方法,包括新建文件、打开文件、保存文件等,这些都是 AutoCAD 2023 中文版最基础的操作。

2.2.1　新建和打开文件

1. 新建文件

【命令激活方式】

> 命令行:NEW
>
> 菜单栏:"文件"→"新建"
>
> 工具栏:"标准"→"新建"
>
> 快捷键:<Ctrl>＋<N>

执行上述命令后,系统打开如图 2-22(a)所示"选择样板"对话框,在文件类型下拉列表中有三种格式的样板文件类型,如图 2-22(b)所示,扩展名分别为 dwt、dwg、dws。一般情况下,*.dwt 文件是标准的样板文件,通常将一些规定的标准性样板文件设成 *.dwt 文件;*.dwg 文件是普通的样板文件;*.dws 文件是包含标准图层、标注样式、线型和文字样式的样板文件。如果不想选择样板文件,也可以如图 2-22(c)所示,选择无样板打开。

AutoCAD 2023 中文版还有一种快速创建图形功能,该功能是创建新图形的最快捷方法。

图 2-22 "选择样板"对话框

【命令激活方式】

> 命令行:QNEW
>
> 快速访问工具栏:"新建"□

执行上述命令后,系统立即按所选的样板文件创建新图形,而不显示任何对话框或提示。

在运行快速创建图形功能之前,必须对系统变量进行如下设置:

(1)将"FILEDIA"系统变量设置为1,将"STARTUP"系统变量设置为0。方法如下:

命令:FILEDIA(按<回车>键)

输入 FILEDIA 的新值<1>:(按<回车>键)

命令:STARTUP(按<回车>键)

输入 STARTUP 的新值<0>:(按<回车>键)

其余系统变量的设置过程与此类似。

(2)执行菜单栏中"工具"→"选项"命令,选择默认样板文件。具体方法如下:

在"文件"选项卡下,单击标记为"样板设置"的节点,然后选择需要的样板文件路径,如图 2-23 所示。

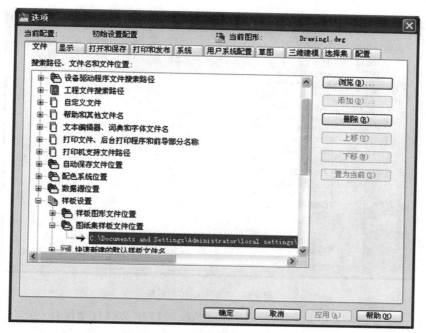

图 2-23　"选项"对话框"文件"选项卡

2. 打开文件

【命令激活方式】

命令行：OPEN

菜单栏："文件"→"打开"

工具栏："标准"→"打开" 📂

快速访问工具栏："打开" 📂

快捷键：<Ctrl>+<O>

　　执行上述命令后，打开"选择文件"对话框，如图 2-24 所示，在"文件类型"下拉列表中，用户可选择 *.dwg 文件、*.dwt 文件、*.dxf 文件和 *.dws 文件等。*.dxf 文件是用文本形式存储的图形文件，能够被其他程序读取，许多第三方应用软件都支持.dxf 格式。

2.2.2　保存、另存文件及退出

1. 保存文件

【命令激活方式】

命令行：QSAVE(或 SAVE)

菜单栏："文件"→"保存"

工具栏："标准"→"保存" 💾

快速访问工具栏："保存" 💾

快捷键：<Ctrl>+<S>

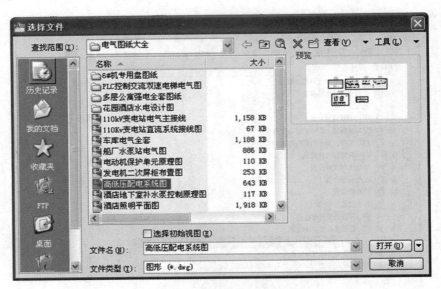

图 2-24 "选择文件"对话框

执行上述命令后,若文件已命名,则 AutoCAD 2023 中文版自动保存;若文件未命名(默认名为"Drawing1.dwg"),则系统打开"图形另存为"对话框,如图 2-21 所示。在"保存于"下拉列表中可以指定保存文件的路径,在"文件类型"下拉列表中可以指定保存文件的类型。

为了防止因意外操作或计算机系统故障导致正在绘制的图形文件丢失,可以对当前图形文件设置自动保存。步骤如下:

(1)利用系统变量"SAVEFILEPATH"设置所有自动保存文件的位置,如"D:\Backup\我的文档"。

(2)利用系统变量"SAVEFILE"存储自动保存文件名。该系统变量储存的文件是只读文件,用户可以从中查询自动保存的文件名。

(3)利用系统变量"SAVETIME"指定在使用自动保存时多长时间保存一次图形。

2. 另存文件

【命令激活方式】

命令行:SAVEAS
菜单栏:"文件"→"另存为"

执行上述命令后,打开"图形另存为"对话框,如图 2-25 所示,AutoCAD 2023 中文版用另存名保存,并把当前图形更名。

3. 退 出

【命令激活方式】

命令行:QUIT(或 EXIT)
菜单栏:"文件"→"退出"
按钮:AutoCAD 2023 中文版操作界面右上角的"关闭"按钮图标 ✕

执行上述命令后,若用户对图形所做的修改尚未保存,则会出现如图 2-26 所示的系统

图 2-25　"图形另存为"对话框

警示对话框。选择"是"按钮,系统将保存文件,然后退出;选择"否"按钮,系统将不保存文件,然后退出。若用户对图形所做的修改已经保存,则直接退出。

图 2-26　系统警示对话框

2.2.3　图形修复

程序或系统出现故障后,"图形修复管理器"将在下次启动 AutoCAD 2023 中文版时打开。"图形修复管理器"将显示所有打开的图形文件列表,包括 ＊.dwt 文件、＊.dwg 文件和 ＊.dws 文件。

如果在融入所有受影响的图形之前关闭"图形修复管理器",则过后可以使用"DRAWINGRECOVERY"命令打开"图形修复管理器"。

【命令激活方式】

命令行:DRAWINGRECOVERY
菜单栏:"文件"→"图形实用程序"→"图形修复管理器"

执行上述命令后,系统打开"图形修复管理器"界面,如图 2-27 所示,打开"备份文件"列表中的文件,重新保存,从而进行修复。

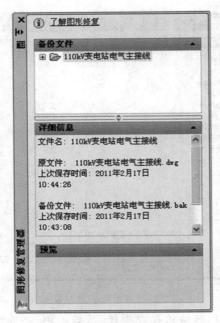

图 2-27 "图形修复管理器"界面

2.3 基本输入操作

在 AutoCAD 2023 中文版中,有一些基本的输入操作方法,这些基本方法是进行 Auto-CAD 2023 中文版绘图的必备知识基础,也是深入学习 AutoCAD 2023 中文版功能的前提。

2.3.1 命令激活方式

AutoCAD 2023 中文版交互绘图必须激活相应的命令才能绘图。AutoCAD 2023 中文版命令激活方式有多种,读者可根据自己的习惯进行选择。

1.在命令行输入命令

命令字符可不区分大小写。例如,"命令:LINE"。执行命令时,在命令行提示中经常会出现命令选项。如输入"直线"命令"LINE"后,命令行中的提示为:

命令:LINE

指定第一点:(输入一个点的坐标或在绘图区中指定一点)

指定下一点或[放弃(U)]:

选项中不带方括号的提示为默认选项,因此可以直接输入直线的起点坐标或在绘图区中指定一点,如果要选择其他选项,则应该首先输入该选项的标识字符,如"放弃"选项的标识字符"U",然后按系统提示输入数据即可。在命令选项的后面有时候还带有尖括号,尖括号内的数值为默认数值。

2.在命令行输入命令的缩写

例如,L(LINE)、C(CIRCLE)、A(ARC)、Z(ZOOM)、R(REDRAW)、M(MOVE)、CO

（COPY）、PL（PLINE）、E（ERASE）等。

3. 选取菜单栏选项

选取选项后，在状态栏中可以看到对应的命令及命令说明。

4. 选取工具栏或功能区中的对应图标

鼠标移到图标处，可以看到对应的命令及命令说明。初学者一般使用此种方式进行绘图。

5. 在命令行（或绘图区）打开快捷菜单

如果在前面刚使用过要输入的命令，可以在命令行或绘图区打开快捷菜单，在"近期使用的命令"或"最近的输入"子菜单中选择需要的命令，命令行快捷菜单如图 2-28 所示，绘图区快捷菜单如图 2-29 所示。"近期使用的命令"或"最近的输入"子菜单中储存最近使用的命令，如果经常重复使用某几个操作的命令，这种方法就比较快速简洁。

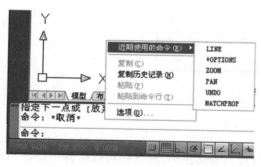

图 2-28　命令行快捷菜单

图 2-29　绘图区快捷菜单

2.3.2　命令的重复、放弃和重做

1. 命令的重复

在命令行中按<回车>键可重复调用上一个命令，不管上一个命令是完成了还是被放弃了。

2. 命令的放弃

在命令执行的任何时刻都可以放弃和终止命令的执行。

【命令激活方式】

命令行：UNDO
菜单栏："编辑"→"放弃"
快捷键：<Ctrl>＋<Z>（按<Esc>键终止命令）

3.命令的重做

已被放弃的命令可以恢复重做。

【命令激活方式】

> 命令行：REDO
>
> 菜单栏："编辑"→"重做"
>
> 快捷键：<Ctrl>+<Y>

以上两个命令可以一次执行多重放弃或重做操作。单击"放弃"或"重做"图标后的向下箭头，可以选择要放弃或重做的操作。多重放弃下拉列表如图 2-30 所示。

图 2-30　多重放弃下拉列表

2.3.3　透明命令

在 AutoCAD 2023 中文版中，有些命令不仅可以直接使用，而且还可以在其他命令的执行过程中，插入并执行，待该命令执行完毕后，系统继续执行原命令，这种命令称为透明命令。透明命令一般多为修改图形设置或打开辅助绘图工具的命令。

2.3.2 节介绍的三种命令的执行方式同样适用于透明命令的执行。例如：

命令：_line

指定第一点：'_zoom

>>指定窗口的角点，输入比例因子(nX 或 nXP)，或者[全部(A)/中心(C)/动态(D)/范围(E)/上一个(P)/比例(S)/窗口(W)/对象(O)]<实时>：_w

>>指定第一个角点：

>>指定对角点：

正在恢复执行 LINE 命令。

指定第一点：

指定下一点或[放弃(U)]：

2.3.4　按键定义

在 AutoCAD 2023 中文版中，除了可以通过在命令行输入命令、单击工具栏图标或菜单栏命令来完成外，还可以通过键盘上的一组功能键或快捷键快速实现指定功能。如按<F1>键，系统调用"帮助"对话框；按<F2>键，打开或关闭文本窗口。

系统使用 AutoCAD 传统标准（Windows 之前）或 Windows 标准解释快捷键。有些功能键或快捷键在 AutoCAD 2023 中文版的菜单中已经指出，如"粘贴"的快捷键为<Ctrl>+<V>，这些只要用户在使用的过程中多加留意，就会熟练掌握。快捷键的定义见菜单栏命令后面的说明，如"粘贴(P)　Ctrl＋V"。

2.3.5　命令的执行方式

有的命令有两种执行方式，通过对话框或通过命令行输入命令。如指定使用命令行方式，可以在命令名前加下划线来表示，如"_LAYER"表示用命令行方式执行"图层"命令。而如果在命令行输入"LAYER"，系统则会自动打开"图层"对话框。

另外，有些命令同时存在命令行、菜单栏和工具栏三种执行方式，这时如果选择菜单栏或工具栏方式，命令行会显示该命令，并在前面加一下划线，如通过菜单栏或工具栏方式执行"直线"命令时，命令行会显示"_line"，命令的执行过程与结果与命令行方式相同。

2.3.6　坐标系统和数据输入方法

1.坐标系统

AutoCAD 2023 中文版采用两种坐标系统：世界坐标系(WCS)与用户坐标系(UCS)。用户刚进入 AutoCAD 2023 中文版 时的坐标系统就是世界坐标系，是固定的坐标系统。世界坐标系也是坐标系统中的基准，绘制图形时多数情况下都是在这个坐标系统下进行的。坐标系统将在第 9 章中详细讲述。

2.数据输入方法

在 AutoCAD 2023 中文版中，点的坐标可以用直角坐标、极坐标、球面坐标和柱面坐标表示，每一种坐标又分别具有两种坐标输入方式，即绝对坐标和相对坐标。其中直角坐标和极坐标最为常用，下面主要介绍一下它们的输入方法。

(1)直角坐标

直角坐标即用点的 X,Y 坐标表示的坐标。

例如，在命令行中输入点的坐标提示下，输入"20,30"，则表示输入了一个 X,Y 的值分别为 20,30 的点，此为绝对坐标输入方式，表示该点的坐标是相对于当前坐标原点的坐标，如图 2-31(a)中的 a 点所示。

如果输入"@20,30"，则为相对坐标输入方式，表示该点的坐标是相对于前一点的坐标。如图 2-31(b)所示，相对于 c 点，输入"@20,30"后，得到坐标为(30,40)的 d 点。

(2)极坐标

极坐标即用长度和角度表示的坐标，只能用来表示二维点的坐标。

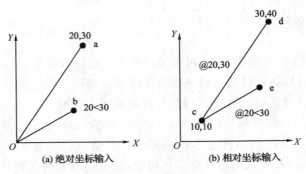

图 2-31 数据输入

在绝对坐标输入方式下,表示为"长度＜角度",其中长度为该点到坐标原点的距离,角度为该点至原点的连线与 X 轴正向的夹角。如"20＜30"表示长度为 20,该点至原点的连线与 X 轴夹角为 30° 的点,如图 2-31(a)中的 b 点所示。

在相对坐标输入方式下,表示为"@长度＜角度",其中长度为该点到前一点的距离,角度为该点至前一点的连线与 X 轴正向的夹角。如图 2-31(b)所示,相对于 c 点,输入"@20 ＜30"后,得到 e 点。

(3)数据动态输入

按下状态栏中"动态输入"按钮图标,系统打开动态输入功能,可以在绘图区中动态地输入某些参数数据。例如,绘制直线时,在光标附近会动态地显示"指定第一点",以及后面的坐标框,当前显示的是光标所在位置,可以输入数据,两个数据之间以逗号隔开,如图 2-32(a)所示。指定第一点后,系统动态显示直线的角度,同时要求输入直线长度,如图 2-32(b)所示,其输入效果与"@长度＜角度"方式相同。

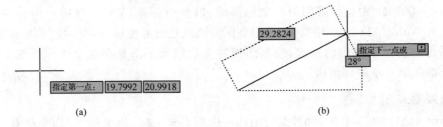

图 2-32 动态输入显示

下面分别讲述点与距离值的输入方法。

(1)点的输入

绘图过程中,常需要输入点的位置,AutoCAD 2023 中文版提供了如下几种输入点的方式:

①用键盘直接在命令行中输入点的坐标。输入直角坐标"X,Y"或"@X,Y",或输入极坐标"长度＜角度"或"@长度＜角度"。

②用鼠标等定标设备移动光标,在绘图区中直接拾取点。

③用目标捕捉方式捕捉已有图形的特殊点(如端点、中点、中心点、插入点、交点、切点、垂足点等)。

④直接距离输入。先用光标拖拉出追踪虚线确定方向,然后用键盘输入距离。这样有

利于准确控制对象的长度等参数。例如,要绘制一条 50 mm 的直线,方法如下:

命令:LINE

指定第一点:(在绘图区中指定一点)

指定下一点或[放弃(U)]:

这时在绘图区中移动鼠标指明直线的方向,如图 2-33(a)所示,但不要单击确认,然后在命令行输入"50",得到如图 2-33(b)所示长度为 50 mm 的直线。

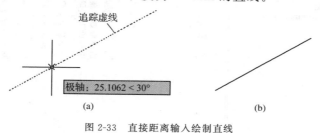

追踪虚线

极轴: 25.1062 < 30°

(a)

(b)

图 2-33　直接距离输入绘制直线

(2)距离值的输入

在 AutoCAD 2023 中文版命令中,有时需要提供高度、宽度、半径、长度等距离值。AutoCAD 2023 中文版提供了两种输入距离值的方式:一种是用键盘在命令行中直接输入数值;另一种是在绘图区中拾取两点,以两点间的距离值定出所需数值。

2.4　图层设置

AutoCAD 2023 中文版中的图层就如同在手工绘图中使用的重叠透明图纸,可以使用图层来组织不同类型的信息。在 AutoCAD 2023 中文版中,图形的每个对象都位于一个图层上,所有图形对象都具有图层、颜色、线型和线宽这四个基本属性。在绘制的时候,图形对象将创建在当前的图层上。每个 AutoCAD 文档中,图层的数量是不受限制的,每个图层都有自己的名称。

2.4.1　建立新图层

新建的 AutoCAD 文档中只能自动创建一个名为"0"的特殊图层,不能删除或重命名图层"0"。通过创建新的图层,可以将类型相似的对象指定给同一个图层使其相关联。例如,可以将构造线、文字、标注和标题栏置于不同的图层上,并为这些图层指定通用特性。通过将对象分类放到各自的图层中,可以快速有效地控制对象的显示及对其进行更改。

【命令激活方式】

> 命令行:LAYER(或 LA)
>
> 菜单栏:"格式"→"图层"
>
> 工具栏:"图层"→"图层特性管理器" 绳,如图 2-34 所示
>
> 功能区:"常用"→"图层"→"图层特性管理器" 绳

执行上述命令后,系统打开"图层特性管理器"对话框,如图 2-35 所示。

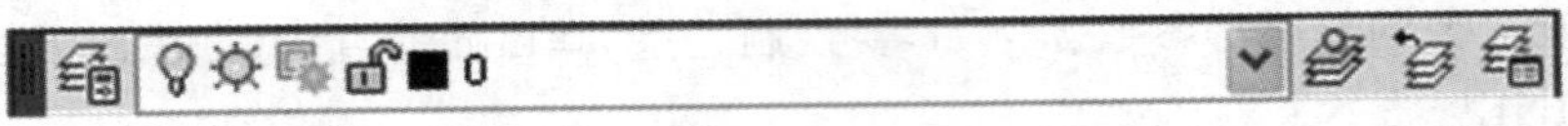

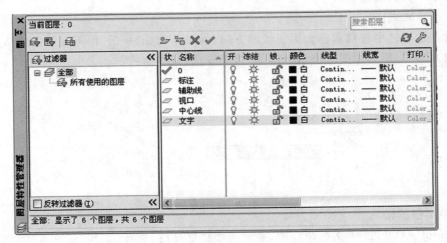

图 2-34 "图层"工具栏

图 2-35 "图层特性管理器"对话框

单击"图层特性管理器"对话框中的"新建"按钮图标 ，建立新图层，默认的图层名为 "图层 1"，可以根据绘图需要，更改图层名。在一个图形中可以创建的图层数以及在每个图 层中可以创建的对象数实际上是无限的。图层最长可使用 255 个字符的字母和数字命名。 "图层特性管理器"对话框中的图层列表框按名称的字母和数字顺序排列图层。

注意：如果要建立多个图层，无须重复单击"新建"按钮。更有效的方法是：在建立一个 新的图层"图层 1"后，改变图层名，在其后输入一个逗号"，"，这样就会自动建立一个新图 层，改变图层名，再输入一个逗号，又一个新的图层建立了，依次建立各个图层。也可以按两 次<回车> 键，建立另一个新的图层。图层的名称也可以更改，直接双击图层名称输入新 的名称。

在每个图层属性设置中，包括图层名称、关闭/打开图层、冻结/解冻图层、锁定/解锁图 层、图层线条颜色、图层线型、图层线宽、图层打印样式以及打印/不打印图层、新视口冻结等 参数。下面将分别讲述如何设置其中一些图层参数。

1. 设置图层线条颜色

在工程制图中，整个图形包含各种不同功能的图形对象，如辅助线与尺寸标注等，为了 便于直观地区分它们，就有必要针对不同的图形对象使用不同的颜色。

要改变图层线条颜色时，单击图层所对应的颜色图标，打开"选择颜色"对话框，选择合 适的颜色后按"确定"按钮即可。

2. 设置图层线型

线型是指作为图形基本元素的线条的组成和显示方式，如实线、虚线、点画线等。在许 多的绘图工作中，常常以线型划分图层。为某一个图层设置适合的线型，在绘图时，只需将 该图层设为当前工作层，即可绘制出符合线型要求的图形对象，极大地提高了绘图的效率。

单击图层所对应的线性图标，打开"选择线型"对话框，如图 2-36（a）所示。默认情况下， 在"已加载的线型"列表框中，系统中只添加了"Continuous"线型。单击"加载"按钮，打开

"加载或重载线型"对话框,如图 2-36(b)所示,可以看到 AutoCAD 2023 中文版还提供许多
其他的线型,用鼠标选择所需线型,单击"确定"按钮,即可把该线型加载到"已加载的线型"
列表框中,可以按住<Ctrl>键选择几种线型同时加载。

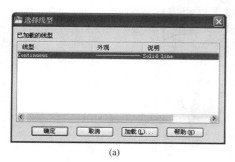
(a)

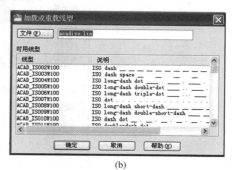
(b)

图 2-36   选择和加载线型

3. 设置图层线宽

设置图层线宽顾名思义就是改变图层中线条的宽度。
用不同宽度的线条表现图形对象的类型,可以提高图形的
表达能力和可读性。

单击图层所对应的线宽图标,打开"线宽"对话框,如
图 2-37 所示。选择一个线宽,单击"确定"按钮完成对图层
线宽的设置。

图层线宽的默认值为 0.25 mm。在状态栏显示为"模
型"状态时,显示的线宽同计算机的像素有关。线宽为零
时,显示为一个像素的线宽。单击状态栏中的"线宽"按钮
图标 +,屏幕上显示的线宽与实际线宽成比例,但线宽不
随着图形的放大和缩小而变化。"线宽"功能关闭时,图形
的线宽均以默认宽度显示。

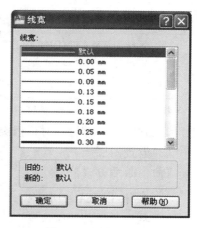

图 2-37   "线宽"对话框

2.4.2   设置图层

除了上面讲述的通过"图层特性管理器"对话框设置图层的方法外,还有其他几种简便
方法可以设置图层线条颜色、线型、线宽等参数。

1. 直接设置图层

可以直接通过命令行或菜单栏设置图层线条颜色、线型和线宽。

(1)设置图层线条颜色

【命令激活方式】

> 命令行:COLOR(或 COLOUR 或 COL)
> 菜单栏:"格式"→"颜色"
> 功能区:"常用"→"特性"→"颜色"

执行上述命令后,系统打开"选择颜色"对话框,如图 2-38 所示。

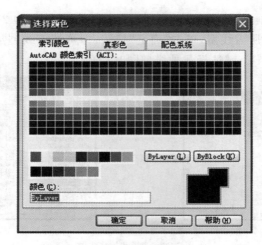

图 2-38 "选择颜色"对话框

(2)设置图层线型

【命令激活方式】

> 命令行:LINETYPE(或 LT)
> 菜单栏:"格式"→"线型"
> 功能区:"常用"→"特性"→"线型"

执行上述命令后,系统打开"线型管理器"对话框,使用方法与如图 2-36 所示"选择线型"和"加载或重载线型"对话框类似。

(3)设置图层线宽

【命令激活方式】

> 命令行:LWEIGHT(或 LW)
> 菜单栏:"格式"→"线宽"
> 功能区:"常用"→"特性"→"线宽"

执行上述命令后,系统打开"线宽设置"对话框,使用方法与如图 2-37 所示的"线宽"对话框类似。

2.利用"对象特性"工具栏设置图层

AutoCAD 2023 中文版提供了一个"对象特性"工具栏,如图 2-39 所示。用户能够控制和使用"对象特性"工具栏快速查看和改变所选对象的颜色、线型、线宽和打印样式等特性。在绘图区中选择任何对象都将在"对象特性"工具栏中自动显示它的颜色、线型、线宽和打印样式等属性。

图层颜色　　　　　线型　　　　　线宽　　　　打印样式

图 2-39 "对象特性"工具栏

3. 用"特性"对话框设置图层

【命令激活方式】

> 命令行：DDMODIFY（或 PROPERTIES）
>
> 菜单栏："修改"→"特性"
>
> 工具栏："标准"→"特性"
>
> 功能区："视图"→"选项板"→"特性"

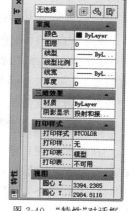

图 2-40　"特性"对话框

执行上述命令后，系统打开"特性"对话框，如图 2-40 所示。在其中可以方便地设置或修改图层、颜色、线型、线宽等属性。

2.4.3　控制图层

1. 切换当前图层

不同的图形对象需要绘制在不同的图层中，在绘制前，需要将工作图层切换到所需的图层上。打开"图层特性管理器"对话框，选择图层，单击"当前"按钮图标✔完成设置。

2. 删除图层

在"图层特性管理器"对话框中的图层列表框中选择要删除的图层，单击"删除"按钮图标✖即可删除该图层。还可以从图形文件定义中删除选定的图层，但只能删除未参照的图层。参照图层包括图层"0"及"DEFPOINTS"、包含对象（包括块定义中的对象）的图层、当前图层和依赖外部参照的图层。不包含对象（包括块定义中的对象）的图层、非当前图层和不依赖外部参照的图层都可以删除。

3. 关闭/打开图层

在"图层特性管理器"对话框中，单击 💡 图标，可以控制图层的可见性。图层打开时，图标高亮显示，该图层上的图形可以显示在屏幕上并可打印输出。再单击图标 💡，图标不高亮显示，该图层上的图形不显示在屏幕上，而且不能被打印输出，但仍然作为图形的一部分保留在文件中。

4. 冻结/解冻图层

在"图层特性管理器"对话框中，单击 ☼ 图标，可以冻结图层或将图层解冻。图标不高亮显示时，该图层是冻结状态；图标高亮显示时，该图层是解冻状态。冻结图层上的对象不能显示，也不能打印，同时也不能编辑修改该图层上图形对象。在冻结了图层后，该图层上的对象不影响其他图层上对象的显示和打印。

5. 锁定/解锁图层

在"图层特性管理器"对话框中，单击 🔓 图标，可以锁定图层或将图层解锁。锁定图层后，该图层上的图形依然显示在屏幕上并可打印输出，并可以在该图层上绘制新的图形对象，但用户不能对该图层上的图形进行编辑修改操作。可以对当前层进行锁定，也可对锁定图层上的图形进行查询和对象捕捉。锁定图层可以防止图形的意外修改。

6. 图层打印样式

在 AutoCAD 2023 中文版中，可以使用一个称为打印样式的新的对象特性。打印样式控制对象的打印特性,包括颜色、抖动、灰度、笔号、虚拟笔、淡显、线型、线宽、线条端点样式、线条连接样式和填充样式。使用打印样式给用户提供了很大的灵活性,因为用户可以设置打印样式来替代其他对象特性,也可以按用户需要关闭这些替代设置。

7. 打印/不打印图层

在"图层特性管理器"对话框中,单击⊖图标,可以设定打印时该图层是否打印,在保证图形显示可见不变的条件下,控制图形的打印特征。打印功能只对可见的图层起作用,对于已经被冻结或被关闭的图层不起作用。

8. 新视口冻结

在新布局视口中冻结选定图层。例如,在所有新视口中冻结"DIMENSIONS"图层,将在所有新创建的布局视口中限制该图层上的标注显示,但不会影响现有视口中的"DIMENSIONS"图层。如果以后创建了需要标注的视口,则可以通过更改当前视口设置来替代默认设置。

2.5 绘图辅助工具

要快速顺利地完成图形绘制工作,有时需要借助一些辅助工具,如用于准确确定绘制位置的精确定位工具和调整图形显示范围与方式的图形显示工具等。下面简要介绍一下这两种非常重要的辅助绘图工具。

2.5.1 精确定位工具

在绘制图形时,可以使用直角坐标和极坐标精确定位点,但是有些点(如端点、中心点等)的坐标我们是不知道的,又想精确地指定这些点,可想而知是很难的,有时甚至是不可能的。幸好 AutoCAD 2023 中文版已经很好地解决了这个问题。AutoCAD 2023 中文版提供了精确定位工具,使用这类工具,就可以很容易地在屏幕中捕捉到这些点,进行精确绘图。

1. 栅 格

AutoCAD 2023 中文版的栅格由点的矩阵组成,延伸到指定为图形界限的整个区域。使用栅格与在坐标纸上绘图是十分相似的,利用栅格可以对齐对象并直观显示对象之间的距离。如果放大或缩小图形,可能需要调整栅格间距,使其更适合新的比例。虽然栅格在屏幕上是可见的,但它并不是图形对象,因此不会被打印成图形中的一部分,也不会影响在何处绘图。

可以单击状态栏中"栅格"按钮或按<F7>键打开或关闭栅格。启用栅格并设置栅格在 X 轴方向和 Y 轴方向上的间距的方法如下:

【命令激活方式】

命令行:DSETTINGS(或 DDRMODES 或 DS 或 SE)
菜单栏:"工具"→"草图设置"
快捷菜单:"栅格"按钮图标▦处右击→"设置"

执行上述命令,系统打开"草图设置"对话框,如图 2-41 所示。

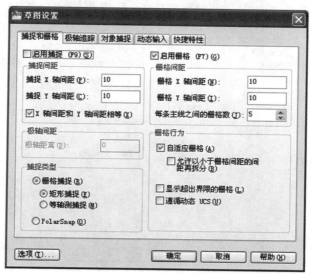

图 2-41　"草图设置"对话框"捕捉和栅格"选项卡

如果需要显示栅格,选择"启用栅格"复选框。在"栅格 X 轴间距"文本框中,输入栅格点之间的水平距离,单位为 mm。如果使用相同的间距设置垂直和水平分布的栅格点,则按＜Tab＞键。否则,在"栅格 Y 轴间距"文本框中输入栅格点之间的垂直距离。

注意:如果栅格的间距设置得太小,当进行"启用栅格"操作时,AutoCAD 2023 中文版将在命令行中显示"栅格太密,无法显示"的信息,而不在屏幕上显示栅格。或者使用"缩放"命令时,将图形缩放得很小,也会出现同样提示,不显示栅格。

2. 捕捉模式

捕捉可以使用户直接使用鼠标快捷准确地定位目标点。捕捉模式有几种不同的形式,包括栅格捕捉、极轴捕捉、对象捕捉和自动对象捕捉。

（1）栅格捕捉

栅格捕捉是指 AutoCAD 2023 中文版可以生成一个隐含分布于屏幕上的栅格,这种栅格能够捕捉光标,使得光标只能落到其中的一个栅格点上。

（2）极轴捕捉

极轴捕捉是在创建或修改对象时,按事先给定的角度增量和距离增量来追踪特征点,即捕捉相对于初始点且满足指定的极轴距离和极轴角的目标点。极轴追踪设置主要是设置追踪的距离增量和角度增量,以及与之相关联的捕捉模式。这些设置可以通过"草图设置"对话框中的"捕捉和栅格"选项卡与"极轴追踪"选项卡来实现,"极轴追踪"选项卡如图 2-42 所示。

【选项说明】

● 极轴距离:在"草图设置"对话框的"捕捉和栅格"选项卡中,可以设置极轴距离,单位为 mm。绘图时,光标将按指定的极轴距离增量进行移动。

● 极轴角设置:在"草图设置"对话框的"极轴追踪"选项卡中,可以设置极轴角增量。设置时,可以选择"增量角"下拉列表中的 90、45、30、22.5、18、15、10 和 5［单位为(°)］的极轴角

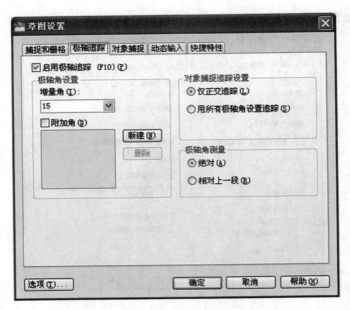

图 2-42 "草图设置"对话框"极轴追踪"选项卡

增量,也可以直接输入指定其他任意角度。光标移动时,如果接近极轴角,将显示对齐路径和工具栏提示。

"附加角"用于设置极轴追踪时是否采用附加角度追踪。选中"附加角"复选框,通过"新建"按钮或者"删除"按钮来增加或删除附加角度值。

● 对象捕捉追踪设置:用于设置对象捕捉追踪的模式。如果选择"仅正交追踪"选项,则当采用追踪功能时,系统仅在水平和垂直方向上显示追踪数据;如果选择"用所有极轴角设置追踪"选项,则当采用追踪功能时,系统不仅可以在水平和垂直方向显示追踪数据,还可以在设置的极轴追踪角度与附加角度所确定的一系列方向上显示追踪数据。

● 极轴角测量:用于设置极轴角的角度测量采用的参考基准。"绝对"指相对水平方向逆时针测量;"相对上一段"指以上一段对象为基准进行测量。

(3)对象捕捉

AutoCAD 2023 中文版给所有的图形对象都定义了特征点,对象捕捉则是指在绘图过程中,通过捕捉这些特征点,迅速准确将新的图形对象定位在现有对象的确切位置上,例如圆的圆心、线段中点或两个对象的交点等。在 AutoCAD 2023 中文版中,可以通过单击状态栏中"对象捕捉"按钮,或是在"草图设置"对话框的"对象捕捉"选项卡中选择"启用对象捕捉"复选框,来完成启用对象捕捉功能。在绘图过程中,对象捕捉功能的调用可以通过以下方式完成。

①"对象捕捉"工具栏

如图 2-43(a)所示,在绘图过程中,当系统提示需要指定点位置时,可以单击"对象捕捉"工具栏中相应的特征点按钮,再把光标移动到要捕捉的特征点附近,AutoCAD 2023 中文版会自动提示并捕捉到这些特征点。例如,如果需要用直线连接一系列圆的圆心,可以将"圆心"设置为执行对象捕捉。如果有两个可能的捕捉点落在选择区域,AutoCAD 2023 中文版将捕捉离光标中心最近的符合条件的点。另外,在指定点时还可以检查哪一个对象捕捉有效。例如,在指定位置有多个对象符合捕捉条件,在指定点之前,按<Tab>键可以遍历所有可能的点。

②"对象捕捉"快捷菜单

在需要指定点位置时,还可以按住<Ctrl>键或<Shift>键,右击,打开"对象捕捉"快捷菜单,如图 2-43(b)所示。从该菜单上一样可以选择某一种特征点执行对象捕捉,把光标移动到要捕捉的特征点附近,即可捕捉到这些特征点。

③使用命令行

当需要指定点位置时,在命令行中输入相应特征点的关键词,把光标移动到要捕捉的特征点附近,即可捕捉到这些特征点。对象捕捉特征点的关键字见表 2-2。

(a) "对象捕捉"工具栏

(b) "对象捕捉"快捷菜单

图 2-43　"对象捕捉"工具栏和"对象捕捉"快捷菜单

表 2-2　　　　　　　　　　对象捕捉特征点关键字

模　式	关键字	模　式	关键字	模　式	关键字
临时追踪点	TT	捕捉自	FROM	端点	END
中点	MID	交点	INT	外观交点	APP
延长线	EXT	圆心	CEN	象限点	QUA
切点	TAN	垂足	PER	平行线	PAR
节点	NOD	最近点	NEA	无捕捉	NON

注意:

● 对象捕捉不可单独使用,必须配合别的绘图命令一起使用。仅当 AutoCAD 2023 中文版提示输入点时,对象捕捉才生效。如果试图在命令行提示下使用对象捕捉,AutoCAD 2023 中文版将显示错误信息。

● 对象捕捉只影响屏幕上可见的对象,包括锁定图层、布局视口边界和多段线上的对象。不能捕捉不可见的对象,如未显示的对象、关闭或冻结图层上的对象或虚线的空白部分。

(4)自动对象捕捉

在绘制图形的过程中,使用对象捕捉的频率非常高,如果每次在捕捉时都要先选择捕捉模式,将使工作效率大大降低。出于此种考虑,AutoCAD 2023 中文版提供了自动对象捕捉模式。如果启用自动对象捕捉功能,当光标距指定的捕捉点较近时,系统会自动精确地捕捉这些特征点,并显示出相应的标记以及该捕捉的提示。在"草图设置"对话框中的"对象捕捉"选项卡中,选中"启用对象捕捉"复选框,可以调用自动对象捕捉,如图 2-44 所示。

注意:可以设置自己经常要用的捕捉方式。一旦设置了运行捕捉方式,在每次运行时,所设定的目标捕捉方式就会被激活,而不是仅对一次选择有效。当同时使用多种方式时,系统将捕捉距光标最近、同时满足多种目标捕捉方式之一的点。当光标距要获取的点非常近时,按下<Shift>键,将暂时不获取对象点。

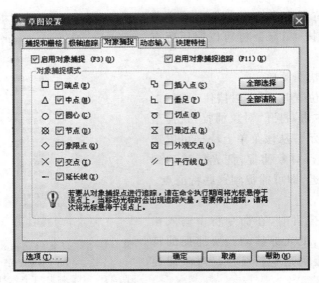

图 2-44 "草图设置"对话框"对象捕捉"选项卡

3.正交绘图

正交模式,即在命令的执行过程中,光标只能沿 X 轴或者 Y 轴移动。所有绘制的线段和构造线都将平行于 X 轴或 Y 轴,因此它们相互垂直呈 90°相交,即正交。使用正交绘图,对于绘制水平和垂直线非常有用,特别是绘制构造线时经常使用。当捕捉类型为"等轴测捕捉"时,它还迫使直线平行于三个等轴测之一。设置正交绘图可以直接单击状态栏中"正交"按钮图标 ┗ ,或按<F8>键,相应的会在命令行中显示开/关提示信息。也可以在命令行中输入"ORTHO"命令,执行开启或关闭正交绘图。

注意:正交模式将光标限制在水平或垂直(正交)轴上。因为不能同时打开正交模式和极轴追踪,因此正交模式打开时,AutoCAD 2023 中文版会关闭极轴追踪。如果再次打开极轴追踪,AutoCAD 2023 中文版将关闭正交模式。

2.5.2　图形显示工具

对于一个较为复杂的图形来说,在观察整幅图形时往往无法对其局部细节进行查看和操作,而当在屏幕上显示一个局部时又看不到其他部分,为解决这类问题,AutoCAD 2023 中文版提供了"缩放""平移""视图""鸟瞰视图""视口命令"等一系列图形显示控制命令,可以用来任意地放大、缩小或移动屏幕上的图形显示,或者同时从不同的角度、不同的部位来显示图形。AutoCAD 2023 中文版 还提供了"重画"和"重新生成"命令来刷新屏幕、重新生成图形。

1.缩　放

"缩放"命令类似于照相机的镜头,可以放大或缩小屏幕所显示的范围。它只改变视图的比例,而不改变对象的实际尺寸。当放大图形一部分的显示尺寸时,可以更清楚地查看这个区域的细节;相反,如果缩小图形的显示尺寸,则可以查看更大的区域,如整体浏览。

"缩放"命令是 AutoCAD 2023 中文版绘图中使用频率最高的命令之一。这个命令可以透明地使用,也就是说,该命令可以在其他命令执行时运行。

【命令激活方式】

> 命令行:ZOOM
>
> 菜单栏:"视图"→"缩放"
>
> 工具栏:"标准"→"缩放",如图 2-45 所示
>
> 功能区:"视图"→"导航"→"缩放"

图 2-45　"缩放"工具栏

【命令行提示】

命令:'_zoom

指定窗口的角点,输入比例因子(nX 或 nXP),或者[全部(A)/中心(C)/动态(D)/范围(E)/上一个(P)/比例(S)/窗口(W)/对象(O)]<实时>:

【选项说明】

● 实时:这是"缩放"命令的默认操作,即在输入"ZOOM"命令后,直接按<回车>键,将自动调用实时缩放操作。实时缩放就是可以通过按住鼠标左键上、下移动交替进行放大和缩小。在使用实时缩放时,系统会显示"+"号和"-"号。当缩放比例接近极限时,AutoCAD 2023 中文版将不再与光标一起显示"+"号或"-"号。需要从实时缩放操作中退出时,可按<回车>键、<Esc>键或是从菜单中选择"Exit"退出。

● 全部(A):输入"ZOOM"命令后,在提示文字后输入"A",即可执行"全部"缩放操作。不论图形有多大,该操作都将显示图形的边界或范围,即使对象不包括在边界以内,它们也将被显示。因此,使用"全部"缩放选项,可查看当前视口中的整个图形。

● 中心(C):通过确定一个中心点,该选项可以定义一个新的显示窗口。操作过程中需要指定中心点以及输入比例或高度。默认新的中心点就是视图的中心点,默认的输入高度就是当前视图的高度,直接按<回车>键后,图形将不会被放大。输入比例,数值越大,图形放大倍数将越大,也可以在数值后面紧跟一个"X",如"3X",表示在放大时不是按照绝对值变化,而是按相对于当前视图的相对值缩放。

● 动态(D):通过操作一个表示视口的视图框,可以确定所需显示的区域。选择该选项,在绘图区中出现一个小的视图框,按住鼠标左键左、右移动可以改变该视图框的大小,定形后放开鼠标左键,再按住鼠标左键移动视图框,确定图形中的放大位置,系统将清除当前视口并显示一个特定的视图选择屏幕。这个特定屏幕由有关当前视图及有效视图的信息所构成。

● 范围(E):"范围"选项可以使图形缩放至整个显示范围。图形的范围由图形所在的区域构成,剩余的空白区域将被忽略。应用这个选项,图形中所有的对象都尽可能地被放大。

● 上一个(P):在绘制复杂图形时,有时需要放大图形的一部分以进行细节的编辑。当

编辑完成后,有时希望回到前一个视图,这种操作可以使用"上一个"选项来实现。当前视口由"缩放"命令的各种选项或移动视图、恢复视图、平行投影或透视相关命令引起的任何变化,系统都将保存。每一个视口最多可以保存十个视图。连续使用"上一个"选项可以恢复前十个视图。

● 比例(S):"比例"选项提供了三种使用方法。第一种方法,在提示信息下,直接输入比例,AutoCAD 2023 中文版 将按照此比例放大或缩小图形的尺寸;第二种方法,如果在比例后面加"X",则表示相对于当前视图计算的比例;第三种方法就是相对于图纸空间,例如,可以在图纸空间阵列布排或打印出模型的不同视图,为了使每一张视图都与图纸空间单位成比例,可以使用"比例"选项,每一个视图可以有单独的比例。

● 窗口(W):"窗口"选项是最常使用的选项。通过确定一个矩形窗口的两个对角点来指定所需缩放的区域,对角点可以由鼠标指定,也可以输入坐标确定。指定窗口的中心点将成为新的显示屏幕的中心点,窗口中的区域将被放大或者缩小。调用"缩放"命令,可以在没有选择任何选项的情况下,利用鼠标在绘图区中直接指定缩放窗口的两个对角点。

● 对象(O):缩放以便尽可能大地显示一个或多个选定的对象并使其位于视图的中心,可以在启动"缩放"命令前、后选择对象。

注意:这里所提到的操作(如放大、缩小或移动),仅仅是对图形在屏幕上的显示进行控制,图形本身并没有任何改变。

2.平　移

当图形幅面大于当前视口时,例如使用"缩放"命令将图形放大,如果需要在当前视口之外观察或绘制一个特定区域时,可以使用"平移"命令来实现。"平移"命令能将在当前视口以外的图形的一部分移动进来查看或编辑,但不会改变图形的缩放比例。

【命令激活方式】

```
快捷方式:按住鼠标滚轮移动图形显示位置
命令行:PAN
菜单栏:"视图"→"平移"
工具栏:"标准"→"平移"
快捷菜单:绘图区中右击→"平移"
快捷菜单:绘图区中右击→"平移"
功能区:"视图"→"导航"→"平移",如图 2-15 所示。
```

激活"平移"命令之后,光标将变成一只"小手",可以在绘图区中任意移动,以示当前正处于平移模式。按住鼠标左键,将光标锁定在当前位置,即"小手"已经抓住图形,然后拖动图形使其移动到所需位置上。松开鼠标左键将停止平移图形。可以反复按下鼠标左键,拖动、松开,将图形平移到其他位置上。

"平移"命令预先定义了一些不同的菜单选项,它们可用于在特定方向上平移图形,激活"平移"命令后,这些选项可以从菜单栏中调用。

【选项说明】

● 实时:这是"平移"命令中最常用的选项,也是默认选项,前面提到的平移操作都是指实时平移,通过鼠标的拖动来实现任意方向上的平移。

● 点:这个选项要求确定位移量,这就需要确定图形移动的方向和距离。可以通过输入点的坐标或用鼠标指定点的坐标来确定位移。

● 左:该选项向右部平移图形,使屏幕左部的图形进入显示窗口。

● 右:该选项向左部平移图形,使屏幕右部的图形进入显示窗口。

● 上:该选项向底部平移图形,使屏幕顶部的图形进入显示窗口。

● 下:该选项向顶部平移图形,使屏幕底部的图形进入显示窗口。

2.6　常用二维绘图命令介绍

二维图形是指在二维平面空间绘制的图形,主要由一些基本图形元素组成,如点、直线、圆弧、圆、椭圆、矩形、多边形等几何元素。AutoCAD 2023 中文版提供了大量的绘图工具,可以帮助用户完成二维图形的绘制。

初学者可用图标按钮形式来操作,AutoCAD 2023 中文版将这些绘图命令集中在"绘图"工具栏中。"绘图"工具栏及每个按钮所代表的意义如图 2-46 所示。

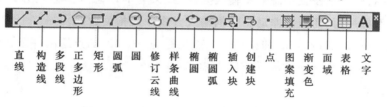

图 2-46　"绘图"工具栏

激活某一绘图命令有多种途径,这里主要以命令行输入方式与工具栏内单击功能按钮方式做介绍。

2.6.1　直　线

【命令激活方式】

> 命令行:LINE(或 L)
> 工具栏:"绘图"→"直线"

【命令行提示】

命令:_line

指定第一点:(输入直线的起点,用鼠标指定点或者给定点的坐标)

指定下一点或[放弃(U)]:(输入直线的端点,也可以用鼠标指定一定角度后,直接输入

直线的长度)

指定下一点或[放弃(U)]:(输入下一直线的端点,或输入选项"U"表示放弃前面的输入,右击或按<回车>键,结束命令)

指定下一点或[闭合(C)/放弃(U)]:(输入下一直线的端点,或输入选项"C"使图形闭合,结束命令)

【选项说明】

● 若用按<回车>键响应"指定第一点"提示,系统会把上次绘制直线(或圆弧)的终点作为本次操作的起点。特别地,若上次操作为绘制圆弧,按<回车>键响应后绘出通过圆弧终点并与该圆弧相切的直线,该直线的长度由鼠标在屏幕上指定的一点与切点之间直线的长度确定。

● 在"指定下一点"提示下,用户可以指定多个端点,从而绘出多条直线。但是,每一段直线是一个独立的对象,可以进行单独的编辑操作。

● 绘制两条以上直线后,若用"C"响应"指定下一点"提示,系统会自动链接起点和最后一个端点,从而绘出封闭的图形。

● 若用"U"响应提示,则擦除最近一次绘制的直线。

● 若设置正交方式(按下状态栏中"正交"按钮),只能绘制水平直线或垂直直线。

● 若设置动态数据输入方式(按下状态栏中"动态输入"按钮),则可以动态输入坐标或长度。命令行同样可以设置动态数据输入方式,效果与非动态数据输入方式类似。除了特别需要,以后不再强调,而只按非动态数据输入方式输入相关数据。

【例 2-1】 (1)过点(20,20)和相对于该点坐标为(80,80)的点绘制一条直线;

(2)过点(20,20)绘制一条水平长度为 80 的直线。

【绘图步骤】

(1)单击 ╱ 按钮,激活命令。

命令:_line

指定第一点:20,20

指定下一点或[放弃(U)]:@80,80

指定下一点或[放弃(U)]:(按<回车>键)

效果如图 2-47 所示。

图 2-47 绘制直线(1)

(2)单击 ╱ 按钮,激活命令。

命令:_line

指定第一点:[指定如图 2-48(a)所示端点]

指定下一点或[放弃(U)]:80 [在水平追踪下输入距离,如图 2-48(b)所示]

指定下一点或[放弃(U)]:(按<回车>键)

效果如图 2-48(c)所示。

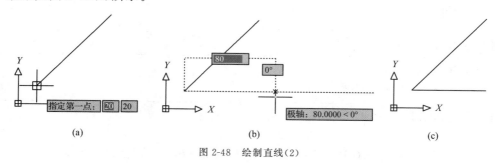

图 2-48　绘制直线(2)

2.6.2　构造线

【命令激活方式】

命令行:XLINE(或 XL)

工具栏:"绘图"→"构造线"

【命令行提示】

命令:_xline

指定点或[水平(H)/垂直(V)/角度(A)/二等分(B)/偏移(O)]:[指定如图 2-49(a)所示点 1]

　　指定通过点:[指定通过图 2-49(a)所示点 2,绘制一条双向无限长直线]

　　指定通过点:[继续指定点,继续绘制直线,如图 2-49(a)所示,按<回车>键结束命令]

【选项说明】

● 执行选项中有"指定点""水平""垂直""角度""二等分""偏移"六种方式绘制构造线,分别如图 2-49(a)至图 2-49(f)所示。

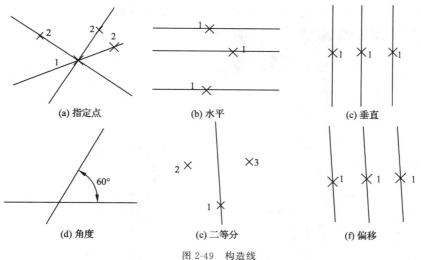

图 2-49　构造线

● 构造线常用于模拟手工作图中的辅助作图线,用特殊的线型显示,在绘图输出时可不作输出。应用构造线作为辅助线绘制机械图中的三视图是构造线的最主要用途,构造线的应用保证了三视图之间"主俯视图长对正、主左视图高平齐、俯左视图宽相等"的对应关系。

2.6.3　圆

【命令激活方式】

命令行：CIRCLE(或 C)
工具栏："绘图"→"圆"⊘

【命令行提示】

命令:_circle
指定圆的圆心或[三点(3P)/两点(2P)/切点、切点、半径(T)]:(指定圆心)
指定圆的半径或[直径(D)]:(直接输入半径数值或用鼠标指定半径长度)

【选项说明】

● 三点(3P)：用指定圆周上三点的方法绘制圆。

● 两点(2P)：指定直径的两端点绘制圆。

● 切点、切点、半径(T)：按先指定两个相切对象,后给出半径的方法绘制圆。图 2-50 所示给出了以"切点、切点、半径"方式绘制圆的各种情形(其中加粗的圆为最后绘制的圆)。

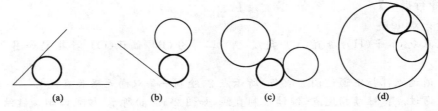

图 2-50　"切点、切点、半径"方式绘制图

● 工具栏中"绘图"→"圆"菜单中还有一种"相切、相切、相切"的方法,如图 2-51 所示。

【例 2-2】　(1)绘制一个半径为 30 的圆。

(2)以图 2-52 为基础,用"相切、相切、相切"的方法绘制合适的圆。

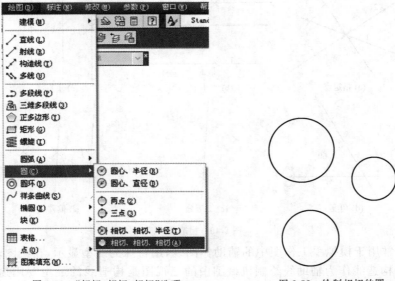

图 2-51　"相切、相切、相切"选项　　　　　　　　图 2-52　绘制相切的圆

【绘图步骤】

(1)单击 ⊙ 按钮,激活命令。

命令:_circle

指定圆的圆心或[三点(3P)/两点(2P)/切点、切点、半径(T)]:

指定圆的半径或[直径(D)]＜40.0000＞:30

绘制过程如图 2-53 所示。

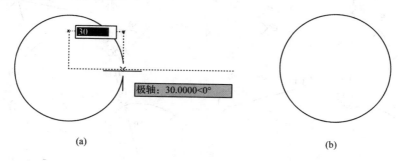

图 2-53　绘制圆的过程

(2)如图 2-51 所示,工具栏中按"绘图"→"圆"→"相切、相切、相切"操作。

命令:_circle

指定圆的圆心或[三点(3P)/两点(2P)/切点、切点、半径(T)]:3P

指定圆上的第一个点:_tan 到

指定圆上的第二个点:_tan 到

指定圆上的第三个点:_tan 到

绘制过程如图 2-54 所示。

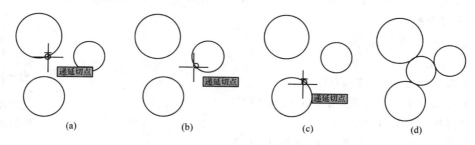

图 2-54　绘制相切的圆的过程

2.6.4　圆　弧

【命令激活方式】

命令行:ARC(或 A)

工具栏:"绘图"→"圆弧" ⌒

【命令行提示】

命令:_arc

指定圆弧的起点或[圆心(C)]:(指定起点)

指定圆弧的第二点或[圆心(C)/端点(E)]:(指定第二点)

指定圆弧的端点:(指定端点)

【选项说明】

用命令行方式绘制圆弧时,可以根据系统提示选择不同的选项,具体功能和工具栏中"绘图"→"圆弧"菜单提供的十一种方式相似。这些方式如图 2-55(a)至图 2-55(k)所示。

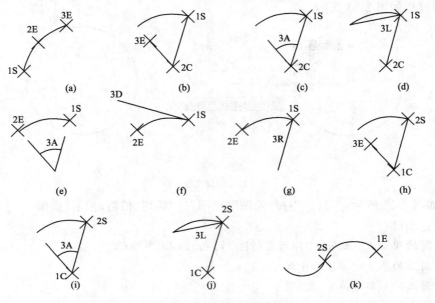

图 2-55 绘制圆弧的方式

【例 2-3】 绘制一个如图 2-56 所示的半径为 30、角度为 75°的圆弧。

【绘图步骤】

单击 按钮,激活命令。

命令:_arc

指定圆弧的起点或[圆心(C)]:

指定圆弧的第二个点或[圆心(C)/端点(E)]:C

指定圆弧的圆心:@0,-30

指定圆弧的端点或[角度(A)/弦长(L)]:A

指定包含角:75

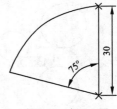

图 2-56 例 2-3 图

2.6.5 多段线

【命令激活方式】

命令行:PLINE(或 PL)

工具栏:"绘图"→"多段线"

【命令行提示】

命令:_pline

指定起点:(指定起点)

当前线宽为 0.0000

指定下一个点或[圆弧(A)/半宽(H)/长度(L)/放弃(U)/宽度(W)]:(指定第二点)

指定下一点或[圆弧(A)/闭合(C)/半宽(H)/长度(L)/放弃(U)/宽度(W)]:(指定下一点)

二维多段线是作为单个平面对象创建的相互连接的线段序列,可以创建线段、圆弧或两者的组合线段。

【选项说明】

● 宽度(W):指定下一条线段的宽度。起点宽度将成为默认的端点宽度。端点宽度在再次修改宽度之前将作为所有后续线段的统一宽度。宽线线段的起点和端点位于宽线的中心,如图 2-57(a)所示。

● 半宽(H):指定从宽线线段的中心到其一边的宽度。起点半宽将成为默认的端点半宽。端点半宽在再次修改半宽之前将作为所有后续线段的统一半宽。宽线线段的起点和端点位于宽线的中心,如图 2-57(b)所示。

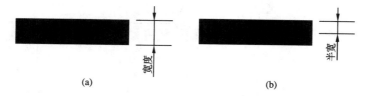

(a)   (b)

图 2-57　多段线的宽度和半宽

● 闭合(C):从指定的最后一点到起点绘制线段,从而创建闭合的多段线。

● 完成绘制圆弧后,通过在"指定第一点"提示下启动"直线"命令并按<回车>键,可以立即绘制一条一端与该圆弧相切的线段,只需指定线长。

● 完成绘制线段或圆弧后,通过在"指定第一点"提示下启动"圆弧"命令并按<回车>键,可以立即绘制一个与该线段或圆弧一端相切的圆弧,只需指定新圆弧的端点。

【例 2-4】　绘制一个如图 2-58 所示的图形。

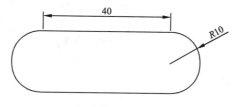

图 2-58　例 2-4 图

【绘图步骤】

单击 按钮,激活命令。

命令:_pline

指定起点:(任意指定一点)

当前线宽为 0.0000

指定下一个点或[圆弧(A)/半宽(H)/长度(L)/放弃(U)/宽度(W)]:40[水平捕捉下输入线段长度"40",如图 2-59(a)所示]

　　指定下一点或[圆弧(A)/闭合(C)/半宽(H)/长度(L)/放弃(U)/宽度(W)]:A(选择圆弧)

　　指定圆弧的端点或[角度(A)/圆心(CE)/闭合(CL)/方向(D)/半宽(H)/直线(L)/半径(R)/第二个点(S)/放弃(U)/宽度(W)]:20[垂直捕捉下输入"20",如图 2-59(b)所示]

　　指定圆弧的端点或[角度(A)/圆心(CE)/闭合(CL)/方向(D)/半宽(H)/直线(L)/半径(R)/第二个点(S)/放弃(U)/宽度(W)]:L(选择直线)

　　指定下一点或[圆弧(A)/闭合(C)/半宽(H)/长度(L)/放弃(U)/宽度(W)]:40[水平捕捉下输入线段长度"40",如图 2-59(c)所示]

　　指定下一点或[圆弧(A)/闭合(C)/半宽(H)/长度(L)/放弃(U)/宽度(W)]:A(选择圆弧)

　　指定圆弧的端点或[角度(A)/圆心(CE)/闭合(CL)/方向(D)/半宽(H)/直线(L)/半径(R)/第二个点(S)/放弃(U)/宽度(W)]:[捕捉端点后,按<回车>键确定,如图 2-59(d)所示]

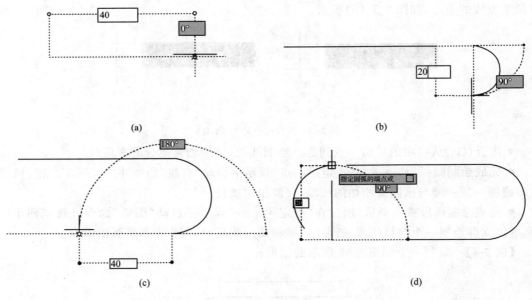

图 2-59　例 2-4 绘图步骤

2.6.6　椭圆和椭圆弧

【命令激活方式】

> 命令行:ELLIPSE(或 EL)
>
> 工具栏:"绘图"→"椭圆" ⬭ 或"绘图"→"椭圆弧" ⤾

【命令行提示】

命令:_ellipse

指定椭圆的轴端点或[圆弧(A)/中心点(C)]:[指定轴端点 1,如图 2-60(a)所示[

指定轴的另一个端点:[指定轴端点 2,如图 2-60(a)所示]

指定另一条半轴长度或[旋转(R)]:

【选项说明】

● 指定椭圆的轴端点：根据两个端点定义椭圆的第一条轴。第一条轴的角度确定了整个椭圆的角度。第一条轴既可定义为椭圆的长轴，也可定义为椭圆的短轴。

● 旋转（R）：通过绕第一条轴旋转圆来创建椭圆，相当于将一个圆绕椭圆轴翻转一个角度后的投影视图。

● 中心点（C）：通过指定的中心点创建椭圆。

● 圆弧（A）：该选项用于创建一段椭圆弧。与工具栏中"绘图"→"椭圆弧"功能相同。其中第一条轴的角度确定了椭圆弧的角度。第一条轴既可定义为椭圆弧长轴，也可以定义为椭圆弧短轴。选择该选项，命令行提示：

指定椭圆弧的轴端点或[中心点（C）]：

指定轴的另一个端点：

指定另一条半轴长度或[旋转（R）]：

指定起始角度或[参数（P）]：

指定终止角度或[参数（P）/包含角度（I）]：

其中各选项含义如下：

● 起始角度/终止角度：指定椭圆弧端点的两种方式之一。光标与椭圆中心点连线的夹角为椭圆端点位置的角度，如图 2-60（b）所示。

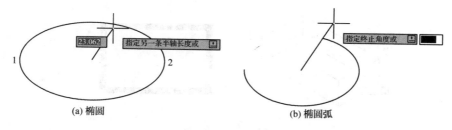

(a) 椭圆　　　　　　　　(b) 椭圆弧

图 2-60　椭圆和椭圆弧

● 参数（P）：指定椭圆弧端点的另一种方式。该方式同样是指定椭圆弧端点的角度，但通过以下矢量参数方程创建椭圆弧：

$$p(u) = c + a \times \cos u + b \times \sin u$$

式中，c 是椭圆的中心点，a 和 b 分别是椭圆的长轴和短轴，u 为光标与椭圆中心点连线的夹角。

● 包含角度（I）：定义从起始角度开始的包含角度。

2.6.7　矩　形

【命令激活方式】

命令行：RECTANG（或 REC）

工具栏："绘图"→"矩形" ▭

【命令行提示】

命令：_rectang

指定第一个角点或[倒角(C)/标高(E)/圆角(F)/厚度(T)/宽度(W)]：

指定另一个角点或[面积(A)/尺寸(D)/旋转(R)]：

【选项说明】

● 第一个角点：通过指定两个角点确定矩形，如图 2-61(a)所示。

● 倒角(C)：指定倒角距离，绘制带倒角的矩形，如图 2-61(b)所示，每一个角点的逆时针和顺时针方向的倒角可以相同，也可以不同。其中第一个倒角距离是指角点逆时针方向倒角距离，第二个倒角距离是指角点顺时针方向倒角距离。

● 标高(E)：指定矩形标高(Z 坐标)，即把矩形绘制在标高为 Z，并和 XY 平面平行的平面上，并作为后续矩形的标高值。

● 圆角(F)：指定圆角半径，绘制带圆角的矩形，如图 2-61(c)所示。

● 厚度(T)：指定矩形的厚度，如图 2-61(d)所示。

● 宽度(W)：指定线宽，如图 2-61(e)所示。

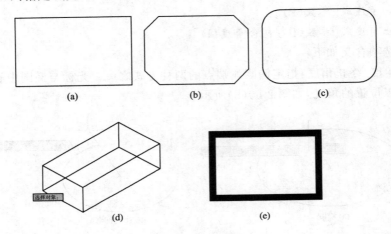

图 2-61　绘制矩形

● 面积(A)：指定面积和长度或宽度创建矩形。选择该选项，命令行提示：

输入以当前单位计算的矩形面积<150.0000>:1200(输入面积值)

计算矩形标注时依据[长度(L)/宽度(W)]<长度>:(按<回车>键或输入"L")

输入矩形长度<4.0000>:40 (指定长度或宽度)

指定长度或宽度后，系统自动计算另一个维度后绘制出矩形。如果矩形被倒角或圆角，则长度或宽度计算中会考虑此设置，如图 2-62 所示。

图 2-62　按面积绘制矩形

● 尺寸(D)：使用长度和宽度创建矩形。第二个指定点将矩形定位在与第一个角点相关的四个位置之一内。

● 旋转(R)：旋转所绘制矩形的角度。选择该选项，命令行提示：

指定旋转角度或[拾取点(P)]<135>：(指定角度)

指定另一个角点或[面积(A)/尺寸(D)/旋转(R)]：(指定另一个角点或选择其他选项)

指定旋转角度后，系统按指定角度创建矩形，如图 2-63 所示。

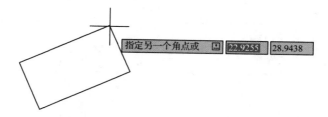

图 2-63　按旋转角度绘制矩形

2.6.8　正多边形

【命令激活方式】

命令行：POLYGON(或 POL)

工具栏："绘图"→"正多边形"

【命令行提示】

命令：_polygon

输入边的数目<4>：(指定多边形的边数，默认值为"4"。若绘制正五边形，则输入"5")

指定正多边形的中心点或[边(E)]：[指定中心点，如图 2-64(a)所示点 1]

输入选项[内接于圆(I)/外切于圆(C)]<I>：[指定是内接于圆或外切于圆，"I"表示内接，如图 2-64(a)所示，"C"表示外切，如图 2-64(b)所示]

指定圆的半径：(指定外接圆或内切圆的半径)

【选项说明】

如果选择"边"选项，则只要指定多边形的一条边，系统就会按逆时针方向创建正多边形，如图 2-64(c)所示。

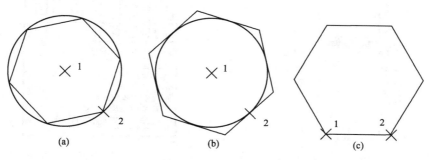

图 2-64　绘制正多边形

2.6.9 点

点在 AutoCAD 2023 中文版有多种不同的表示方式,用户可以根据需要进行设置,也可以设置等分点和测量点。

1.绘制点

【命令激活方式】

> 命令行:POINT(或 PO)
> 菜单栏:"绘图"→"点"。

【命令行提示】

命令:_point

指定点:(指定点所在的位置)

【选项说明】

● 通过菜单栏方法操作时,如图 2-65 所示,"单点"选项表示只输入一个点,"多点"选项表示可输入多个点。

● 可以打开状态栏中的"对象捕捉"开关,设置点捕捉模式,帮助用户拾取点。

● 点在图形中的表示样式共有二十种。可通过"DDPTYPE"命令或执行菜单栏中"格式"→"点样式"命令,打开"点样式"对话框来设置,如图 2-66 所示。

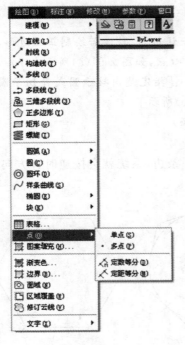

图 2-65 "点"子菜单

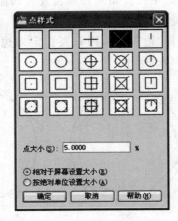

图 2-66 "点样式"对话框

2. 定数等分点

【命令激活方式】

命令行：DIVIDE（或 DIV）

菜单栏："绘图"→"点"→"定数等分"

【命令行提示】

命令：_divide

选择要定数等分的对象：（选择要定数等分的实体）

输入线段数目或［块（B）］：［指定实体的等分数，绘制结果如图 2-67(a)所示］

【选项说明】

● 等分数范围为 2～32 767。

● 在定数等分点处，按当前点样式设置绘制出定数等分点。

●"块"选项表示在定数等分点处插入指定的块。

3. 定距等分点

【命令激活方式】

命令行：MEASURE（或 ME）

菜单栏："绘图"→"点"→"定距等分"

【命令行提示】

命令：_measure

选择要定距等分的对象：（选择要定距等分的实体）

指定线段长度或［块（B）］：［指定分段长度，绘制结果如图 2-67(b)所示］

【选项说明】

● 设置的起点一般是指定线的绘制起点。

●"块"选项表示在定距等分点处插入指定的块，后续操作与定数等分点类似。

● 在定距等分点处，按当前点样式设置绘制出定距等分点。

● 最后一段的长度不一定等于指定分段长度。

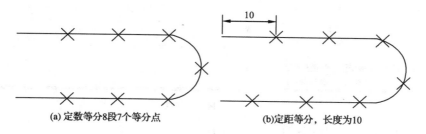

(a)定数等分8段7个等分点　　　(b)定距等分，长度为10

图 2-67　定数等分点和定距等分点

2.6.10 图案填充

命令窗口：BHATCH(BH/H)

绘图工具栏：

下拉菜单：[绘图][图案填充]

执行上述命令后，系统打开如图 2-68 所示的对话框。

图案填充技巧

2. 图案填充

步骤如下：

单击拾取点按钮图标，对话框消失。

命令行提示，如图 2-69 所示。

图 2-68 图案填充对话框

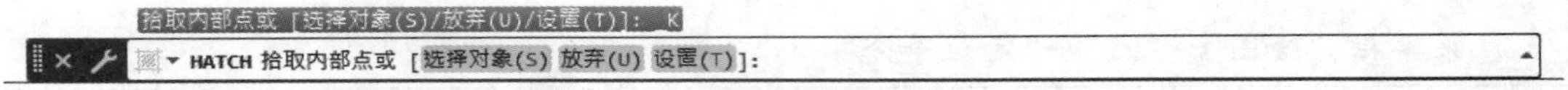

图 2-69 拾取点后命令行提示

左键选择内部点，如图 2-70 所示。

图 2-70 拾取内部点

拾取内部点后命令行提示，如图 2-71 所示。

命令行输入"T"，弹出"图案填充和渐变色"对话框，如图 2-72 所示。

根据绘图需要进行图案填充的设置。

图 2-71　拾取内部点后命令行提示

图 2-72　"图案填充和渐变色"对话框

此时单击要填充图案的封闭区域,即图形的上部分及下部分,按<回车>键结束操作,"图案填充"对话框再次出现,单击预览按钮图标 预览(W) ,对话框消失,可对填充情况进行预览,如图 2-73 所示。

此时系统提示:拾取或按<Esc>键返回对话框或右击接受图案填充:如果结果不符合要求,则按<Esc>键重新回到"边界图案填充"对话框,可重新进行填充设置,如果结果符合要求,则右击结束图形的绘制。

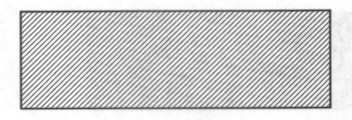

图 2-73　预览

【选项说明】

1.图案填充"图案"选项卡

此选项卡用来确定图案,如图 2-74 所示。

图案:此选项用于确定标准图案文件中的填充图案。在打开的下拉列表中,用户可从中选取填充图案。选取所需要的填充图案后,在"样例"中的图像框内会显示出该图案。单击"图案"下拉列表右侧的按钮图标 ▼,会打开如图 2-75 所示的对话框,该对话框中会显示所选类型的所有图案,用户可滚动滚轮从中确定所需要的图案 。

图 2-74　"图案"

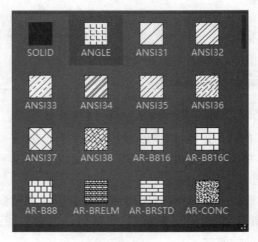

图 2-75　"图案"展示

2.图案填充"特性"选项卡

此选项卡中各选项用来确定图案填充的特性,如图 2-76 所示。

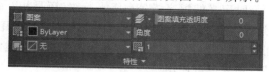

图 2-76　图案填充特性

（1）类型

此选项用于确定填充图案的类型及图案。单击设置区中的向下箭头图标▼,打开一个下拉列表,如图 2-77 所示。

图 2-77　图案填充类型

在该列表中,"实体"指定实体填充而不是填充图案。"渐变色"将选择的渐变填充显示为染色、着色或两种颜色间的平滑转场。"图案"显示选择的 ANSI、ISO 和其他行业标准填充图案。"用户定义"根据当前线型指定间距和角度来创建填充图案。

只有在"类型"下拉列表中选用"自定义"选项后,"自定义图案"选项才以正常亮度显示,即允许用户从自己定义的图案文件中选取填充图案。

（2）颜色

此选项用于确定图案填充的颜色。单击设置区中的向下箭头图标▼,打开一个下拉列表,如图 2-78 所示。

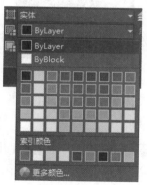

图 2-78　图案填充颜色

在该列表中,颜色可以选择 ByLayer（随层）、ByBlock（随块）和单独设置。

（3）其他参数设置

角度:此下拉列表用于确定填充图案时的旋转角度。每种图案在定义时的旋转角度为"0",用户可在"角度"下拉列表中选择或在文本框内输入所希望的旋转角度。

比例:此下拉列表用于确定填充图案的比例。每种图案在定义时的初始比例为 1∶1,

用户可以根据需要放大或缩小,方法是在"比例"下拉列表中选择或在文本框内输入相应的比例。

双向:用于确定用户临时定义的填充线是一组平行线,还是相互垂直的两组平行线。只有在"类型"下拉列表中选择"用户定义"选项,"双向"选项才可以使用。

间距:定线之间的间距,在"间距"文本框内输入值即可。只有在"类型"下拉列表中选用"用户定义"选项,"间距"选项才可以使用。

3. 图案填充原点

控制填充图案生成的起始位置,如图 2-79 所示。有些图案填充(如砖块图案)需要与图案填充边界上的一点对齐。默认情况下,所有图案填充原点都对应于当前的 UCS 原点。也可以选择"指定的原点"及下面一级的选项重新指定原点。

图 2-79 图案填充原点

4. 图案填充"选项"

图案填充"选项"中具有关联边界、注释性比例、特性匹配等功能,如图 2-80 所示。"关联"控制当用户修改图案填充边界时是否自动更新图案填充。"注释性"指定根据视口比例自动调整填充图案比例。"特性匹配"中有使用当前原点和用源图案填充原点两种。"图案填充和渐变色"对话框也可通过"选项"右下角按钮图标打开,进行各项参数设置。

图 2-80 图案填充"选项"

2.6.11 渐变色

绘图工具栏中图案填充图标 右侧按钮图标 打开还包括"渐变色""边界"功能,如图 2-81 所示。

【命令激活方式】

命令窗口:BHATCH(BH/H)→设置(T)

绘图工具栏: 右侧 按钮点开,如图 2-81 所示。

下拉菜单:[绘图][渐变色]

渐变色是指从一种颜色到另一种颜色的平滑过渡。渐变色能产生光的效果,可为图形添加视觉效果。"渐变色"对话框如图 2-82 所示。

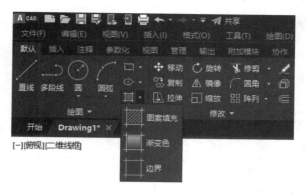

图 2-81　绘图工具栏中"渐变色""边界"功能

图 2-82　"渐变色"对话框

2.6.12　边界

边界是用封闭区域创建面域或多段线。指定的内部点使用周围的对象来创建单独的面域或多段线。

【命令激活方式】

> 命令窗口：BOUNDARY(BO)
>
> 绘图工具栏：▥右侧 ▾按钮点开，如图 2-81 所示。
>
> 下拉菜单：[绘图][边界]

进行上述操作后打开"边界创建"对话框，如图 2-83 所示。单击拾取点按钮图标▣，对话框消失，命令行提示，选择内部点。

图 2-83　边界创建

2.6.13　样条曲线

AutoCAD 2023 中文版使用一种被称为非一致有理 B 样条(NURBS)曲线的特殊曲线类型，简称为样条曲线。其在控制点之间产生一条光滑的曲线，如图 2-84 所示。样条曲线可用于创建形状不规则的曲线。

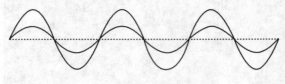

图 2-84　样条曲线

【命令激活方式】

命令行：SPLINE(或 SPL)
工具栏："绘图"→"样条曲线" 〜

【命令行提示】

命令：_spline
指定第一个点或[对象(O)]：
指定下一点：
指定下一点或[闭合(C)/拟合公差(F)]<起点切向>：
指定起点切向：
指定端点切向：

【选项说明】

● 对象(O)：将二维或三维的二次或三次样条曲线拟合多段线转换为等价的样条曲线，然后删除该多段线(根据"DELOBJ"系统变量的设置)。

● 闭合(C)：将最后一个点定义为与第一个点一致，并使它在连接处相切，这样可以闭合样条曲线。选择该选项，命令行提示：

指定切向：(指定点或按<回车>键)

用户可以指定一点来定义切向矢量，或者使用"切点"或"垂足"对象捕捉模式使样条曲线与现有对象相切或垂直。

● 拟合公差(F)：修改当前样条曲线的拟合公差。根据新公差以现有点重新定义样条曲线。公差表示样条曲线拟合所指定的拟合点集的拟合精度。公差越小，样条曲线与拟合点越接近；公差为 0，样条曲线将通过该点。输入大于 0 的公差将使样条曲线在指定的公差范围内通过拟合点。在绘制样条曲线时，可以改变样条曲线拟合公差以查看效果。

● 起点切向：定义样条曲线的第一个点和最后一个点的切向。如果在样条曲线的两端都指定切向，可以输入一个点或者使用"切点"或"垂足"对象捕捉模式使样条曲线与已有的对象相切或垂直。如果按<回车>键，AutoCAD 2023 中文版将使用默认切向。

2.7　常用图形编辑命令

二维图形编辑操作配合绘图命令的使用可以进一步完成复杂图形对象的绘制工作，并可使用户合理安排和组织图形，保证作图准确，减少重复，因此，对编辑命令的熟练掌握和使用有助于提高设计和绘图的效率。

2.7.1　选择对象

AutoCAD 2023 中文版提供两种途径编辑图形：

（1）先执行编辑命令，然后选择要编辑的对象。

（2）先选择要编辑的对象，然后执行编辑命令。

这两种途径的执行效果是相同的。AutoCAD 2023 中文版提供了多种选择对象的方法：用选择窗口选择对象、用选择线选择对象、用对话框选择对象等。AutoCAD 2023 中文版可以把选择的多个对象组成整体，如选择集和对象组，进行整体编辑与修改。

无论使用哪种方法，AutoCAD 2023 中文版都将提示用户选择对象，并且光标的形状由十字光标变为拾取框，此时，可以用下面介绍的方法选择对象。

下面结合"SELECT"命令说明选择对象的方法。

"SELECT"命令可以单独使用，也可以在执行其他编辑命令时被自动调用。

【命令行提示】

选择对象：（等待用户以某种方式选择对象作为回答）

AutoCAD 2023 中文版提供多种选择方式，可以输入"?"查看这些选择方式，输入后按＜回车＞键，命令行提示：

需要点或窗口（W）/上一个（L）/窗交（C）/框（BOX）/全部（ALL）/栏选（F）/圈围（WP）/圈交（CP）/编组（G）/添加（A）/删除（R）/多个（M）/前一个（P）/放弃（U）/自动（AU）/单个（SI）/子对象（SU）/对象（O）

选择对象：

【选项说明】

● 点：该选项表示直接通过拾取点的方式选择对象。用鼠标或键盘移动拾取框，使其框住要选取的对象，然后单击，就会选中该对象。

● 窗口（W）：用由两个对角点确定的矩形窗口选取位于其范围内部的所有图形，与边界相交的对象不会被选中。指定对角点时应该按照从左向右的顺序，如图 2-85 所示。

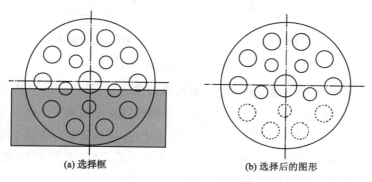

图 2-85　"窗口"对象选择方式

● 上一个(L)：在"选择对象"提示下输入"L"后按＜回车＞键,系统会自动选取最后绘出的一个对象。

● 窗交(C)：该对象选择方式与"窗口"对象选择方式类似,区别在于,"窗交"对象选择方式不但选择矩形窗口内部的对象,也选择与矩形窗口边界相交的对象,如图 2-86 所示。

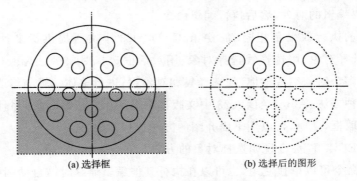

（a）选择框   （b）选择后的图形

图 2-86 "窗交"对象选择方式

● 框(BOX)：使用时,系统根据用户给出的两个对角点的位置自动引用"窗口"或"窗交"对象选择方式。若从左向右指定对角点,则为"窗口"对象选择方式；反之,则为"窗交"对象选择方式。

● 全部(ALL)：选取图面上所有对象。

● 栏选(F)：用户临时绘制一些直线,这些直线不必构成封闭图形,凡是与这些直线相交的对象均被选中,如图 2-87 所示。

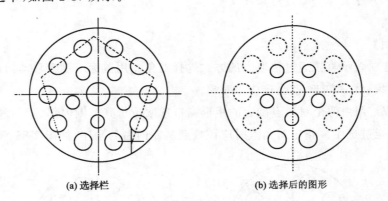

（a）选择栏   （b）选择后的图形

图 2-87 "栏选"对象选择方式

● 圈围(WP)：使用一个不规则的多边形来选择对象。根据提示,用户顺次输入构成多边形所有顶点的坐标,直到按＜回车＞键结束操作,系统将自动连接第一个顶点与最后一个顶点形成封闭的多边形,凡是被多边形围住的对象均被选中(不包括边界),如图 2-88 所示。

● 圈交(CP)：该对象选择方式与"圈围"对象选择方式类似,区别在于,使用"圈交"对象选择方式,与多边形边界相交的对象也被选中。

● 编组(G)：使用预先定义的对象组作为选择集。事先将若干个对象组成组,用组名引用。

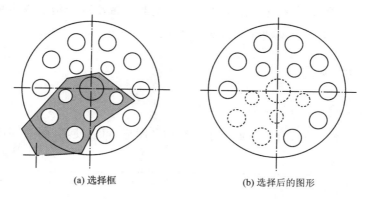

(a) 选择框　　　　　　　　　　(b) 选择后的图形

图 2-88　"圈围"对象选择方式

● 添加（A）：添加下一个对象到选择集。也可用于从移走模式（REMOVE）到选择模式的切换。

● 删除（R）：按住＜Shift＞键，选择对象可以从当前选择集中移走该对象。对象由高亮显示状态变为正常状态。

● 多个（M）：指定多个点，不高亮显示对象。这种方法可以加快在复杂图形上的对象选择过程。若两个对象交叉，指定交叉点两次则可以选中这两个对象。

● 前一个（P）：用关键字"P"回应"选择对象"的提示，则把上次编辑命令最后一次构造的选择集或最后一次使用"SELECT（DDSELECT）"命令预置的选择集作为当前选择集。这种方法适用于对同一选择集进行多种编辑操作。

● 放弃（U）：用于取消加入选择集的对象。

● 自动（AU）：这是 AutoCAD 2023 中文版的默认选择方式。其选择结果视用户在屏幕上的选择操作而定。如果选中单个对象，则该对象即自动选择的结果；如果选择点落在对象内部或外部的空白处，命令行会提示：

指定对角点：

此时，系统会采取一种窗口选择方式。对象被选中后，变为虚线形式，并高亮显示。

注意：若矩形框从左向右定义，即第一个选择的对角点为左侧的对角点，矩形框内部的对象被选中，框外部及与矩形框边界相交的对象不会被选中。若矩形框从右向左定义，矩形框内部及与矩形框边界相交的对象都会被选中。

● 单个（SI）：选择指定的第一个对象或对象集，而不继续提示进行进一步的选择。

● 子对象（SU）：逐个选择原始形状，这些形状是实体中的一部分或三维实体上的顶点、边和面。可以选择或创建多个子对象的选择集。选择集可以包含多种类型的子对象。

● 对象（O）：结束选择子对象的功能，可以使用对象选择方法。

● 交替选择对象：如果要选取的对象与其他对象相距很近，很难准确选中，可用"交替选择对象"方法。操作过程为：

在"选择对象"提示状态下，先按住＜Shift＞键不放，用拾取框压住要选择的对象，按下＜空格＞键，此时被拾取框压住的对象被选中，由于各对象相距很近，该对象可能不是要选择的目标,继续按<空格>键,AutoCAD 2023 中文版会依次选中拾取框中所压住的对象,直至是所选目标。选中的对象被加入当前选择集。

2.7.2 删除和恢复

1. 删 除

如果所绘制的图形不符合要求或不小心绘错了图形,可以使用"删除"命令把它删除。

【命令激活方式】

> 命令行:ERASE(或 E)
>
> 菜单栏:"修改"→"删除"
>
> 工具栏:"修改"→"删除" ✏
>
> 快捷键:<Del>
>
> 功能区:"常用"→"修改"→"删除" ✏
>
> 快捷菜单:选择要删除的对象,绘图区中右击→"删除"

可以先选择对象后调用"删除"命令,也可以先调用"删除"命令后选择对象。选择对象时可以使用前面介绍的对象选择的各种方法。

当选择多个对象时,多个对象都被删除;若选择的对象属于某个对象组,则该对象组的所有对象都被删除。

2. 恢 复

若不小心误删除了图形,可以使用"恢复"命令恢复误删除的对象。

【命令激活方式】

> 命令行:OOPS(或 U)
>
> 工具栏:"标准"→"放弃" ↶
>
> 快速访问工具栏:"放弃" ↶
>
> 快捷键:<Ctrl>+<Z>

3. 清 除

此命令与"删除"命令功能完全相同。

【命令激活方式】

> 菜单栏:"修改"→"清除"
>
> 快捷键:<Del>

用菜单栏或快捷键执行上述命令后,命令行提示:

选择对象:(选择要清除的对象,按<回车>键执行"清除"命令)

2.7.3　剪切和粘贴

1. 剪　切

【命令激活方式】

> 命令行:CUTCLIP
> 菜单栏:"编辑"→"剪切"
> 工具栏:"标准"→"剪切"✖
> 快捷键:<Ctrl>+<X>
> 功能区:"常用"→"剪贴板"→"剪切"✖
> 快捷菜单:绘图区中右击→"剪切"

【命令行提示】

命令:_cutclip

选择对象:(选择要剪切的实体)

执行上述命令后,所选择的实体从当前图形上复制到剪贴板,同时从原图形中消失。

2. 粘　贴

【命令激活方式】

> 命令行:PASTECLIP
> 菜单栏:"编辑"→"粘贴"
> 工具栏:"标准"→"粘贴"📋
> 快捷键:<Ctrl>+<V>
> 功能区:"常用"→"剪贴板"→"粘贴"📋
> 快捷菜单:绘图区中右击→"粘贴"

【命令行提示】

命令:_pasteclip

指定插入点:

执行上述命令后,保存在剪贴板上的实体粘贴到当前图形中。

2.7.4　复制链接

【命令激活方式】

> 命令行:COPYLINK
> 菜单栏:"编辑"→"复制链接"

对象链接和嵌入的操作过程与用剪贴板粘贴的操作类似,但其内部运行机制却有很大的差异。链接对象及其创建应用程序始终保持联系。例如,Word 文档中包含一个 AutoCAD 图形对象,在 Word 中双击该对象,Windows 自动将其装入 AutoCAD,以供用户进行编辑。如果对原始 AutoCAD 图形做了修改,则 Word 文档中的图形也随之发生相应的变化。如果是剪贴的图形,则它只是 AutoCAD 图形的一个拷贝,粘贴之后,就不再与 AutoCAD 图形保持任何联系,原始图形的变化不会对它产生任何作用。

2.7.5　复　制

【命令激活方式】

命令行：COPY（或 C）

菜单栏："修改"→"复制"

工具栏："修改"→"复制" ⌗

快捷键：<Ctrl>＋<C>

功能区："常用"→"修改"→"复制" ⌗

快捷菜单：选择要复制的对象，绘图区中右击→"复制"

【命令行提示】

命令：_copy

选择对象：（选择要复制的一个或多个对象，按<回车>键结束选择操作）

当前设置：复制模式＝多个

指定基点或[位移(D)/模式(O)]<位移>：（指定基点或位移）

指定第二个点或[退出(E)/放弃(U)]<退出>：

【选项说明】

● 指定基点：指定一个坐标点后，AutoCAD 2023 中文版把该点作为复制对象的基点，并提示：

指定第二个点或<使用第一个点作为位移>：

指定第二个点后，系统将根据这两点确定的位移矢量把选择的对象复制到第二个点处，过程如图 2-89 所示。如果此时直接按<回车>键，则选择默认的"使用第一个点作为位移"，第一个点被当作相对于 X、Y、Z 的位移。例如，如果指定基点为(4,5)并在下一个提示下按<回车>键，则该对象从它当前位置开始在 X 方向上移动 4 个单位，在 Y 方向上移动 5 个单位。复制完成后，命令行会继续提示：

指定第二个点或[退出(E)/放弃(U)]<退出>：

这时，可以不断指定新的第二个点，从而实现多重复制。

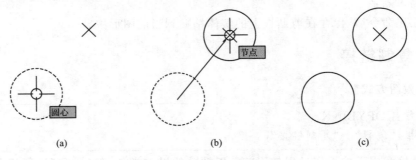

图 2-89　复制

● 位移(D)：直接输入位移值，表示以选择对象时的拾取点为基准，以拾取点坐标为移动方向纵横比移动指定位移后确定的点为基点。例如，选择对象时拾取点坐标为(4,5)，输入位移为"10"，则表示以(4,5)点为基准，沿纵横比为 5∶4 的方向移动 10 个单位所确定的点为基点。

2.7.6　镜　像

镜像对象是指把选择的对象围绕一条镜像线作对称复制。镜像操作完成后,可以保留原对象,也可以将其删除。

【命令激活方式】

命令行:MIRROR

菜单栏:"修改"→"镜像"

工具栏:"修改"→"镜像" ◭

功能区:"常用"→"修改"→"镜像" ◭

【命令行提示】

命令:_mirror

选择对象:

指定镜像线的第一点:

指定镜像线的第二点:

是否删除源对象?[是(Y)/否(N)]<N>:

两点确定一条镜像线,被选择的对象以该线为对称轴进行镜像。包含该线的镜像平面与用户坐标系的 XY 平面垂直,即镜像操作工作在与用户坐标系的 XY 平面平行的平面上。

镜像操作过程如图 2-90 所示。

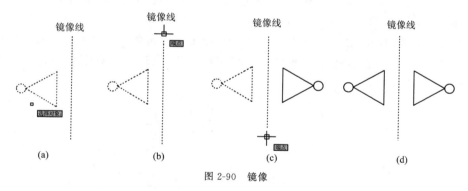

图 2-90　镜像

2.7.7　偏　移

偏移对象是指保持选择的对象的形状、在不同的位置以不同的尺寸大小新建一个对象。

【命令激活方式】

命令行:OFFSET(或 O)

菜单栏:"修改"→"偏移"

工具栏:"修改"→"偏移" ◱

功能区:"常用"→"修改"→"偏移" ◱

【命令行提示】

命令:_offset

当前设置:删除源=否　图层=源　OFFSETGAPTYPE=0

指定偏移距离或[通过(T)/删除(E)/图层(L)]＜通过＞:

选择要偏移的对象,或[退出(E)/放弃(U)]＜退出＞:(选择要偏移的对象,按＜回车＞键结束操作)

指定要偏移的那一侧上的点,或[退出(E)/多个(M)/放弃(U)]＜退出＞:(指定偏移方向)

【选项说明】

● 指定偏移距离:输入一个距离值,按＜回车＞键,系统把该距离值作为偏移距离,如图 2-91 所示。

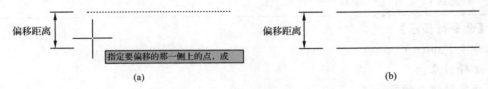

图 2-91　指定距离偏移

● 通过(T):指定偏移的通过点。选择该选项,命令行提示:

指定偏移距离或[通过(T)/删除(E)/图层(L)]＜通过＞:T

选择要偏移的对象,或[退出(E)/放弃(U)]＜退出＞:(选择要偏移的对象,按＜回车＞键结束操作)

指定通过点或[退出(E)/多个(M)/放弃(U)]＜退出＞:M[如果需要通过多个点偏移,可选择"多个(M)"]

指定通过点或[退出(E)/放弃(U)]＜下一个对象＞:(指定偏移对象的下一个通过点)

操作完毕后,系统根据指定的通过点绘出偏移对象,通过多个点偏移的过程如图 2-92 所示。

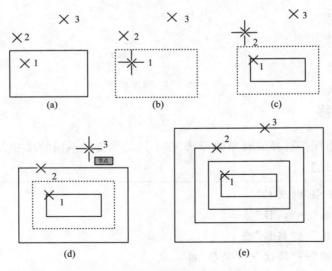

图 2-92　通过多个点偏移

2.7.8　阵　列

　　建立阵列是指多重复制选择对象并把这些副本按矩形或环形排列。把副本按矩形排列称为建立矩形阵列,把副本按环形排列称为建立环形阵列。建立矩形阵列时,应该控制行和列的数量,以及对象副本之间距离;建立环形阵列时,应该控制复制对象的次数和对象是否被旋转。

　　AutoCAD 2023 中文版提供"ARRAY"命令建立阵列。用该命令可以建立矩形阵列、环形阵列和旋转的矩形阵列。

【命令激活方式】

> 命令行:ARRAY(或 AR)
>
> 菜单栏:"修改"→"阵列"
>
> 工具栏:"修改"→"阵列"
>
> 功能区:"常用"→"修改"→"阵列"

　　激活命令后,系统打开"阵列"对话框。

【选项说明】

　　● 矩形阵列:如图 2-93 所示,建立矩形阵列。下面的选项用来指定矩形阵列的各项参数。

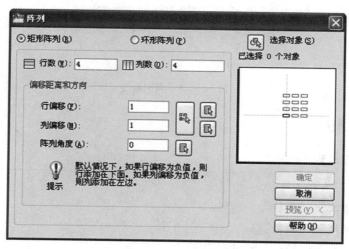

图 2-93　"矩形阵列"单选按钮

　　● 环形阵列:如图 2-94 所示,建立环形阵列。下面的选项用来指定环形阵列的各项参数。

　　利用阵列绘图如图 2-95 所示:采用"矩形阵列",以图 2-95(a)所示半圆弧为阵列对象,设置"行数"为 4,"列数"为 1,"行偏移"为半圆弧的直径,效果如图 2-95(b)所示;采用"环形阵列",以图 2-95(b)所示的图形为阵列对象,下端端点为中心点,设置"项目总数"为 3,"填充角度"为 360,最终效果如图 2-95(c)所示。

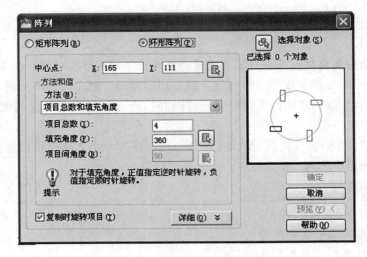

图 2-94 "环形阵列"单选按钮

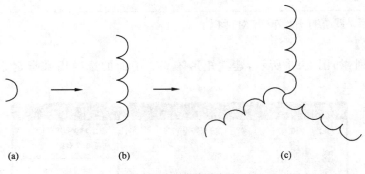

(a)　　　　　　　(b)　　　　　　　(c)

图 2-95 利用阵列绘图

2.7.9 旋 转

【命令激活方式】

> 命令行:ROTATE(或 RO)
>
> 菜单栏:"修改"→"旋转"
>
> 工具栏:"修改"→"旋转"○
>
> 功能区:"常用"→"修改"→"旋转"○
>
> 快捷菜单:选择要旋转的对象,绘图区中右击→"旋转"

【命令行提示】

命令:_rotate

UCS 当前的正角方向: ANGDIR=逆时针　ANGBASE=0

选择对象:(选择要旋转的对象)

指定基点:(指定旋转的基点)

指定旋转角度,或[复制(C)/参照(R)]<0>:(指定旋转角度或其他选项)

【选项说明】

● 复制(C):选择该选项,旋转对象的同时保留原对象。如图 2-96(a)所示,图形下端点为旋转基点,旋转角度−90°,复制旋转后效果如图 2-96(b)所示。

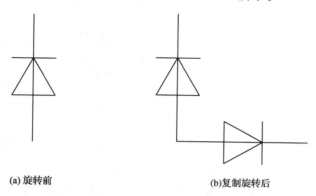

(a) 旋转前　　　　　　　　　　(b)复制旋转后

图 2-96　复制旋转

● 参照(R):采用参照方式旋转对象时,命令行提示:

指定参照角＜0＞:(指定要参考的角度,默认值为 0)

指定新角度或[点(P)]＜0＞:(输入旋转后的角度值)

操作完毕后,对象被旋转至指定的角度位置。

注意:可以用拖动鼠标的方法旋转对象。选择对象并指定基点后,从基点到当前光标位置会出现一条连线,移动鼠标,选择的对象会动态地随着该连线与水平方向夹角的变化而旋转,按＜回车＞键确认旋转操作。

2.7.10　修　剪

【命令激活方式】

命令行:TRIM(或 TR)

菜单栏:"修改"→"修剪"

工具栏:"修改"→"修剪" ⊬⋯

功能区:"常用"→"修改"→"修剪" ⊬⋯

【命令行提示】

命令:_trim

当前设置:投影＝UCS,边＝无

选择剪切边…

选择对象或＜全部选择＞:(选择用作修剪边界的对象)

选择要修剪的对象,或按住 Shift 键选择要延伸的对象,或[栏选(F)/窗交(C)/投影(P)/边(E)/删除(R)/放弃(U)]:

【选项说明】

● 在选择对象时,如果按住＜Shift＞键,系统就自动将"修剪"命令转换成"延伸"命令,"延伸"命令将在 2.7.18 节介绍。

● 选择"边（E）"选项时，可以选择对象的修剪方式：

延伸（E）：延伸边界进行修剪。在此方式下，如果剪切边没有与要修剪的对象相交，系统会延伸剪切边直至与对象相交，然后再修剪，如图 2-97 所示。

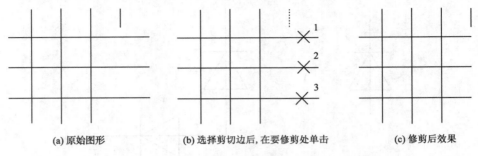

(a) 原始图形　　　　(b) 选择剪切边后，在要修剪处单击　　　　(c) 修剪后效果

图 2-97　延伸方式修剪对象

不延伸（N）：不延伸边界修剪对象，只修剪与剪切边相交的对象。

● 选择"栏选（F）"选项时，系统以"栏选"的方式选择被修剪对象，如图 2-98 所示。

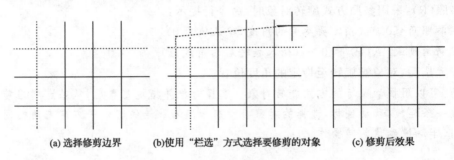

(a) 选择修剪边界　　　　(b)使用"栏选"方式选择要修剪的对象　　　　(c) 修剪后效果

图 2-98　"栏选"方式修剪对象

● 选择"窗交（C）"选项时，系统以"窗交"的方式选择被修剪对象，如图 2-99 所示。

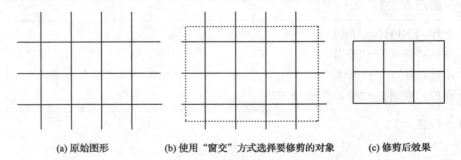

(a) 原始图形　　　　(b) 使用"窗交"方式选择要修剪的对象　　　　(c) 修剪后效果

图 2-99　"窗交"方式修剪对象

● 被选择的对象可以互为边界和被修剪对象，此时系统会在选择的对象中自动判断边界，如图 2-100 所示。

2.7.11　倒　角

倒角指连接两个对象，使它们以平角或倒角相接。倒角使用成角的直线连接两个对象。它通常用于表示角点上的倒角边。

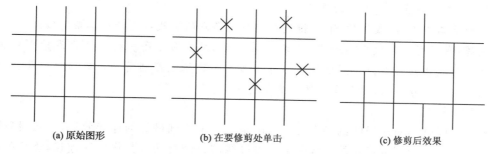

| (a) 原始图形 | (b) 在要修剪处单击 | (c) 修剪后效果 |

图 2-100　不选边界的修剪

系统采用两种方法确定连接两个线型对象的斜线:指定斜线距离和指定斜线角度。

1. 指定斜线距离

斜线距离是指从被连接的对象与斜线的交点到被连接的两对象可能的交点之间的距离,如图 2-101 所示。

2. 指定斜线角度

采用这种斜线连接对象时,需要输入两个参数:斜线与一个对象的斜线距离和斜线与该对象的夹角,如图 2-102 所示。

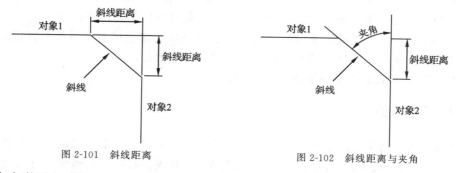

图 2-101　斜线距离　　　　　　　　图 2-102　斜线距离与夹角

【命令激活方式】

命令行:CHAMFER

菜单栏:"修改"→"倒角"

工具栏:"修改"→"倒角"

功能区:"常用"→"修改"→"倒角"

【命令行提示】

命令:_chamfer

"修剪"模式　当前倒角距离 1 = 0.0000,距离 2 = 0.0000

选择第一条直线或[放弃(U)/多段线(P)/距离(D)/角度(A)/修剪(T)/方式(E)/多个(M)]:D(选择距离后可修改倒角参数)

指定第一个倒角距离 <0.0000>:

指定第二个倒角距离 <10.0000>:

选择第一条直线或[放弃(U)/多段线(P)/距离(D)/角度(A)/修剪(T)/方式(E)/多个

(M)]:(选择第一条直线或别的选项)

选择第二条直线,或按住 Shift 键选择要应用角点的直线:(选择第二条直线)

注意:有时用户在执行"圆角"和"倒角"命令时,发现命令不执行或执行没什么变化,那是因为系统默认圆角半径和倒角距离均为 0,如果不事先设定圆角半径或倒角距离,系统就以默认值执行命令,所以看起来好像没有执行命令。

【选项说明】

● 多段线(P):对多段线的各个交叉点倒角。为了得到最好的连接效果,一般设置斜线是相等的值。系统根据指定的斜线距离把多段线的每个交叉点都作斜线连接,连接的斜线成为多段线新添加的构成部分,如图 2-103 所示。

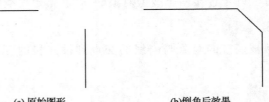

(a) 原始图形　　　　　　　　(b)倒角后效果

图 2-103　倒角

● 距离(D):选择倒角的两个斜线距离。这两个斜线距离可以相同或不相同,若二者均为 0,则系统不绘制连接的斜线,而是把两个对象延伸至相交并修剪超出的部分。

● 角度(A):选择第一条直线的斜线距离和第一条直线的倒角角度。

● 修剪(T):与圆角连接命令"FILLET"相同,该选项决定连接对象后是否剪切原对象。

● 方式(E):决定采用"距离"方式还是"角度"方式来倒角。

● 多个(M):同时对多个对象进行倒角操作。

2.7.12　圆　角

圆角指用指定的半径决定的一段平滑的圆弧连接两个对象。系统规定可以圆滑连接一对线段、非圆弧的多段线段、样条曲线、双向无限长线、射线、圆、圆弧和椭圆。可以在任何时刻圆滑连接多段线的每个节点。

【命令激活方式】

```
命令行:FILLET(或 F)
菜单栏:"修改"→"圆角"
工具栏:"修改"→"圆角"
功能区:"常用"→"修改"→"圆角"
```

【命令行提示】

命令:_fillet

当前设置:模式 = 修剪,半径 =0.0000

选择第一个对象或[放弃(U)/多段线(P)/半径(R)/修剪(T)/多个(M)]:R[选择第一个对象或别的选项,选择"半径(R)"后可修改半径大小]

指定圆角半径 <0.0000>:(输入半径大小)

选择第一个对象或[放弃(U)/多段线(P)/半径(R)/修剪(T)/多个(M)]:

选择第二个对象,或按住 Shift 键选择要应用角点的对象:(选择第二个对象)

【选项说明】

● 多段线(P):在一条二维多段线的两段线段的节点处插入圆滑的弧。选择多段线后,系统会根据指定的圆弧半径把多段线各顶点用圆滑的弧连接起来。

● 修剪(T):决定在圆滑连接两条边时,是否修剪这两条边,如图 2-104 所示。

● 多个(M):同时对多个对象进行圆角操作,而不必重新起用命令。

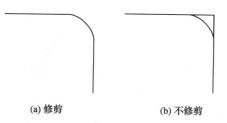

(a) 修剪   (b) 不修剪

图 2-104　圆角

● 按住<Shift>键并选择两条直线,可以快速创建零距离倒角或零半径圆角。

2.7.13　移　动

【命令激活方式】

命令行:MOVE(或 M)

菜单栏:"修改"→"移动"

工具栏:"修改"→"移动" ⊕

功能区:"常用"→"修改"→"移动" ⊕

快捷菜单:选择要移动的对象,绘图区中右击→"移动"

【命令行提示】

命令:_move

选择对象:

指定基点或[位移(D)]<位移>:

指定第二个点或<使用第一个点作为位移>:

"移动"命令的选项功能与"复制"命令类似。

2.7.14　分　解

【命令激活方式】

命令行:EXPLODE

菜单栏:"修改"→"分解"

工具栏:"修改"→"分解" ⍗

功能区:"常用"→"修改"→"分解" ⍗

【命令行提示】

命令:_explode

选择对象:(选择要分解的对象)

选择一个对象后,该对象会被分解。命令行继续提示该行信息,允许分解多个对象。例如,正六边形分解前是一个整体,分解后变成六条线段,选中后可看出不同,如图 2-105 所示。

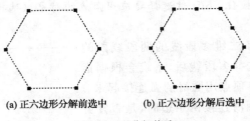

(a) 正六边形分解前选中　　(b) 正六边形分解后选中

图 2-105　分解前后

2.7.15　合　并

合并指将直线、圆、椭圆弧和样条曲线等独立的线段合并为一个对象,如图 2-106 所示。

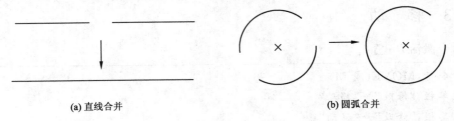

(a) 直线合并　　　　　　　　　(b) 圆弧合并

图 2-106　合并

【命令激活方式】

命令行:JOIN

菜单栏:"修改"→"合并"

工具栏:"修改"→"合并" ✛

功能区:"常用"→"修改"→"合并" ✛

【命令行提示】

命令:_join

选择源对象:(选择一个对象)

选择要合并到源的直线:(选择另一个对象)　找到 1 个

已将 1 条直线合并到源

2.7.16　拉　伸

拉伸指拖拉选择的对象,使对象的形状发生改变。拉伸时应指定拉伸的基点和移至点。

【命令激活方式】

命令行:STRETCH(或 S)

菜单栏:"修改"→"拉伸"

工具栏:"修改"→"拉伸"

功能区:"常用"→"修改"→"拉伸"

【命令行提示】

命令:_stretch

以交叉窗口或交叉多边形选择要拉伸的对象...

选择对象:指定对角点:找到 2 个(采用交叉窗口的方式选择要拉伸的对象)

指定基点或[位移(D)]<位移>:(指定拉伸的基点)

指定第二个点或 <使用第一个点作为位移>:(指定拉伸的移至点)

此时,若指定第二个点,系统将根据这两点决定的矢量拉伸对象。若直接按<回车>键,系统会把第一个点作为 X 轴和 Y 轴的分量值。

"拉伸"命令移动完全包含在交叉窗口内的顶点和端点。部分包含在交叉选择窗口内的对象将被拉伸,如图 2-107 所示。

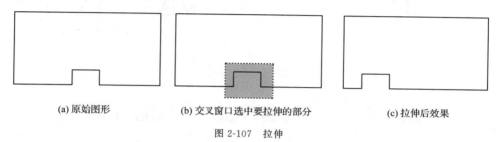

　(a) 原始图形　　　　　(b) 交叉窗口选中要拉伸的部分　　　　　(c) 拉伸后效果

图 2-107　拉伸

注意:用交叉窗口选择拉伸对象后,落在交叉窗口内的端点被拉伸,落在外部的端点保持不动。

2.7.17　缩　放

【命令激活方式】

命令行:SCALE(或 SC)

菜单栏:"修改"→"缩放"

工具栏:"修改"→"缩放"

功能区:"常用"→"修改"→"缩放"

快捷菜单:选择要缩放的对象,绘图区中右击→"缩放"

【命令行提示】

命令:_scale

选择对象:(选择要缩放的对象)

指定基点:(指定缩放操作的基点)

指定比例因子或[复制(C)/参照(R)]<1.0000>:

【选项说明】

● 选择"参照(R)"选项时,命令行提示:

指定参照长度<1.0000>:

指定新的长度或[点(P)]<1.0000>:

若新的长度值大于参照长度值,则放大对象;否则,缩小对象。如果选择"点(P)"选项,则指定两点来定义新的长度。

● 可以用拖动鼠标的方法缩放对象。选择对象并指定基点后,从基点到当前光标位置会出现一条连线,线段的长度即比例大小。移动鼠标,选择的对象会动态地随着该连线长度的变化而缩放,按<回车>键确认缩放操作。

● 选择"复制(C)"选项时,可以复制缩放对象,即缩放对象时,保留原对象,如图 2-108 所示。

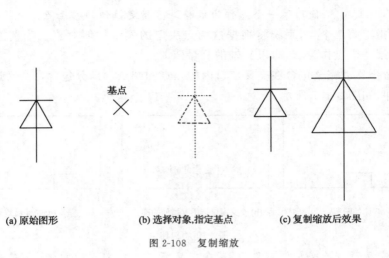

(a) 原始图形   (b) 选择对象,指定基点   (c) 复制缩放后效果

图 2-108　复制缩放

2.7.18　延　伸

【命令激活方式】

命令行:EXTEND(或 EX)

菜单栏:"修改"→"延伸"

工具栏:"修改"→"延伸"-/

功能区:"常用"→"修改"→"延伸"-/

【命令行提示】

命令:_extend

当前设置:投影=UCS,边=延伸

选择边界的边...

选择对象或 <全部选择>:(选择边界对象)

此时可以选择对象来定义边界。若直接按<回车>键,则选择所有对象作为可能的边界对象。

系统规定可以用作边界对象的对象包括线段、射线、双向无限长线、圆弧、圆、椭圆、二维和三维多段线、样条曲线、文字浮动的视口和区域。如果选择二维多段线作边界对象,系统会忽略其宽度而把对象延伸至多段线的中心线。

选择边界对象后,命令行提示:

选择要延伸的对象,或按住 Shift 键选择要修剪的对象,或[栏选(F)/窗交(C)/投影(P)/边(E)/放弃(U)]:

"延伸"命令与"修剪"命令操作方式类似,延伸的具体操作如图 2-109 所示。

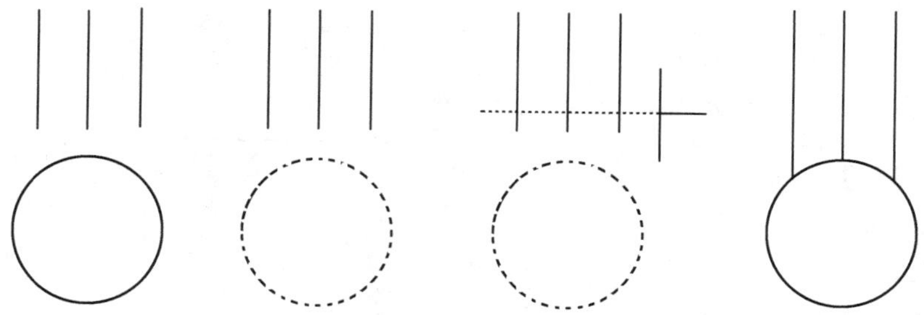

(a) 原始图形　(b) 选择延伸边界　(c) 栏选延伸对象　(d) 延伸后效果

图 2-109　延伸

2.7.19　打　断

打断指在对象上指定两点，从而把对象在这两点之间的部分删除，使其变成两部分。

【命令激活方式】

命令行：BREAK（或 BR）
菜单栏："修改"→"打断"
工具栏："修改"→"打断"
功能区："常用"→"修改"→"打断"

【命令行提示】

命令：_break

选择对象：（选择要打断的对象）

指定第二个打断点或[第一点(F)]：（指定第二个断开点或输入"F"）

【选项说明】

如果选择"第一点(F)"，系统将丢弃前面的第一个选择点，重新提示用户指定两个断开点。打断操作如图 2-110 所示。

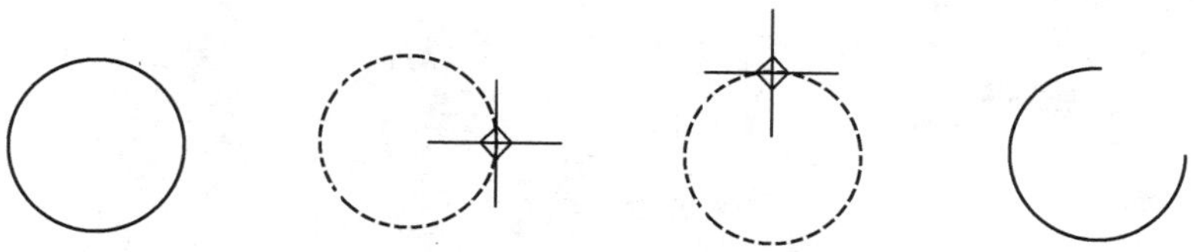

(a) 原始图形　(b) 选择第一点　(c) 选择第二点　(d) 打断后效果

图 2-110　打断

2.7.20　打断于点

打断于点指在对象上指定一点，从而把对象在此点拆分成两部分。

【命令激活方式】

工具栏:"修改"→"打断于点" ⌐⁺

功能区:"常用"→"修改"→"打断于点" ⌐⁺

【命令行提示】

命令:_break

选择对象:

指定第二个打断点或[第一点(F)]:F

指定第一个打断点:[系统自动执行"第一点(F)"选项]

指定第二个打断点:@

2.8 文 字

文字注释是 CAD 绘图中很重要的一部分内容,进行各种设计时,通常不仅要绘出图形,还要在图形中标注一些文字,如技术要求、注释说明等,对图形对象加以解释。本节介绍文字标注的基本方法。

2.8.1 设置文字样式

【命令激活方式】

命令行:STYLE 或 DDSTYLE

菜单栏:"格式"→"文字样式"

工具栏:"文字"→"文字样式" A₂ 或"样式"→"文字样式" A₂

功能区:"常用"→"注释"→"文字样式" A₂

执行上述命令,系统打开"文字样式"对话框,如图 2-111 所示。

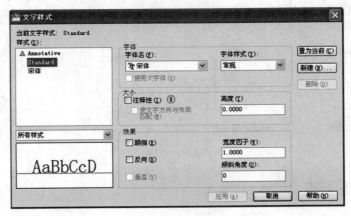

图 2-111 "文字样式"对话框

利用该对话框可以新建文字样式或修改当前文字样式。图 2-112 所示为几种文字样式。

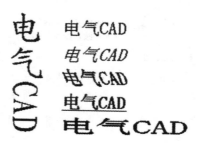

图 2-112　几种文字样式

2.8.2　单行文字

【命令激活方式】

> 命令行：TEXT(或 DTEXT)
>
> 菜单栏："绘图"→"文字"→"单行文字"
>
> 工具栏："文字"→"单行文字" A̲
>
> 功能区："常用"→"注释"→"文字样式" A̲

【命令行提示】

命令：_text

当前文字样式："Standard"　当前文字高度：2.5000　注释性：是

指定文字的起点或[对正(J)/样式(S)]：

【选项说明】

● 指定文字的起点：在此提示下直接在作图屏幕上单击一点作为文字的起点,命令行提示：

指定高度＜2.5000＞：(确定文字的高度)

指定文字的旋转角度＜0＞：(确定文字行的倾斜角度)

● 对正(J)：在提示下输入"J",用来确定文字的对齐方式。对齐方式决定文字的哪一部分与所选的插入点对齐。执行此选项后,命令行提示：

输入选项[对齐(A)/布满(F)/居中(C)/中间(M)/右对齐(R)/左上(TL)/中上(TC)/右上(TR)/左中(ML)/正中(MC)/右中(MR)/左下(BL)/中下(BC)/右下(BR)]：

实际绘图时,有时需要标注一些特殊符号,如直径符号、温度符号等,由于这些符号不能直接从键盘上输入,AutoCAD 2023 中文版提供了一些控制码,用来实现这些要求。控制码用两个百分号(％％)加一个字母构成,常用的控制码见表 2-3,在实际绘图中输入效果如图 2-113 所示。

表 2-3　　　　　　　　　　　　AutoCAD 2023 中文版常用控制码

符号	功　能
％％D	"度"符号(°)
％％P	正负符号(±)
％％C	直径符号(φ)

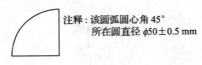

注释：该圆弧圆心角 45°
所在圆直径 $\phi50\pm0.5$ mm

图 2-113　特殊符号输入效果

2.8.3　多行文字

【命令激活方式】

命令行：MTEXT
菜单栏："绘图"→"文字"→"多行文字"
工具栏："绘图"→"多行文字" A 或"文字"→"多行文字" A
功能区："常用"→"注释"→"多行文字" A

【命令行提示】

命令：_mtext
当前文字样式："Standard"　文字高度：2.5000　注释性：是
指定第一角点：(指定矩形框的第一个角点)
指定对角点或[高度(H)/对正(J)/行距(L)/旋转(R)/样式(S)/宽度(W)/栏(C)]：

【选项说明】

● 指定对角点：直接在屏幕上拾取一个点作为矩形框的第二个角点，AutoCAD 2023 中文版以这两个点为对角点形成一个矩形区域，其宽度作为将来要标注的多行文字的宽度，而且第一个点作为第一行文字顶线的起点。系统打开如图 2-114 所示的文字编辑器（"文字格式"对话框），可利用其输入多行文字，并对文字格式进行设置。该文字编辑器与 Word 软件界面类似。

图 2-114　文字编辑器

● 高度(H)：指定多行文字的高度。

● 对正(J)：确定所标注文字的对齐方式。

● 行距(L)：确定多行文字的行间距，这里所说的行间距是指相邻两文字行的基线之间的垂直距离。

● 旋转(R)：确定文字行的倾斜角度。

● 样式(S)：确定当前的文字样式。

● 宽度(W)：指定多行文字的宽度。

● 栏(C)：可以将多行文字的格式设置为多栏。

文字编辑器用来控制文字的显示特性。可以在输入文字之前设置文字的特性,也可以改变已输入文字的特性。下面介绍其中部分选项的功能。

● 文字高度:该下拉列表用来确定文字的高度,可在其中直接输入新的高度,也可从下拉列表中选择已设定过的高度。

● **B** 和 *I*:这两个按钮分别用来设置粗体和斜体效果。这两个按钮只对 TrueType 字体有效。

● 上划线 Ō 和下划线 U:这两个按钮用于设置或取消上划线、下划线。

● 堆叠 ⅟:该按钮用于堆叠所选的文字,也就是创建分数形式。当文字中某处出现"/""^"或"♯"这三种堆叠符号之一时,可堆叠文字。方法是选中需堆叠的文字,然后单击此按钮,则符号左侧文字作为分子,右侧文字作为分母。

AutoCAD 2023 中文版提供了三种文字堆叠形式:如果选中"abcd/efgh"后单击 ⅟ 按钮,得到如图 2-115(a) 所示的形式;如果选中"abcd^efgh"后单击 ⅟ 按钮,得到如图 2-115(b)所示的形式,此形式多用于标注极限偏差;如果选中"abcd♯efgh"后单击 ⅟ 按钮,得到如图 2-115(c)所示的形式。如果选中已经堆叠的文字对象后单击 ⅟ 按钮,则文字恢复到非堆叠形式。

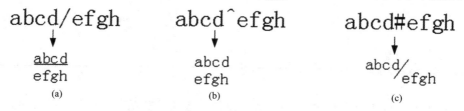

图 2-115　文字堆叠形式

● 倾斜角度 0/:该微调框用于设置文字的倾斜角度。

● 符号 @·:该按钮用于输入各种符号。单击该按钮,系统打开符号列表,用户可以从中选择符号输入到文字中。

● 插入字段 ⊞:该按钮用于插入一些常用或预设字段。单击该按钮,系统打开"字段"对话框,用户可以从中选择字段插入标注文字中。

● 追踪 a·b:该微调框用于增大或减小选定字符之间的距离。1.0000 是常规间距。大于 1.0000 可增大间距,小于 1.0000 可减小间距。

● 宽度比例 o:该微调框用于扩展或收缩选定字符。1.0000 表示此字体中字母的常规宽度。可以增大该宽度或减小该宽度。

● 栏 ☰·:该下拉列表中包括"不分栏""静态栏""动态栏""插入分栏符""分栏设置"选项。

● 多行文字对齐 Ⓐ·:该下拉列表中有九个对齐选项可供选择,"左上"为默认选项。

● 选项 ⊙:单击该按钮,系统打开"选项"菜单,其中许多选项与 Word 中相关选项类似。

2.8.4　文字编辑

【命令激活方式】

> 命令行：DDEDIT
>
> 菜单栏："修改"→"对象"→"文字"→"编辑"
>
> 工具栏："文字"→"编辑"
>
> 快捷菜单：选择文字对象,绘图区中右击→"编辑"

【命令行提示】

命令：_ddedit

选择注释对象或[放弃(U)]：

　　选择想要修改的文字,同时光标变为拾取框。用拾取框单击对象,如果选取的文字是用"TEXT(DTEXT)"命令创建的单行文字,可对其直接进行修改。如果选取的文字是用"MTEXT"命令创建的多行文字,选取后则打开文字编辑器,可根据前面的介绍对各项设置或内容进行修改。

2.9　表　格

　　AutoCAD 2023 中文版中的"表格"功能使创建表格变得容易,用户可以直接插入设置好的表格,而不用绘制由单独的图线组成的栅格。

2.9.1　设置表格样式

【命令激活方式】

> 命令行：TABLESTYLE
>
> 菜单栏："格式"→"表格样式"
>
> 工具栏："样式"→"表格样式"📄
>
> 功能区："常用"→"注释"→"表格样式"📄

　　执行上述命令,系统打开"表格样式"对话框,如图 2-116 所示。

【选项说明】

　　单击"新建"按钮,系统打开"创建新的表格样式"对话框,如图 2-117 所示。输入新的表格样式名后,单击"继续"按钮,系统打开"新建表格样式"对话框,如图 2-118 所示,从中可以定义新的表格样式。

　　"新建表格样式"对话框中有"常规""文字""边框"三个选项卡。

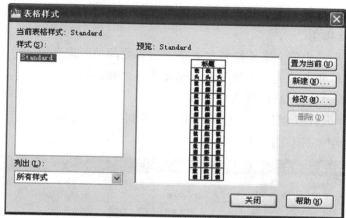

图 2-116　"表格样式"对话框

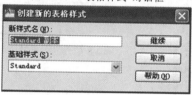

图 2-117　"创建新的表格样式"对话框

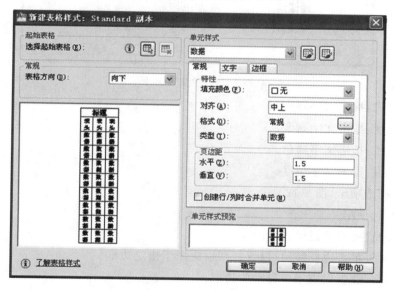

图 2-118　"新建表格样式"对话框

（1）"常规"选项卡（图 2-118）

①"特性"选项组

● 填充颜色：指定填充颜色。

● 对齐：为单元内容指定一种对齐方式。

● 格式：设置表格中各行的数据类型和格式。

● 类型：将单元样式指定为标签或数据，在包含起始表格的表格样式中插入默认文字时使用,也用于在工具选项板上创建表格工具的情况。

②"页边距"选项组

● 水平:设置单元中的文字或块与左右单元边界之间的距离。

● 垂直:设置单元中的文字或块与上下单元边界之间的距离。

③"创建行/列时合并单元"复选框

将使用当前单元样式创建的所有新行或列合并到一个单元中。

(2)"文字"选项卡(图 2-119)

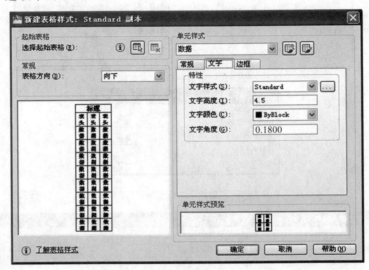

图 2-119 "文字"选项卡

● 文字样式:指定文字样式。

● 文字高度:指定文字高度。

● 文字颜色:指定文字颜色。

● 文字角度:设置文字角度。

(3)"边框"选项卡(图 2-120)

①"特性"选项组

● 线宽:设置要用于显示边框的线宽。

● 线型:通过单击边框按钮,设置线型以应用于指定边框。

● 颜色:指定颜色以应用于显示的边框。

● 双线:指定选定的边框为双线型。

● 间距:设置双线边框的间距。默认间距为 0.1800。

②边框按钮组

控制单元边框的外观。边框特性包括栅格线的线宽和颜色。

● 所有边框图标田:将边框特性设置应用到指定单元样式的所有边框。

● 外部边框图标回:将边框特性设置应用到指定单元样式的外部边框。

● 内部边框图标田:将边框特性设置应用到指定单元样式的内部边框。

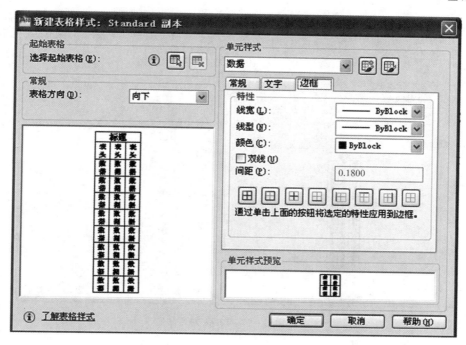

图 2-120　"边框"选项卡

● 底部边框图标 ⊞ :将边框特性设置应用到指定单元样式的底部边框。

● 左边框图标 ⊞ :将边框特性设置应用到指定单元样式的左边框。

● 上边框图标 ⊞ :将边框特性设置应用到指定单元样式的上边框。

● 下边框图标 ⊞ :将边框特性设置应用到指定单元样式的下边框。

● 右边框图标 ⊞ :将边框特性设置应用到指定单元样式的右边框。

● 无边框图标 ⊞ :隐藏指定单元样式的边框。

2.9.2　创建表格

【命令激活方式】

> 命令行:TABLE
>
> 菜单栏:"绘图"→"表格"
>
> 工具栏:"绘图"→"表格" ⊞
>
> 功能区:"常用"→"注释"→"表格" ⊞

执行上述命令,系统打开"插入表格"对话框,如图 2-121 所示。

【选项说明】

(1)"表格样式"选项组

该选项组用于在要创建表格的当前图形中选择表格样式。通过单击下拉列表旁边的按钮,用户可以创建新的表格样式。

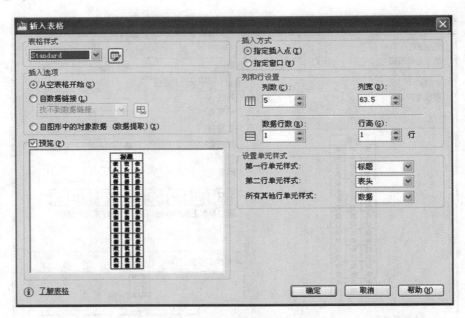

图 2-121 "插入表格"对话框

（2）"插入选项"选项组

该选项组用于指定插入表格的方式。

● 从空表格开始：创建可以手动填充数据的空表格。

● 自数据链接：根据外部电子表格中的数据创建表格。

● 自图形中的对象数据（数据提取）：根据图形中的对象数据创建表格，启动"数据提取"
向导。

（3）"插入方式"选项组

该选项组用于指定表格位置。

● 指定插入点：指定表格左上角的位置。可以定点设置，也可以在命令行提示下输入坐
标。如果表格样式将表格的方向设置为由下而上读取，则插入点位于表格的左下角。

● 指定窗口：指定表格的大小和位置。可以定点设置，也可以在命令行提示下输入坐
标。选定此选项时，行数、列数、列宽和行高取决于窗口的大小，以及列和行的设置。

（4）"列和行设置"选项组

该选项组用于设置列和行的数目和大小。

● 列数：选定"指定窗口"选项并指定列宽时，"自动"选项将被选定，且列数由表格的宽度
控制。如果已指定包含起始表格的表格样式，则可以选择要添加到此起始表格的其他列的
数量。

● 列宽：指定列的宽度。选定"指定窗口"选项并指定列数时，"自动"选项将被选定，且
列宽由表格的宽度控制。最小列宽为一个字符。

● 数据行数：指定行数。选定"指定窗口"选项并指定行高时，"自动"选项将被选定，且
行数由表格的高度控制。带有标题行和表头行的表格样式最少应有 3 行。最小行高为一个
文字行。如果已指定包含起始表格的表格样式，则可以选择要添加到此起始表格的其他行

的数量。

● 行高：按照行数指定行高。文字行高基于文字高度和单元边距，这两项均在表格样式中设置。选定"指定窗口"选项并指定行数时，"自动"选项将被选定，且行高由表格的高度控制。

（5）"设置单元样式"选项组

对于那些不包含起始表格的表格样式，应用此选项组指定新表格中行的单元样式。

● 第一行单元样式：指定表格中第一行的单元样式。默认情况下，使用"标题"单元样式。

● 第二行单元样式：指定表格中第二行的单元样式。默认情况下，使用"表头"单元样式。

● 所有其他行单元样式：指定表格中所有其他行的单元样式。默认情况下，使用"数据"单元样式。

在"插入表格"对话框中进行相应设置后，单击"确定"按钮，系统在指定的插入点或窗口自动插入一个空表格，并显示文字编辑器，用户可以逐行逐列输入相应的文字或数据，如图 2-122 所示。

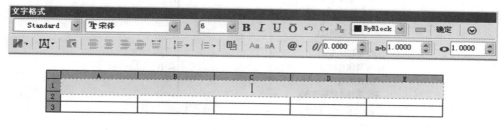

图 2-122　插入表格

2.9.3　编辑表格文字

【命令激活方式】

命令行：TABLEDIT

快捷操作：表格内双击

执行上述命令，系统打开如图 2-122 所示的文字编辑器，用户可以对指定表格单元的文字进行编辑。

2.10　尺寸标注

尺寸标注是绘图设计过程中相当重要的一个环节，AutoCAD 2023 中文版提供了方便、准确的尺寸标注功能。

尺寸标注相关命令的菜单栏方式集中在"标注"菜单中，工具栏方式集中在"标注"工具栏中，如图 2-123 所示。

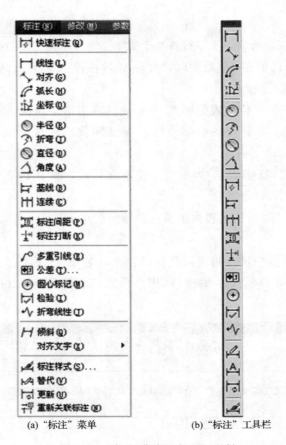

(a) "标注" 菜单 　　　　　(b) "标注" 工具栏

图 2-123 "标注"菜单和"标注"工具栏

2.10.1 设置尺寸样式

【命令激活方式】

命令行：DIMSTYLE
菜单栏："格式"→"标注样式"或"标注"→"标注样式"
工具栏："标注"→"标注样式" ◢
功能区："注释"→"标注样式" ◢

执行上述命令，系统打开"标注样式管理器"对话框，如图 2-124 所示。利用此对话框可方便、直观地定制和浏览标注样式，包括建立新的标注样式、修改已存在的标注样式、设置当前标注样式、标注样式重命名，以及删除已有标注样式等。

【选项说明】

● 置为当前：单击此按钮，把在"样式"列表框中选中的样式设置为当前标注样式。

● 新建：该按钮用于定义一个新的标注样式。单击此按钮，AutoCAD 2023 中文版打开"创建新标注样式"对话框，如图 2-125 所示，利用此对话框可创建一个新的标注样式。单击"继续"按钮，系统打开"新建标注样式"对话框，如图 2-126 所示，利用此对话框可对新标注

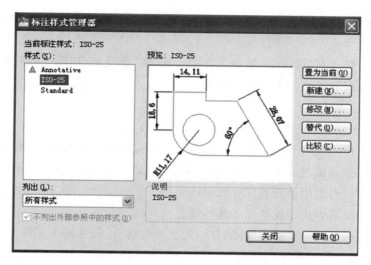

图 2-124　"标注样式管理器"对话框

样式的各项特性进行设置。

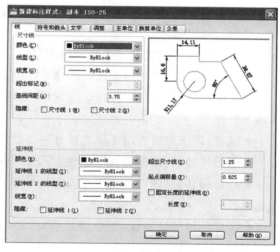

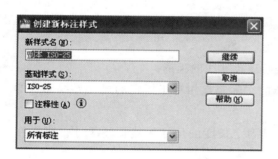

图 2-125　"创建新标注样式"对话框　　　　图 2-126　"新建标注样式"对话框

● 修改：该按钮用于修改已存在的标注样式。单击此按钮，AutoCAD 2023 中文版打开"修改标注样式"对话框，该对话框中的各选项与"新建标注样式"对话框中完全相同，可以对已有标注样式进行修改。

● 替代：该按钮用于设置临时覆盖标注样式。单击此按钮，AutoCAD 2023 中文版打开"替代当前样式"对话框，该对话框中各选项与"新建标注样式"对话框完全相同，用户可改变选项的设置覆盖原来的设置，但这种修改只对指定的标注起作用，而不影响当前尺寸变量的设置。

● 比较：该按钮用于比较两个标注样式在参数上的区别或浏览一个标注样式的参数设置。单击此按钮，AutoCAD 2023 中文版打开"比较标注样式"对话框，可以把比较结果复制到剪贴板上，然后再粘贴到其他 Windows 应用软件上。

下面分别说明如图 2-126 所示的"新建标注样式"对话框中的七个选项卡：

(1)"线"选项卡

在"新建标注样式"对话框中，第一个选项卡是"线"选项卡，如图 2-126 所示。该选项卡用于设置尺寸线、尺寸界线的形式和特性。

①"尺寸线"选项组

该选项组用于设置尺寸线的特性。

● 颜色：该下拉列表用于设置尺寸线的颜色。可直接输入颜色名称，也可从下拉列表中选择。如果选取"选择颜色"，系统打开"选择颜色"对话框，供用户选择其他颜色。

● 线型：该下拉列表用于设置尺寸线的线型。

● 线宽：该下拉列表用于设置尺寸线的线宽。

● 超出标记：当尺寸箭头设置为短斜线、短波浪线等，或尺寸线上无箭头时，可利用此微调框设置尺寸线超出尺寸界线的距离。

● 基线间距：该微调框用于设置以基线方式标注尺寸时，相邻两尺寸线之间的距离。

● 隐藏：该复选框组用于确定是否隐藏尺寸线及相应的箭头。选中"尺寸线 1"复选框，表示隐藏第一段尺寸线；选中"尺寸线 2"复选框，表示隐藏第二段尺寸线。

②"延伸线"选项组

该选项组用于确定尺寸界线的形式。

● 颜色：该下拉列表用于设置尺寸界线的颜色。

● 延伸线 1 的线型/延伸线 2 的线型：这两个下拉列表分别用于设置尺寸界线 1 和尺寸界线 2 的线型。

● 线宽：该下拉列表用于设置尺寸界线的线宽。

● 超出尺寸线：该微调框用于确定尺寸界线超出尺寸线的距离。

● 起点偏移量：该微调框用于确定尺寸界线的实际起点相对于指定的尺寸界线起点的偏移量。

● 固定长度的延伸线：选中该复选框，系统以固定长度的尺寸界线标注尺寸。可以在"长度"微调框中输入长度值。

● 隐藏：该复选框组用于确定是否隐藏尺寸界线。选中"延伸线 1"复选框，表示隐藏第一段尺寸界线；选中"延伸线 2"复选框，表示隐藏第二段尺寸界线。

③尺寸样式显示框

该显示框位于"新建标注样式"对话框的右上方，以样例的形式显示用户设置的尺寸样式。

(2)"符号和箭头"选项卡

在"新建标注样式"对话框中，第二个选项卡是"符号和箭头"选项卡，如图 2-127 所示。该选项卡用于设置箭头、圆心标记、弧长符号和半径标注折弯的形式和特性等。

①"箭头"选项组

该选项组用于设置箭头的形式。AutoCAD 2023 中文版提供了多种箭头形状，列在"第一个"和"第二个"下拉列表中。另外，还允许采用用户自定义的箭头形状。两个箭头可以采

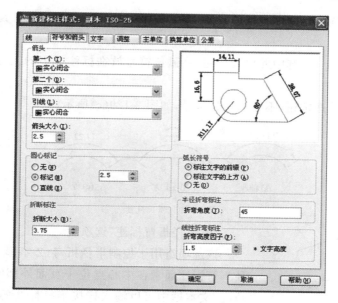

图 2-127　"符号和箭头"选项卡

用相同的形式,也可采用不同的形式。

● 第一个:该下拉列表用于设置第一个箭头的形式。可单击右侧的向下箭头从下拉列表中选择,其中列出了各种箭头形式的名字以及各种箭头的形状。一旦确定了第一个箭头的类型,第二个箭头则自动与其匹配,要想第二个箭头取不同的形状,可在"第二个"下拉列表中设定。

● 第二个:该下拉列表用于确定第二个箭头的形式,可与第一个箭头不同。

● 引线:该下拉列表用于确定引线箭头的形式,与"第一个"设置类似。

● 箭头大小:该微调框用于设置箭头的大小。

②"圆心标记"选项组

● 标记:选中此单选按钮,圆心标记为十字线,如图 2-128(a)所示。

● 直线:选中此单选按钮,圆心标记采用中心线的形式,如图 2-128(b)所示。

● 无:选中此单选按钮,既不产生十字线,也不产生中心线,如图 2-128(c)所示。

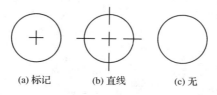

(a) 标记　　(b) 直线　　(c) 无

图 2-128　圆心标记

● 微调框:设置中心标记和中心线的大小和粗细。

③"折断标注"选项组

该选项组用于控制折断标注的间距宽度。

④"弧长符号"选项组

该选项组用于控制弧长标注中弧长符号的显示。

● 标注文字的前缘:选中此单选按钮,将弧长符号放在标注文字的前缘,如图 2-129(a)所示。

● 标注文字的上方:选中此单选按钮,将弧长符号放在标注文字的上方,如图 2-129(b)所示。

● 无:选中此单选按钮,不显示弧长符号,如图 2-129(c)所示。

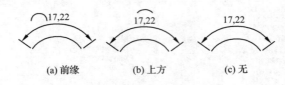

(a) 前缘　　　　(b) 上方　　　　(c) 无

图 2-129　弧长符号

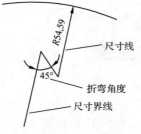

图 2-130　半径折弯标注

⑤"半径折弯标注"选项组

该选项组用于控制半径折弯(Z 字形)标注的显示。半径折弯标注通常在中心点位于页面外部时创建。在"折弯角度"文本框中可以输入连接半径标注的尺寸界线和尺寸线横向直线的角度,如图 2-130 所示。

⑥"线性折弯标注"选项组

该选项组用于控制线性折弯标注的显示。当标注不能精确表示实际尺寸时,通常将折弯线添加到线性标注中。

(3)"文字"选项卡

在"新建标注样式"对话框中,第三个选项卡是"文字"选项卡,如图 2-131 所示。该选项卡用于设置文字的外观、位置和对齐方式等。

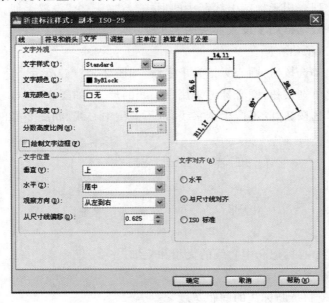

图 2-131　"文字"选项卡

①"文字外观"选项组

● 文字样式：该下拉列表用于选择当前文字采用的文字样式。可单击右侧的向下箭头从下拉列表中选取一个样式，也可单击右侧的 按钮，打开"文字样式"对话框，以创建新的文字样式或对文字样式进行修改。

● 文字颜色：该下拉列表用于设置文字的颜色，其操作方法与设置尺寸线颜色的方法相同。

● 填充颜色：该下拉列表用于设置文字背景的颜色。

● 文字高度：该微调框用于设置文字的字高。如果选用的文字样式中已设置了具体的字高（不是 0），则此处的设置无效；如果文字样式中设置的字高为 0，则以此处的设置为准。

● 分数高度比例：该微调框用于确定文字的比例系数。

● 绘制文字边框：选中此复选框，AutoCAD 2023 中文版在文字周围加上边框。

②"文字位置"选项组

● 垂直：该下拉列表用于确定标注文字相对于尺寸线在垂直方向的对齐方式。单击右侧的向下箭头打开下拉列表，其中可供选择的对齐方式有以下五种：

居中：将文字放在尺寸线的中间。

上：将文字放在尺寸线的上方。

外部：将文字放在尺寸线上远离第一个定义点的一边，即与所标注的对象分列于尺寸线的两侧。

JIS：使文字的放置符合 JIS（日本工业标准）规定。

下：将文字放在尺寸线的下方。

● 水平：该下拉列表用于确定文字相对于尺寸线和尺寸界线在水平方向的对齐方式。单击右侧的向下箭头打开下拉列表，对齐方式有以下五种："居中""第一条延伸线""第二条延伸线""第一条延伸线上方""第二条延伸线上方"。

● 观察方向：该下拉列表用于控制文字的观察方向。单击右侧的向下箭头打开下拉列表，可选择的观察方向有两种："从左到右""从右到左"。

● 从尺寸线偏移：当文字放在断开的尺寸线中间时，该微调框用来设置文字与尺寸线之间的距离（文字间隙）。

③"文字对齐"选项组

该选项组用于控制文字排列的方向。

● 水平：选中此单选按钮，文字沿水平方向放置。不论标注什么方向的尺寸，文字总保持水平。

● 与尺寸线对齐：选中此单选按钮，文字沿尺寸线方向放置。

● ISO 标准：选中此单选按钮，当文字在尺寸界线之间时，沿尺寸线方向放置；在尺寸界线之外时，沿水平方向放置。

（4）"调整"选项卡

在"新建标注样式"对话框中，第四个选项卡是"调整"选项卡，如图 2-132 所示。该选项卡根据两条尺寸界线之间的空间，设置将文字、箭头放在两条尺寸界线的里边还是外边。如果空间允许，AutoCAD 2023 中文版总是把文字和箭头放在两条尺寸界线的里边；若空间不够，则根据选项卡的各项设置放置。

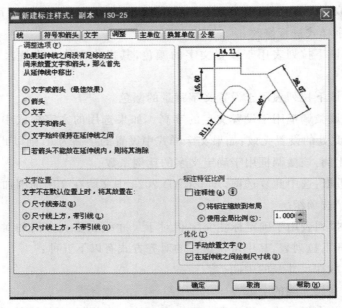

图 2-132 "调整"选项卡

①"调整选项"选项组

● 文字或箭头（最佳效果）：选中此单选按钮，按以下方式放置文字和箭头。如果空间允许，把文字和箭头都放在尺寸界线之间；如果尺寸界线之间只够放置文字，则把文字放在尺寸界线之间，而把箭头放在尺寸界线的外边；如果尺寸界线之间只够放置箭头，则把箭头放在里边，把文字放在外边；如果尺寸界线之间既放不下文字，也放不下箭头，则把两者均放在外边。

● 箭头：选中此单选按钮，按以下方式放置文字和箭头。如果空间允许，把文字和箭头都放在尺寸界线之间；如果空间只够放置箭头，则把箭头放在尺寸界线之间，把文字放在外边；如果尺寸界线之间的空间放不下箭头，则把箭头和文字均放在外边。

● 文字：选中此单选按钮，按以下方式放置文字和箭头。如果空间允许，把文字和箭头都放在尺寸界线之间；如果空间只够放置文字，则把文字放在尺寸界线之间，把箭头放在外边；如果尺寸界线之间的空间放不下文字，则把文字和箭头都放在外边。

● 文字和箭头：选中此单选按钮，如果空间允许，把文字和箭头都放在尺寸界线之间；否则，把文字和箭头都放在尺寸界线外边。

● 文字始终保持在延伸线之间：选中此单选按钮，AutoCAD 2023 中文版总是把文字放在尺寸界线之间。

● 若箭头不能放在延伸线内，则将其消除：选中此复选框，则尺寸界线之间的空间不够时，省略箭头。

②"文字位置"选项组

该选项组用于设置文字的位置。

● 尺寸线旁边：选中此单选按钮，把文字放在尺寸线的旁边，如图 2-133(a) 所示。

● 尺寸线上方，带引线：选中此单选按钮，把文字放在尺寸线的上方，并用引线与尺寸线相连，如图 2-133(b) 所示。

● 尺寸线上方，不带引线：选中此单选按钮，把文字放在尺寸线的上方，中间无引线，如图 2-133(c) 所示。

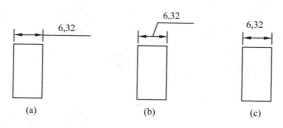

图 2-133　文字位置

③"标注特征比例"选项组

● 注释性：选中此复选框，则指定标注为"Annotative"。

● 将标注缩放到布局：选中此单选按钮，确定图纸空间内的尺寸比例系数，默认值为 1。

● 使用全局比例：选中此单选按钮，确定尺寸的整体比例系数。其后面的微调框可以用来选择需要的比例。

④"优化"选项组

该选项组用于设置附加的尺寸文字布置选项。

● 手动放置文字：选中此复选框，标注尺寸时由用户确定文字的放置位置，忽略前面的对齐设置。

● 在延伸线之间绘制尺寸线：选中此复选框，不论文字在尺寸界线里边部还是外边，AutoCAD 2023 中文版均在两条尺寸界线之间绘出一尺寸线；否则当尺寸界线内放不下尺寸文字而将其放在外边时，尺寸界线之间无尺寸线。

(5)"主单位"选项卡

在"新建标注样式"对话框中，第五个选项卡是"主单位"选项卡，如图 2-134 所示。该选项卡用于设置尺寸标注的主单位和精度，以及给标注文字添加固定的前缀或后缀。本选项卡含两个选项组，分别对线性标注和角度标注进行设置。

①"线性标注"选项组

该选项组用于设置标注线性尺寸时采用的单位和精度。

● 单位格式：该下拉列表用于确定标注尺寸时使用的单位制（角度尺寸除外）。在下拉列表中，AutoCAD 2023 中文版提供了"科学""小数""工程""建筑""分数""Windows 桌面"六种单位制，可根据需要选择。

● 精度：该下拉列表用于设置线性尺寸标注的精度。

● 分数格式：该下拉列表用于设置分数的形式。AutoCAD 2023 中文版提供了"水平"

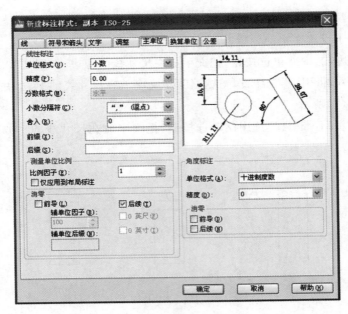

图 2-134　"主单位"选项卡

"对角""非堆叠"三种形式供用户选用。

● 小数分隔符：该下拉列表用于确定十进制单位（Decimal）的分隔符，AutoCAD 2023 中文版提供了"．"（点）"，"（逗号）" "（空格）三种形式供用户选择。

● 舍入：该微调框用于设置除角度之外的尺寸测量的圆整规则。在文本框中输入一个值，如果输入 1，则所有测量值均圆整为整数。

● 前缀：该文本框用于设置固定前缀。可以输入文字，也可以用控制符产生特殊符号，这些字符将被加在所有标注文字之前。

● 后缀：该文本框用于设置固定后缀。

● 测量单位比例：该选项组用于确定 AutoCAD 2023 中文版自动测量尺寸时的比例因子。

比例因子：该微调框用于设置除角度之外所有尺寸测量的比例因子。例如，如果用户确定比例因子为 2，AutoCAD 2023 中文版则把实际测量为 1 的尺寸标注为 2。

仅应用到布局标注：选中此复选项，则设置的比例因子只适用于布局标注。

● 消零：该选项组用于设置是否省略标注尺寸中的 0。

前导：选中此复选框，省略尺寸值处于高位的 0。例如，0.50000 标注为.50000。

后续：选中此复选框，省略尺寸值小数点后末尾的 0。例如，12.5000 标注为 12.5，而 30.0000 标注为 30。

0 英尺：选中此复选框，采用"工程"和"建筑"单位制时，如果尺寸值小于 1 英尺时，省略英尺部分。

0 英寸：选中此复选框，采用"工程"和"建筑"单位制时，如果尺寸值是整数英尺时，省略英寸部分。

②"角度标注"选项组

该选项组用于设置标注角度时采用的单位。

● 单位格式：该下拉列表用于设置角度单位制。AutoCAD 2023 中文版提供了"十进制度数""度/分/秒""百分度""弧度"四种角度单位供用户选择。

● 精度：该下拉列表用于设置角度标注的精度。

● 消零：该选项组用于设置是否省略标注角度中的 0。

（6）"换算单位"选项卡

在"新建标注样式"对话框中，第六个选项卡是"换算单位"选项卡，如图 2-135 所示。该选项卡用于对替换单位进行设置。

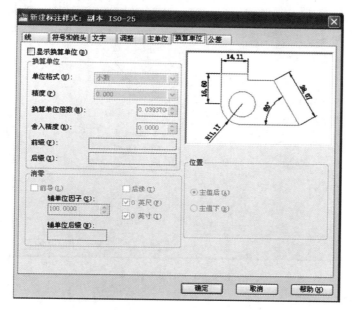

图 2-135　"换算单位"选项卡

①"显示换算单位"复选框

选中此复选框，则替换单位的尺寸值也同时显示在标注文字上。

②"换算单位"选项组

该选项组用于设置替换单位。

● 单位格式：该下拉列表用于选取替换单位采用的单位制。

● 精度：该下拉列表用于设置替换单位的精度。

● 换算单位倍数：该微调框用于指定主单位和替换单位的转换因子。

● 舍入精度：该微调框用于设定替换单位的圆整规则。

● 前缀：该文本框用于设置替换单位的固定前缀。

● 后缀：该文本框用于设置替换单位的固定后缀。

③"消零"选项组

该选项组用于设置是否省略尺寸标注中的 0。

④"位置"选项组

该选项组用于设置替换单位尺寸标注的位置。

● 主值后：选中此单选按钮，把替换单位尺寸标注放在主单位标注的后边。

● 主值下：选中此单选按钮，把替换单位尺寸标注放在主单位标注的下边。

(7)"公差"选项卡

在"新建标注样式"对话框中，第七个选项卡是"公差"选项卡，如图 2-136 所示。该选项卡用于确定标注公差的方式。

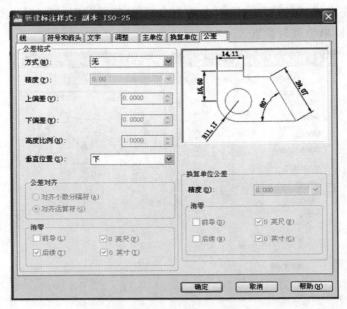

图 2-136 "公差"选项卡

①"公差格式"选项组

该选项组用于设置公差的标注方式。

● 方式：该下拉列表用于设置以何种形式标注公差。单击右侧的向下箭头，打开下拉列表，其中列出了 AutoCAD 2023 中文版提供的五种标注公差的形式，用户可从中选择。这五种形式分别是"无""对称""极限偏差""极限尺寸""基本尺寸"，其中"无"表示不标注公差，即上述所述的通常标注情形。各种公差标注形式如图 2-137 所示。

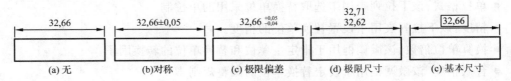

图 2-137 公差标注形式

● 精度：该下拉列表用于确定公差标注的精度。

● 上偏差：该微调框用于设置尺寸的上偏差。

● 下偏差：该微调框用于设置尺寸的下偏差。

● 高度比例：该微调框用于设置公差文字的高度比例，即公差文字的高度与一般尺寸文字的高度之比。

　　● 垂直位置：该下拉列表用于控制"对称"和"极限偏差"公差的文字对齐方式。

　　上：公差文字的顶部与一般尺寸文字的顶部对齐。

　　中：公差文字的中线与一般尺寸文字的中线对齐。

　　下：公差文字的底线与一般尺寸文字的底线对齐。

　　这三种对齐方式如图 2-138 所示。

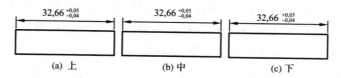

图 2-138　公差文字对齐方式

● 公差对齐：该选项组用于设置"极限偏差"和"极限尺寸"公差标注的对齐方式。

● 消零：该选项组用于设置是否省略公差标注中的 0。

②"换算单位公差"选项组

该选项组用于对公差标注的替换单位进行设置。其中各项的设置方法与前文相同。

2.10.2　尺寸标注方法

1.线性标注

【命令激活方式】

　　命令行：DIMLINEAR

　　菜单栏："标注"→"线性"

　　工具栏："标注"→"线性"┠

　　功能区："常用"→"注释"→"线性"┠

【命令行提示】

命令：_dimlinear

指定第一条延伸线原点或＜选择对象＞：

在此提示下有两种选择：直接按＜回车＞键选择要标注的对象或确定尺寸界线的起点。按＜回车＞键并选择要标注的对象或指定两条尺寸界线的起点后，命令行提示：

　　指定尺寸线位置或［多行文字（M）/文字（T）/角度（A）/水平（H）/垂直（V）/旋转（R）］：

【选项说明】

　　● 指定尺寸线位置：确定尺寸线的位置。用户可移动鼠标选择合适的尺寸线位置，然后按＜回车＞键或单击，AutoCAD 2023 中文版则自动测量所标注线段的长度并标注出相应的尺寸。

　　● 多行文字（M）：用文字编辑器确定尺寸文字。

● 文字（T）：在命令行提示下输入或编辑尺寸文字。选择此选项后，AutoCAD 2023 中文版提示：

输入标注文字＜默认值＞：

其中的默认值是 AutoCAD 2023 中文版自动测量得到的被标注线段的长度，直接按＜回车＞键即可采用此长度值，也可输入其他数值代替默认值。当尺寸文字中包含默认值时，可使用尖括号"＜＞"表示默认值。

● 角度（A）：确定尺寸文字的倾斜角度。

● 水平（H）：水平标注尺寸，不论标注什么方向的线段，尺寸线总是水平放置。

● 垂直（V）：垂直标注尺寸，不论标注什么方向的线段，尺寸线总是垂直放置。

● 旋转（R）：输入尺寸线旋转的角度值，旋转标注尺寸。

对齐标注的尺寸线与所标注的轮廓线平行；坐标尺寸标注点的纵坐标或横坐标；角度标注两个对象之间的角度；直径或半径标注圆或圆弧的直径或半径；圆心标记则标注圆或圆弧的中心或中心线，具体由"新建（修改）标注样式"对话框的"符号和箭头"选项卡中的"圆心标记"选项组决定。上面所述这几种尺寸标注与线性标注类似。

2. 基线标注

基线标注用于产生一系列基于同一条尺寸界线的尺寸标注，适用于线性尺寸标注、角度标注和坐标标注等。在使用基线标注方式之前，应该先标注出一个相关的尺寸，基线标注效果如图 2-139 所示。基线标注两平行尺寸线间距由"新建（修改）标注样式"对话框的"线"选项卡的"尺寸线"选项组中的"基线间距"微调框中的值决定。

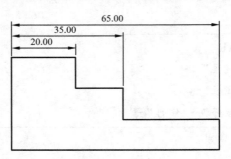

图 2-139　基线标注

【命令激活方式】

命令行：DIMBASELINE
菜单栏："标注"→"基线"
工具栏："标注"→"基线"
功能区："注释"→"标注"→"连续"→"基线"

【命令行提示】

命令：_dimbaseline
指定第二条延伸线原点或［放弃（U）/选择（S）］＜选择＞：

直接确定另一个尺寸的第二条尺寸界线的起点,AutoCAD 2023 中文版以上次标注的尺寸为基准标注,标注出相应尺寸。按<回车>键后,命令行提示:

选择基准标注:(选取作为基准的尺寸标注)

连续标注又称为尺寸链标注,工具栏中按钮为 ▥▥,用于产生一系列连续的尺寸标注,后一个尺寸标注均把前一个标注的第二条尺寸界线作为它的第一条尺寸界线。连续标注效果如图 2-140 所示。

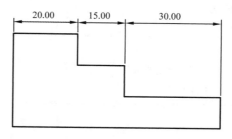

图 2-140　连续标注

3. 快速标注

快速标注命令“QDIM”使用户可以交互地、动态地、自动化地进行尺寸标注。在“QDIM”命令中可以同时选择多个圆或圆弧标注直径或半径,也可同时选择多个对象进行基线标注和连续标注,选择一次即可完成多个标注,因此可提高工作效率。

【命令激活方式】

命令行:QDIM

菜单栏:“标注”→“快速标注”

工具栏:“标注”→“快速标注” ▱

功能区:“注释”→“标注”→“快速标注” ▱

【命令行提示】

命令:_qdim

选择要标注的几何图形:(选择要标注尺寸的多个对象后按<回车>键)

指定尺寸线位置或[连续(C)/并列(S)/基线(B)/坐标(O)/半径(R)/直径(D)/基准点(P)/编辑(E)/设置(T)]<连续>:

【选项说明】

● 指定尺寸线位置:直接确定尺寸线的位置,按默认尺寸标注类型标注出相应尺寸。

● 连续(C):产生一系列连续标注的尺寸。

● 并列(S):产生一系列并列标注的尺寸。

● 基线(B):产生一系列基线标注的尺寸。后面的“坐标(O)”“半径(R)”“直径(D)”含义与此类似。

● 基准点(P):为基线标注和连续标注指定一个新的基准点。

● 编辑(E):对多个尺寸标注进行编辑。系统允许对已存在的尺寸标注添加或移去尺

寸点。选择此选项,命令行提示:

　　指定要删除的标注点或[添加(A)/退出(X)]<退出>:

　　在此提示下确定要移去的点,按<回车>键,系统对尺寸标注进行更新。

2.10.3　尺寸编辑

1. 编辑尺寸

【命令激活方式】

> 命令行:DIMEDIT
>
> 菜单栏:"标注"→"对齐文字"→"默认"
>
> 工具栏:"标注"→"编辑标注"🗹

【命令行提示】

命令:_dimedit

输入标注编辑类型[默认(H)/新建(N)/旋转(R)/倾斜(O)] <默认>:

【选项说明】

● 默认(H):按尺寸标注样式中设置的默认位置和方向放置尺寸文字,如图 2-141(a)所示。

● 新建(N):打开文字编辑器,可利用其对尺寸文字进行修改。

● 旋转(R):改变尺寸文字行的倾斜角度。尺寸文字的中心点不变,使文字沿给定的角度方向倾斜排列,如图 2-141(b)所示。

● 倾斜(O):修改长度型尺寸标注的尺寸界线,使其倾斜一定角度,与尺寸线不垂直,如图 2-141(c)所示。

2. 编辑尺寸文字

【命令激活方式】

> 命令行:DIMTEDIT
>
> 菜单栏:"标注"→"对齐文字"→(除"默认"命令外的其他命令)
>
> 工具栏:"标注"→"编辑标注文字"🅰

【命令行提示】

命令:_dimtedit

选择标注:(选择一个尺寸标注)

为标注文字指定新位置或[左对齐(L)/右对齐(R)/居中(C)/默认(H)/角度(A)]:

【选项说明】

● 为标注文字指定新位置:更新尺寸文字的位置。用鼠标把文字拖动到新的位置。

● 左对齐(L)/右对齐(R):使尺寸文字沿尺寸线左/右对齐,如图 2-141(d)、图 2-141(e)所示。

● 居中(C):把尺寸文字放在尺寸线上的中间位置。

● 默认(H):把尺寸文字按默认位置放置。

● 角度(A):改变尺寸文字行的倾斜角度。

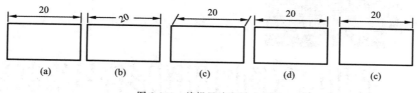

图 2-141　编辑尺寸和尺寸文字

2.11　特性匹配

利用特性匹配功能可以将目标对象的属性与源对象的属性进行匹配,使目标对象属性与源对象相同。利用特性匹配功能可以方便快捷地修改对象属性,并保持不同对象的属性相同。

【命令激活方式】

命令行:MATCHPROP

菜单栏:"修改"→"特性匹配"

工具栏:"标准"→"特性匹配"

【命令行提示】

命令:'_matchprop

选择源对象:

选择目标对象或[设置(S)]:

如图 2-142(a)所示为两个不同属性的对象,以左侧的圆为源对象,对右侧的矩形进行属性匹配,结果如图 2-142(b)所示。

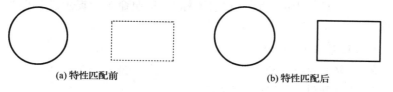

(a)特性匹配前　　　　　　　　　(b)特性匹配后

图 2-142　特性匹配

本章主要通过常用的电气简图用图形符号绘图举例，使大家熟悉基本的绘图和编辑命令。

精益求精的态度
二十大代表风采｜
柯晓宾：精益求精铸就中国高铁标准

3.1 熔断器和常用开关触点

3.1.1 熔断器

【绘图提示】

（0）打开"对象捕捉"▢，图标蓝色时为打开状态；

（1）✐直线，90；

（2）▢矩形，30×12；

（3）✥移动矩形。

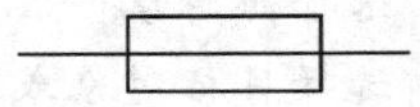

（1）单击"绘图"工具栏中的"直线"按钮图标✐，按照命令行提示进行操作：

命令：_line

指定第一点：(任意指定一点)

指定下一点或［放弃（U）］：@90,0

指定下一点或［放弃（U）］：(按＜回车＞键)

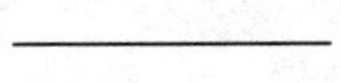

效果如图 3-1 所示。

————————————

图 3-1 绘制直线

（2）单击"绘图"工具栏中的"矩形"按钮图标▢，按照命令行提示进行操作：

命令：_rectang

指定第一个角点或［倒角（C）/标高（E）/圆角（F）/厚度（T）/宽度（W）］：［捕捉直线端点，如图 3-2(a)所示］

(a)   (b)

图 3-2 绘制矩形

指定另一个角点或[面积(A)/尺寸(D)/旋转(R)]:@30,12（输入相对坐标,确定矩形另一对角点）

效果如图 3-2(b)所示。

(3)单击"编辑"工具栏中的"移动"按钮图标✛,按照命令行提示进行操作:

命令:_move

选择对象:找到 1 个（选中矩形,右击确定）

选择对象:

指定基点或[位移(D)]＜位移＞:[选中矩形短边中点,如图 3-3(a)所示,单击确定]

指定第二个点或 ＜使用第一个点作为位移＞:[选中矩形右下端点,如图 3-3(b)所示,单击确定]

效果如图 3-3(c)所示。

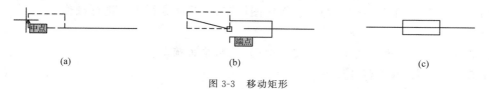

(a)　　　　　　　　　　(b)　　　　　　　　　　(c)

图 3-3　移动矩形

3.1.2　刀开关

【绘图提示】

(0)打开"对象捕捉"▢;

(1)╱直线,30;

(2)❀复制,@0,60;

(3)╱直线,@35＜120。

(1)单击"绘图"工具栏中的"直线"按钮图标╱,按照命令行提示进行操作:

命令:_line

指定第一点:(任意指定一点)

指定下一点或[放弃(U)]:@0,30

指定下一点或[放弃(U)]:(按＜回车＞键)

效果如图 3-4 所示。

图 3-4　绘制直线(1)

(2)单击"编辑"工具栏中的"复制"按钮图标❀,按照命令行提示进行操作:

命令:_copy

选择对象:找到 1 个（选中直线,右击确定）

选择对象:

当前设置:复制模式 ＝ 多个

指定基点或[位移(D)/模式(O)]＜位移＞:[选中直线下端点,如图 3-5(a)所示,单击确定]

指定第二个点或 ＜使用第一个点作为位移＞:@0,60

指定第二个点或[退出(E)/放弃(U)]＜退出＞:(按＜回车＞键)

效果如图 3-5(b)所示。

图 3-5　复制直线

(3)单击"绘图"工具栏中的"直线"按钮图标，按照命令行提示进行操作:

命令:_line

指定第一点:[选中直线端点,如图 3-6(a)所示,单击确定]

指定下一点或[放弃(U)]:@35＜120

指定下一点或[放弃(U)]:(按＜回车＞键)

效果如图 3-6(b)所示。

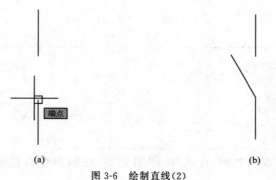

图 3-6　绘制直线(2)

3.1.3　按钮常开触点

【绘图提示】

(0)参照刀开关绘制方法,绘出刀开关符号; (1)直线,@－30,0,@0,12,@10,0; (2)镜像; (3)选中直线,将线型改成虚线。	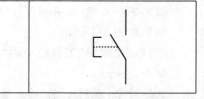

(1)在刀开关符号上,单击"绘图"工具栏中的"直线"按钮图标，按照命令行提示进行操作:

命令:_line

指定第一点:[捕捉中点,如图 3-7(a)所示]

指定下一点或[放弃(U)]:@－30,0

指定下一点或[放弃(U)]:@0,12

指定下一点或[闭合(C)/放弃(U)]:@10,0

指定下一点或[闭合(C)/放弃(U)]:(按<回车>键)

效果如图 3-7(b)所示。

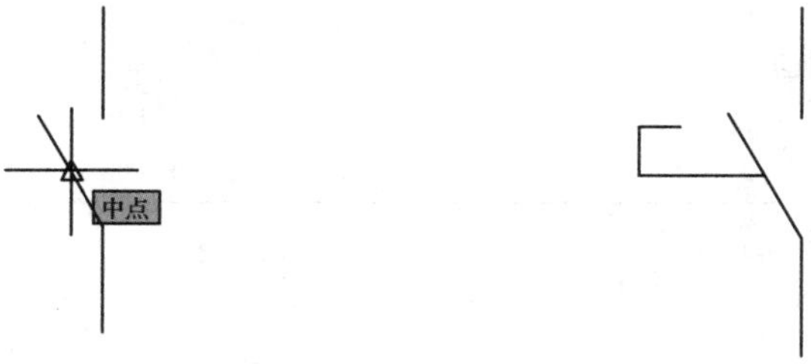

(a)　　(b)

图 3-7　绘制直线

(2)单击“编辑”工具栏中的“镜像”按钮图标,按照命令行提示进行操作:

命令:_mirror

选择对象:找到 2 个]选中两段直线,如图 3-8(a)所示,右击确定]

指定镜像线的第一点:[捕捉端点,如图 3-8(b)所示]

指定镜像线的第二点:[捕捉交点,如图 3-8(c)所示]

要删除源对象吗? [是(Y)/否(N)] <N>:(按<回车>键)

效果如图 3-8(d)所示。

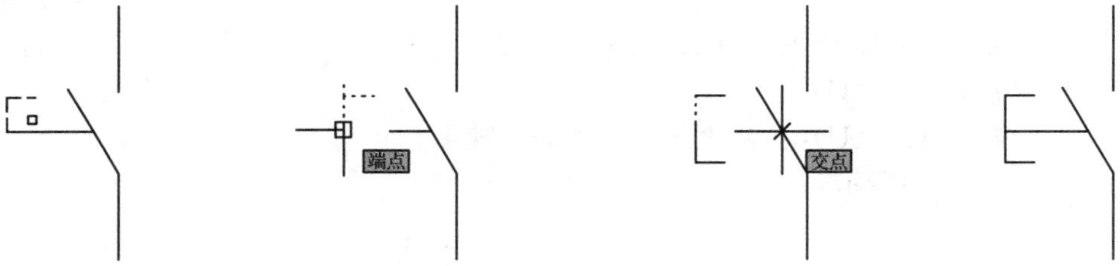

(a)　　(b)　　(c)　　(d)

图 3-8　镜像

(3)选中直线,单击线型选中所要的虚线,如图 3-9(a)所示,两次按<回车>键确定,效果如图 3-9(b) 所示。

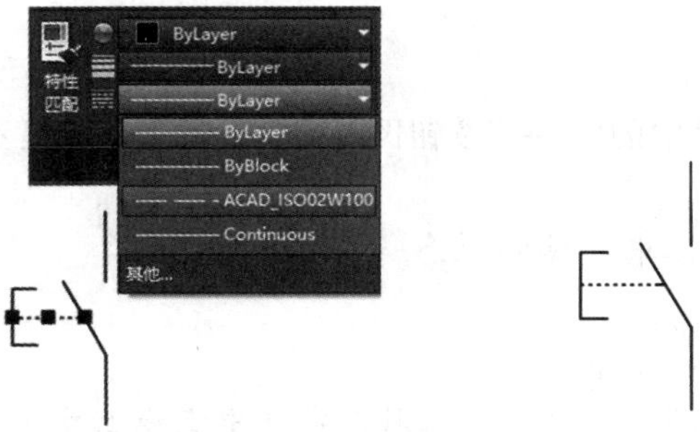

(a)　　(b)

图 3-9　选择虚线线型

3.2 接触器

3.2.1 接触器线圈

【绘图提示】

(0)打开"对象捕捉"▢; (1)▢矩形,40×30; (2)╱直线,30; (3)⚙复制。	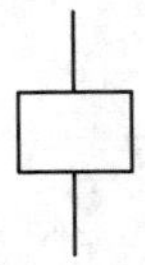

(1)单击"绘图"工具栏中的"矩形"按钮图标▢,按照命令行提示进行操作:

命令:_rectang

指定第一个角点或[倒角(C)/标高(E)/圆角(F)/厚度(T)/宽度(W)]:(任意指定一点)

指定另一个角点或[面积(A)/尺寸(D)/旋转(R)]:@40,30(输入相对坐标,确定矩形另一对角点)

效果如图 3-10 所示。

(2)单击"绘图"工具栏中的"直线"按钮图标╱,按照命令行提示进行操作:

命令:_line

指定第一点:[捕捉矩形中点,如图 3-11(a)所示]

指定下一点或[放弃(U)]:@0,30

指定下一点或[放弃(U)]:(两次按<回车>键确定)

效果如图 3-11(b)所示。

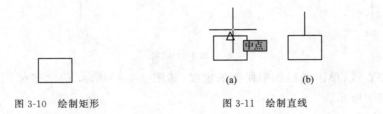

图 3-10 绘制矩形

(a)   (b)

图 3-11 绘制直线

(3)单击"编辑"工具栏中的"复制"按钮图标⚙,按照命令行提示进行操作:

命令:_copy

选择对象:找到 1 个(选中直线)

选择对象:

当前设置:复制模式 = 多个

指定基点或[位移(D)/模式(O)]<位移>:[选中直线上端点,如图3-12(a)所示,单击确定]

指定第二个点或<使用第一个点作为位移>:[移动到矩形长边中点,如图3-12(b)所

示,单击确定]

　　指定第二个点或[退出(E)/放弃(U)]＜退出＞:(按＜回车＞键)

　　效果如图 3-12(c)所示。

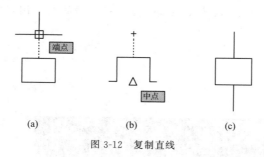

图 3-12　复制直线

3.2.2　接触器主触点

【绘图提示】

(0)参照刀开关绘制方法,绘出刀开关符号; (1) 圆弧(捕捉端点,@0,7,－180); (2) 阵列; (3) 线型选虚线 ━ ━ ━ ~ACAD_ISO02W100 ▾ , 直线。	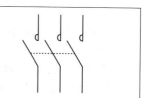

　　(1)在刀开关符号上,单击"绘图"工具栏中的"圆弧"按钮图标 ,按照命令行提示进行操作:

　　命令:_arc

　　指定圆弧的起点或[圆心(C)]:[捕捉端点,如图 3-13(a)所示]

　　指定圆弧的第二个点或[圆心(C)/端点(E)]:E

　　指定圆弧的端点:@0,7 (输入相对坐标,确定圆弧另一端点)

　　指定圆弧的圆心或[角度(A)/方向(D)/半径(R)]:A

　　指定包含角:－180(输入圆弧角度,逆时针方向为正,顺时针方向为负)

　　效果如图 3-13(b)所示。

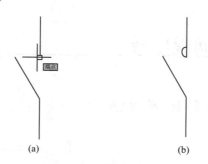

图 3-13　绘制圆弧

　　(2)单击"编辑"工具栏中的"阵列"按钮图标 ,按照命令行提示进行操作:

　　命令:_array

　　选择对象:指定对角点:找到 4 个

选择对象：

选择对象如图 3-13(b)所示图形，按<回车>键，在弹出的对话框"输入阵列类型"中选择"矩形"，然后在工具栏下方弹出"阵列"对话框，在"阵列"对话框中"列数"设为 3，"介于"设为 25，"行数"设为 1，"介于"设为 1，得到如图 3-14(b)的效果图，绘制完成后单击"关闭阵列"按钮。

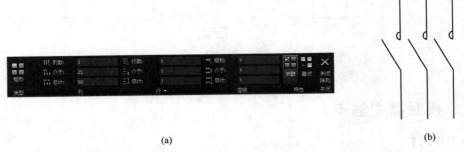

(a)   (b)

图 3-14　阵列

(3)"线型"▨ 选虚线 —— —— —— -ACAD_ISO02W100 ——，单击"绘图"工具栏中的"直线"按钮图标 ∕。

命令：_line

指定第一点：[捕捉中点，如图 3-15(a)所示]

指定下一点或[放弃(U)]：[捕捉另一中点，如图 3-15(b)所示]

指定下一点或[放弃(U)]：(按<回车>键)

效果如图 3-15(c)所示。

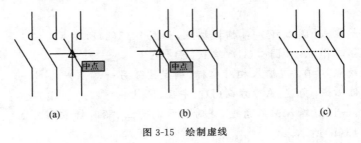

(a)   (b)   (c)

图 3-15　绘制虚线

3.3　断电延时时间继电器

3.3.1　断电延时时间继电器线圈

【绘图提示】

(0)参照接触器线圈绘制方法，绘出接触器线圈符号； (1) ∕ 直线，捕捉端点； (2) ✛ 移动，@0，−10； (3) ▨ 填充。	

（1）在接触器线圈符号上，单击"绘图"工具栏中的"直线"按钮图标╱，按照命令行提示进行操作：

命令:_line

指定第一点:[捕捉端点,如图3-16(a)所示]

指定下一点或[放弃(U)]:[捕捉端点,如图3-16(b)所示]

指定下一点或[放弃(U)]:(按＜回车＞键)

效果如图3-16(c)所示。

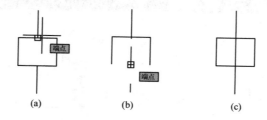

图 3-16　绘制直线

（2）单击"编辑"工具栏中的"移动"按钮图标✥，按照命令行提示进行操作：

命令:_move

选择对象:找到1个[选中直线,按＜回车＞键,如图3-17(a)中虚线所示]

选择对象:

指定基点或[位移(D)]＜位移＞:[捕捉端点,如图3-17(a)中端点所示]

指定第二个点或＜使用第一个点作为位移＞:@－10,0（输入相对坐标,确定另一点,按＜回车＞键）

效果如图3-17(b)所示。

图 3-17　移动直线

（3）单击"绘图"工具栏中的"填充"按钮图标▨，按对话框提示操作：

命令:_bhatch

打开"图案填充"对话框，如图3-18(a)所示，选中图案SOLID，单击"拾取点"按钮，如图3-18(b)所示。将光标移到要填充图案的图形左端内部区域，如图3-18(c)所示，单击"确认"按钮，这样图形左端的区域被填充成黑色，如图3-18(d)所示。然后单击"关闭图案填充创建"按钮，关闭图案填充对话框。

打开"填充图案选项板"对话框，如图3-18(b)所示，选中图案"SOLID"，单击"确定"按钮。

在"图案填充和渐变色"对话框中单击"添加:拾取点"按钮，如图3-18(c)所示。

拾取点，如图3-18(d)所示，右击，在快捷菜单中单击"确定"按钮，回到"图案填充和渐变色"对话框。

单击"预览"按钮,如果满意,按<回车>键确定。或者不预览,直接单击"确定"按钮。最终效果如图 3-18(d)所示。

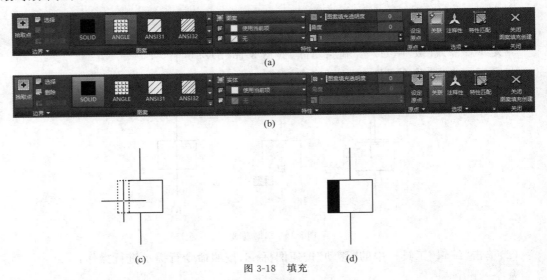

图 3-18　填充

3.3.2　断电延时时间继电器延时触点

【绘图提示】

(0)参照刀开关绘制方法,绘出刀开关符号;

(1) 直线,捕捉端点,@−20,0;

(2) 圆弧,选择 圆心,起点,角度 (捕捉端点,@0,12,180);

(3) 偏移,位移 5;

(4) 延伸;

(5) 修剪;

(6) 删除。

(1)单击"绘图"工具栏中的"直线"按钮图标 ,按照命令行提示进行操作:

命令:_line

指定第一点:[捕捉中点,如图 3-19(a)所示]

指定下一点或[放弃(U)]:@−20,0(输入相对坐标,确定直线另一点)

指定下一点或[放弃(U)]:(按<回车>键)

效果如图 3-19(b)所示。

(2)单击"绘图"工具栏中的"圆弧"按钮图标 ,选择 圆心,起点,角度 ,按照命令行提示进行操作:

命令:_arc

指定圆弧的起点或[圆心(C)]:C

指定圆弧的圆心:[捕捉端点作为圆心,如图 3-20(a)所示]

指定圆弧的起点:@0,12

指定圆弧的端点或[角度(A)/弦长(L)]:A

指定包含角:180(输入圆弧角度,按<回车>键确定)

效果如图 3-20(b)所示。

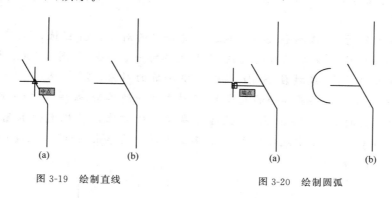

图 3-19　绘制直线　　　　　图 3-20　绘制圆弧

(3)单击"编辑"工具栏中的"偏移"按钮图标🔩,按照命令行提示进行操作:

命令:_offset

当前设置:删除源=否　图层=源　OFFSETGAPTYPE=0

指定偏移距离或[通过(T)/删除(E)/图层(L)]<5.0000>:5(输入偏移位移)

选择要偏移的对象,或[退出(E)/放弃(U)]<退出>:[选择直线,如图 3-21(a)所示]

指定要偏移的那一侧上的点,或[退出(E)/多个(M)/放弃(U)]<退出>:[在直线上侧单击,如图 3-21(b)所示]

选择要偏移的对象,或[退出(E)/放弃(U)]<退出>:[选择直线,如图 3-21(c)所示]

指定要偏移的那一侧上的点,或[退出(E)/多个(M)/放弃(U)]<退出>:[在直线下侧单击,如图 3-21(d)所示]

选择要偏移的对象,或[退出(E)/放弃(U)]<退出>:(按<回车>键)

效果如图 3-21(e)所示。

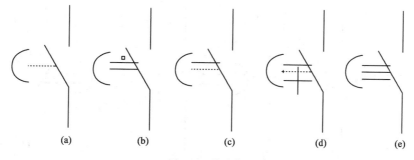

图 3-21　偏移直线

(4)单击"编辑"工具栏中的"延伸"按钮图标⇥,按照命令行提示进行操作:

命令:_extend

当前设置:投影=UCS,边=无

选择边界的边...

选择对象或 ＜全部选择＞：找到 1 个［选择圆弧和斜线作为边界，按＜回车＞键，如图 3-22(a)所示］

选择对象：找到 1 个，总计 2 个

选择对象：

选择要延伸的对象，或按住 Shift 键选择要修剪的对象，或［栏选(F)/窗交(C)/投影(P)/边(E)/放弃(U)］：［在要延伸的直线上，靠边界的一边单击，如图 3-22(b)所示］

选择要延伸的对象，或按住 Shift 键选择要修剪的对象，或［栏选(F)/窗交(C)/投影(P)/边(E)/放弃(U)］：［在要延伸的直线上，靠边界的一边单击，如图 3-22(c)所示］

选择要延伸的对象，或按住 Shift 键选择要修剪的对象，或［栏选(F)/窗交(C)/投影(P)/边(E)/放弃(U)］：［在要延伸的直线上，靠边界的一边单击，如图 3-22(d)所示］

效果如图 3-22(e)所示。

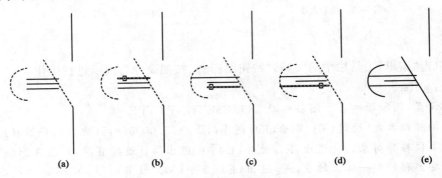

(a)　　　　(b)　　　　(c)　　　　(d)　　　　(e)

图 3-22　延伸直线

(5)单击"编辑"工具栏中的"修剪"按钮图标 ✕，按照命令行提示进行操作：

命令：_trim

当前设置：投影＝UCS，边＝无

选择剪切边…

选择对象或 ＜全部选择＞：找到 1 个［选择斜线作为边界，如图 3-23(a)所示］

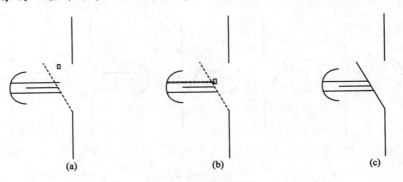

(a)　　　　　　(b)　　　　　　(c)

图 3-23　修剪直线

选择对象：(按＜回车＞键)

选择要修剪的对象，或按住 Shift 键选择要延伸的对象，或［栏选(F)/窗交(C)/投影(P)/边(E)/删除(R)/放弃(U)］：(按＜回车＞键)

选择要修剪的对象,或按住 Shift 键选择要延伸的对象,或[栏选(F)/窗交(C)/投影(P)/边(E)/删除(R)/放弃(U)]:[在要修剪的直线上,靠边界的一边单击,如图 3-23(b)所示]效果如图 3-23(c)所示。

(6)单击"编辑"工具栏中的"删除"按钮图标✎,按照命令行提示进行操作:

命令:_erase

选择对象:找到 1 个[选择要删除的直线,如图 3-24(a)所示]

选择对象:(按<回车>键)

效果如图 3-24(b)所示。

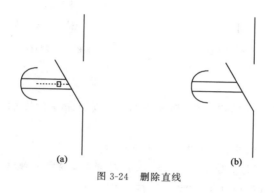

(a)　　　　　　　　　　(b)

图 3-24　删除直线

3.4　常用电气元件符号绘制举例

3.4.1　电　容

【绘图提示】

(1)✎直线,30;

(2)❀复制,@15,0;

(3)✎直线,30;

(4)❀复制。

(1)单击"绘图"工具栏中的"直线"按钮图标✎,按照命令行提示进行操作:

命令:_line

指定第一点:(任意指定一点)

指定下一点或[放弃(U)]:@0,30 (输入相对坐标,确定直线另一点)

指定下一点或[放弃(U)]:(按<回车>键)

效果如图 3-25 所示。

(2)单击"编辑"工具栏中"复制"按钮图标❀,按照命令行提示进行操作:

命令:_copy

选择对象:找到 1 个(选中直线)

选择对象:(按<回车>键)

当前设置:复制模式 = 多个

指定基点或[位移(D)/模式(O)]<位移>:[捕捉直线端点,如图 3-26(a)所示]

指定第二个点或 <使用第一个点作为位移>:@15,0(输入相对坐标)

指定第二个点或[退出(E)/放弃(U)]<退出>:(按<回车>键)

效果如图 3-26(b)所示。

图 3-25　绘制直线(1)　　　　　图 3-26　复制直线(1)

(3)单击"绘图"工具栏中的"直线"按钮图标 ✎,按照命令行提示进行操作:

命令:_line

指定第一点:[捕捉直线中点,如图 3-27(a)所示]

指定下一点或[放弃(U)]:@-30,0(输入相对坐标,确定直线另一点)

指定下一点或[放弃(U)]:(按<回车>键)

效果如图 3-27(b)所示。

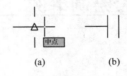

图 3-27　绘制直线(2)

(4)单击"编辑"工具栏中的"复制"按钮图标 ✿,按照命令行提示进行操作:

命令:_copy

选择对象:找到 1 个 (选中直线)

当前设置:复制模式 = 多个

指定基点或[位移(D)/模式(O)]<位移>:[捕捉直线端点,如图 3-28(a)所示]

指定第二个点或 <使用第一个点作为位移>:[捕捉直线中点,如图 3-28(b)所示]

指定第二个点或[退出(E)/放弃(U)]<退出>:(按<回车>键)

效果如图 3-28(c)所示。

图 3-28　复制直线(2)

3.4.2 电 感

【绘图提示】

(1) ⟋ 圆弧,选择 ⟋ 圆心,起点,角度 (任意点,@10,0,180);

(2) 🔠 阵列;

(3) ⟋ 直线,30;

(4) 🔲 复制。

(1)单击"绘图"工具栏中的"圆弧"按钮图标⟋,选择 ⟋ 圆心,起点,角度 ,按照命令行提示进行操作:

命令:_arc

指定圆弧的起点或[圆心(C)]:C

指定圆弧的圆心:(指定任意一点)

指定圆弧的起点:@10,0

指定圆弧的端点或[角度(A)/弦长(L)]:A

指定包含角:180(输入圆弧角度,按<回车>键确定)

效果如图 3-29 所示。

图 3-29 绘制圆弧

(2)单击"编辑"工具栏中的"阵列"按钮图标🔠,按照命令行提示进行操作:

命令:_array

选择对象:找到 1 个

选择对象:

单击"矩形阵列"按钮,选择对象,按<回车>键,弹出"阵列"对话框,如图 3-30(a)所示,对话框中的"列数"设为 6,"介于"设为 20,"行数"设为 1,"介于"设为 1,得到如图 3-30(b)的效果图,绘制完成后按下"关闭阵列"按钮。

效果如图 3-30(b)所示。

(a) (b)

图 3-30 阵列圆弧

(3)单击"绘图"工具栏中的"直线"按钮图标⟋,按照命令行提示进行操作:

命令:_line

指定第一点:[捕捉端点,如图 3-31(a)所示]

(a) (b)

图 3-31 绘制直线

指定下一点或[放弃(U)]:@-30,0(输入相对坐标,确定直线另一点)

指定下一点或[放弃(U)]:(按<回车>键)

效果如图 3-31(b)所示。

(4)单击"编辑"工具栏中的"复制"按钮图标🔾，按照命令行提示进行操作：

命令：_copy

选择对象：找到 1 个（选中直线）

当前设置：复制模式 ＝ 多个

指定基点或[位移(D)/模式(O)]＜位移＞：[捕捉直线端点，如图 3-32(a)所示]

指定第二个点或 ＜使用第一个点作为位移＞：[捕捉阵列圆弧右端点，如图 3-32(b)所示]

指定第二个点或[退出(E)/放弃(U)]＜退出＞：(按＜回车＞键)

效果如图 3-32(c)所示。

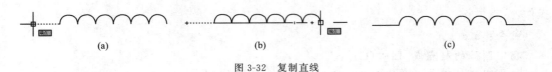

(a)　　　　　　　　(b)　　　　　　　　(c)

图 3-32　复制直线

3.4.3　二极管

【绘图提示】

(0)打开"对象捕捉"▢； (1)⬡多边形，正三角形，边长 30； (2)╱直线； (3)🔾复制； (4)╱直线，30； (5)✛移动。

(1)单击"绘图"工具栏中"多边形"按钮图标⬡，按照命令行提示进行操作：

命令：_polygon

输入边的数目 ＜4＞：3(输入边数"3")

指定正多边形的中心点或[边(E)]：E(选择以"边"的形式绘制)

指定边的第一个端点：(指定任意一点)

指定边的第二个端点：@30,0(输入相对坐标，确定边的另一点，按＜回车＞键)

效果如图 3-33 所示。

(2)单击"绘图"工具栏中的"直线"按钮图标╱，按照命令行提示进行操作：

命令：_line

指定第一点：[捕捉三角形端点，如图 3-34(a)所示]

指定下一点或[放弃(U)]：[捕捉三角形底边中点，如图 3-34(b)所示]

指定下一点或[放弃(U)]：@0,30(输入相对坐标，确定直线另一点)

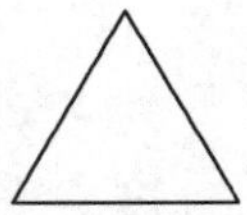

图 3-33　绘制三角形

效果如图 3-34(c)所示。

(3)单击"编辑"工具栏中"复制"按钮图标🔖,按照命令行提示进行操作:

命令:_copy

选择对象:找到 1 个 (选中直线)

选择对象:

当前设置:复制模式 = 多个

指定基点或[位移(D)/模式(O)]＜位移＞:[捕捉直线端点,如图 3-35(a)所示]

指定第二个点或＜使用第一个点作为位移＞:[捕捉三角形顶点,如图 3-35(b)所示]

指定第二个点或[退出(E)/放弃(U)]＜退出＞:(按＜回车＞键)

效果如图 3-35(c)所示。

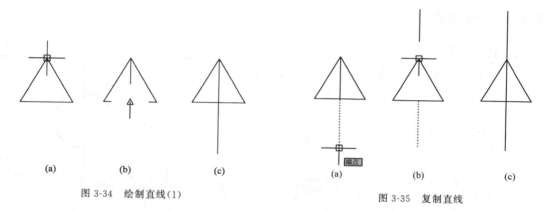

图 3-34　绘制直线(1)

图 3-35　复制直线

(4)单击"绘图"工具栏中的"直线"按钮图标✏,按照命令行提示进行操作:

命令:_line

指定第一点:[捕捉三角形顶点,如图 3-36(a)所示]

指定下一点或[放弃(U)]:@30,0 (输入相对坐标,确定直线另一点)

指定下一点或[放弃(U)]:(按＜回车＞键)

效果如图 3-36(b)所示。

(5)单击"编辑"工具栏中的"移动"按钮图标✥,按照命令行提示进行操作:

命令:_move

选择对象:找到 1 个 (选中直线)

选择对象:

指定基点或[位移(D)]＜位移＞:[捕捉直线中点,如图 3-37(a)所示]

指定第二个点或＜使用第一个点作为位移＞:[捕捉三角形顶点,按＜回车＞键,如图 3-37(b)所示]

效果如图 3-37(c)所示。

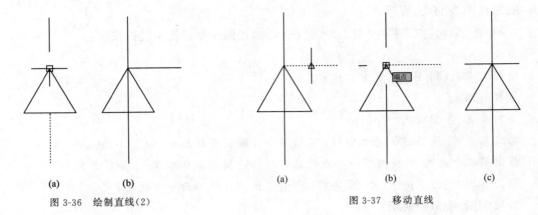

图 3-36 绘制直线(2)　　　　　　　　　　图 3-37 移动直线

3.4.4 电抗器

【绘图提示】

(0)打开"对象捕捉" ▢ ; (1) ⊙ 圆,半径 15; (2) ✎ 直线,90; (3) ✚ 移动; (4) ✎ 直线; (5) ⊬ 修剪。	

(1)单击"绘图"工具栏中的"圆"按钮图标 ⊙ ,按照命令行提示进行操作:

命令:_circle

指定圆的圆心或[三点(3P)/两点(2P)/切点、切点、半径(T)]:(任意指定一点为圆心)

指定圆的半径或[直径(D)]<60.0000>:15(输入"15"作为圆的半径,按<回车>键)

效果如图 3-38 所示。

(2)单击"绘图"工具栏中的"直线"按钮图标 ✎ ,按照命令行提示进行操作:

命令:_line

指定第一点:(任意指定一点)

指定下一点或[放弃(U)]:@0,−90(输入相对坐标,确定直线另一点)

指定下一点或[放弃(U)]:(按<回车>键)

效果如图 3-39 所示。

图 3-38 绘制圆　　　　　　　　图 3-39 绘制直线(1)

(3)单击"编辑"工具栏中的"移动"按钮图标✤,按照命令行提示进行操作:

命令:_move

选择对象:找到 1 个(选中直线)

选择对象:(按<回车>键)

指定基点或[位移(D)]<位移>:[捕捉直线中点,如图 3-40(a)所示]

指定第二个点或 <使用第一个点作为位移>:[捕捉圆心,如图 3-40(b)所示]

效果如图 3-40(c)所示。

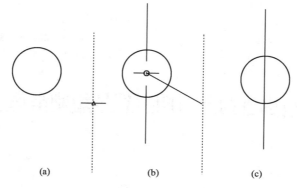

(a)　　　　　(b)　　　　　(c)

图 3-40　移动直线

(4)单击"绘图"工具栏中的"直线"按钮图标╱,按照命令行提示进行操作:

命令:_line

指定第一点:[捕捉圆的象限点,如图 3-41(a)所示]

指定下一点或[放弃(U)]:[捕捉圆心,如图 3-41(b)所示]

指定下一点或[放弃(U)]:(按<回车>键)

效果如图 3-41(c)所示。

(5)单击"编辑"工具栏中"修剪"按钮图标✄;按照命令行提示进行操作:

命令:_trim

当前设置:投影=UCS,边=无

选择剪切边…

选择对象或 <全部选择>:(按<回车>键)

选择要修剪的对象,或按住 Shift 键选择要延伸的对象,或[栏选(F)/窗交(C)/投影(P)/边(E)/删除(R)/放弃(U)]:[在要修剪的圆弧上单击,如图 3-42(a)所示,效果如图 3-42(b) 所示]

选择要修剪的对象,或按住 Shift 键选择要延伸的对象,或[栏选(F)/窗交(C)/投影(P)/边(E)/删除(R)/放弃(U)]:[在要修剪的直线上单击,如图 3-42(c)所示]

选择要修剪的对象,或按住 Shift 键选择要延伸的对象,或[栏选(F)/窗交(C)/投影(P)/边(E)/删除(R)/放弃(U)]:(按<回车>键)

效果如图 3-42(d)所示。

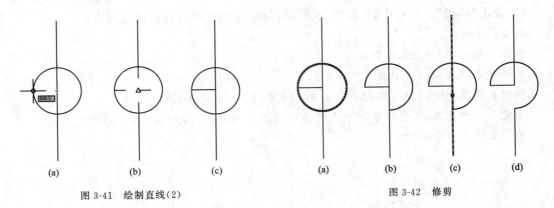

图 3-41 绘制直线(2)　　　　　　　　　　　图 3-42 修剪

3.5 其他常用电气简图用图形符号绘制举例

3.5.1 避雷器

【绘图提示】

(0)打开"对象捕捉"□;

(1)□矩形,20×40;

(2)╱直线,30;

(3)⅗复制;

(4)⊃多段线。

(1)单击"绘图"工具栏中的"矩形"按钮图标□,按照命令行提示进行操作：

命令:_rectang

指定第一个角点或[倒角(C)/标高(E)/圆角(F)/厚度(T)/宽度(W)]:(任意指定一点)

指定另一个角点或[面积(A)/尺寸(D)/旋转(R)]:@20,40(输入相对坐标,确定矩形另一对角点)

效果如图 3-43 所示。

(2)单击"绘图"工具栏中的"直线"按钮图标╱,按照命令行提示进行操作：

命令:_line

指定第一点:(捕捉矩形短边中点,如图 3-44(a)所示)

指定下一点或[放弃(U)]:@0,30 (输入相对坐标,确定直线另一点)

指定下一点或[放弃(U)]:(按<回车>键)

效果如图 3-44(b)所示。

图 3-43　绘制矩形　　　　　　　　　图 3-44　绘制直线

（3）单击"编辑"工具栏中的"复制"按钮图标，按照命令行提示进行操作：

命令：_copy

选择对象：找到 1 个（选中直线）

选择对象：（按＜回车＞键）

当前设置：复制模式 = 多个

指定基点或［位移（D）/模式（O）］＜位移＞：［捕捉直线端点，如图 3-45（a）所示］

指定第二个点或 ＜使用第一个点作为位移＞：［捕捉矩形底边中点，如图 3-45（b）所示］

指定第二个点或［退出（E）/放弃（U）］＜退出＞：（按＜回车＞键）

效果如图 3-45（c）所示。

（4）单击"绘图"工具栏中的"多段线"按钮图标，按照命令行提示进行操作：

命令：_pline

指定起点：［捕捉矩形短边中点，如图 3-46（a）所示］

当前线宽为 0.0000

指定下一个点或［圆弧（A）/半宽（H）/长度（L）/放弃（U）/宽度（W）］：@0，－8（输入相对坐标）

指定下一点或［圆弧（A）/闭合（C）/半宽（H）/长度（L）/放弃（U）/宽度（W）］：W（输入"W"，选择线宽）

指定起点宽度 ＜0.0000＞：8（输入起点线宽"8"）

指定端点宽度 ＜8.0000＞：0（输入端点线宽"0"）

指定下一点或［圆弧（A）/闭合（C）/半宽（H）/长度（L）/放弃（U）/宽度（W）］：@0，－20（输入相对坐标，确定箭头长度）

指定下一点或［圆弧（A）/闭合（C）/半宽（H）/长度（L）/放弃（U）/宽度（W）］：（按＜回车＞键）

效果如图 3-46（b）所示。

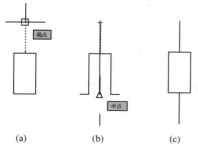

图 3-45　复制直线

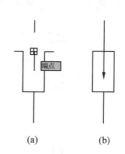

图 3-46　绘制多段线（箭头）

3.5.2 电压互感器

【绘图提示】

（0）打开"对象捕捉"▢； （1）⊙圆，半径30； （2）╱直线，30； （3）⚎镜像。	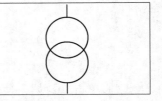

（1）单击"绘图"工具栏中的"圆"按钮图标⊙，按照命令行提示进行操作：

命令：_circle

指定圆的圆心或［三点（3P）/两点（2P）/切点、切点、半径（T）］：（任意指定一点为圆心）

指定圆的半径或［直径（D）］＜60.0000＞:30（输入"30"作为圆的半径，按＜回车＞键）

效果如图 3-47 所示。

（2）单击"绘图"工具栏中的"直线"按钮图标╱，按照命令行提示进行操作：

命令：_line

指定第一点：（捕捉圆的象限点，如图 3-48（a）所示）

指定下一点或［放弃（U）］：@0,30（输入相对坐标，确定直线另一点）

指定下一点或［放弃（U）］：（按＜回车＞键）

效果如图 3-48（b）所示。

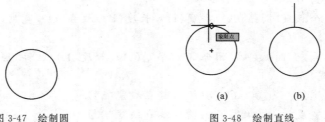

图 3-47　绘制圆　　　　　　　　　　图 3-48　绘制直线

（3）单击"编辑"工具栏中的"镜像"按钮图标⚎，按照命令行提示进行操作：

命令：_mirror

选择对象：指定对角点：找到 2 个（选中直线和圆）

选择对象：（按＜回车＞键）

指定镜像线的第一点：［捕捉圆偏下方位置上一点，如图 3-49（a）所示］

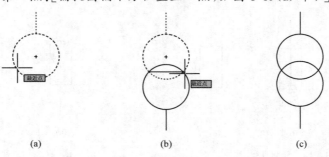

(a)　　　　　　　　　(b)　　　　　　　　　(c)

图 3-49　镜像圆和直线

指定镜像线的第二点:＜正交 开＞［将正交模式打开,捕捉圆偏下方位置另一点,如图 3-49(b)所示］

要删除源对象吗?［是(Y)/否(N)］＜N＞:(按＜回车＞键)

效果如图 3-49(c)所示。

3.5.3　三绕组变压器

【绘图提示】

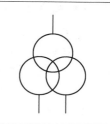

(0)打开"对象捕捉"🔲;

(1)⊘圆,半径 30;

(2)🔠阵列,环形阵列,3(可打开 ⟋ 圆心、起点、角度 对象捕捉追踪);

(3)╱直线,30;

(4)🔏复制。

(1)单击"绘图"工具栏中的"圆"按钮图标⊘,按照命令行提示进行操作:

命令:_circle

指定圆的圆心或［三点(3P)/两点(2P)/切点、切点、半径(T)］:(任意指定一点,为圆心)

指定圆的半径或［直径(D)］＜60.0000＞:30(输入"30"作为圆的半径,按＜回车＞键)

效果如图 3-50 所示。

(2)单击"修改"工具栏中"阵列"按钮右边的三角,弹出子工具,选择"环形阵列",在视图中选择对象(选中圆),按＜回车＞键。

命令:_array

选择对象,按＜回车＞键或右击,输入阵列类型为"极轴"。

图 3-50　绘制圆

然后指定阵列的中心点,中心点是指选中图形按圆形排列的圆的中心点,在本例中,打开"对象捕捉追踪",在通过选择对象圆心的垂直追踪线上,圆的下象限点偏上的一点如图 3-51(c)所示,单击,在弹出"阵列"对话框中,设定"项目数"为 3,"填充"为 360,"介于"自动填充为 120,如图 3-51(a)所示。

效果如图 3-51(d)所示。

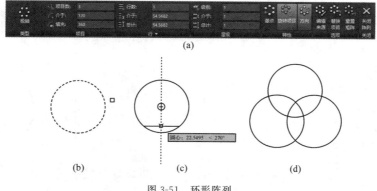

(a)

(b)　　　　(c)　　　　(d)

图 3-51　环形阵列

（3）单击"绘图"工具栏中的"直线"按钮图标✎，按照命令行提示进行操作：

命令：_line

指定第一点：〔捕捉圆的象限点，如图3-52（a）所示〕

指定下一点或〔放弃（U）〕：@0,30（输入相对坐标，确定直线另一点）

指定下一点或〔放弃（U）〕：（按＜回车＞键）

效果如图3-52（b）所示。

（4）单击"编辑"工具栏中的"复制"按钮图标

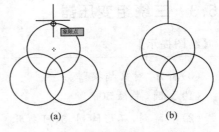

✎，按照命令行提示进行操作：

命令：_copy

选择对象：找到 1 个（选中直线）

选择对象：（按＜回车＞键）

当前设置：复制模式 ＝ 多个

图 3-52 绘制直线

指定基点或〔位移（D）/模式（O）〕＜位移＞：〔捕捉直线端点，如图3-53（a）所示〕

指定第二个点或 ＜使用第一个点作为位移＞：〔捕捉圆的象限点，如图3-53（b）所示〕

指定第二个点或〔退出（E）/放弃（U）〕＜退出＞：〔捕捉圆的象限点，如图3-53（c）所示〕

指定第二个点或〔退出（E）/放弃（U）〕＜退出＞：（按＜回车＞键）

效果如图3-53（d）所示。

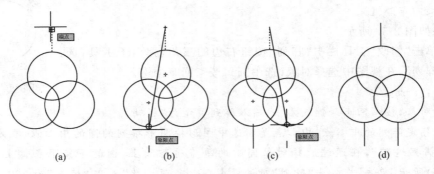

图 3-53 复制直线

3.5.4 三相笼型感应电动机

【绘图提示】

（0）打开"对象捕捉"▣；

（1）⊙圆，半径 45；

（2）✎直线，30；

（3）✎复制；

（4）⤙延伸；

（5）Ａ多行文字。

（1）单击"绘图"工具栏中的"圆"按钮图标⊙，按照命令行提示进行操作：

命令：_circle

指定圆的圆心或[三点(3P)/两点(2P)/切点、切点、半径(T)]:(任意指定一点为圆心)

指定圆的半径或[直径(D)]<60.0000>:45(输入"45"作为圆的半径,按<回车>键)

效果如图 3-54 所示。

(2)单击"绘图"工具栏中的"直线"按钮图标╱,按照命令行提示进行操作:

命令:_line

指定第一点:[捕捉圆的象限点,如图 3-55(a)所示]

指定下一点或[放弃(U)]:@0,30(输入相对坐标,确定直线另一点)

指定下一点或[放弃(U)]:(按<回车>键)

效果如图 3-55(b)所示。

(3)单击"编辑"工具栏中的"复制"按钮图标⅋,按照命令行提示进行操作:

命令:_copy

选择对象:找到 1 个(选中直线)

选择对象:(按<回车>键)

当前设置:复制模式 = 多个

指定基点或[位移(D)/模式(O)]<位移>:[捕捉直线端点,如图 3-56(a)所示]

指定第二个点或 <使用第一个点作为位移>:@—30,0(输入相对坐标,确定直线另一点)

指定第二个点或[退出(E)/放弃(U)]<退出>:@30,0(输入相对坐标,确定直线另一点)

指定第二个点或[退出(E)/放弃(U)]<退出>:(按<回车>键)

效果如图 3-56(b)所示。

图 3-54　绘制圆

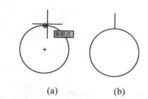

(a)　　　　(b)

图 3-55　绘制直线

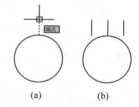

(a)　　　　(b)

图 3-56　复制直线

(4)单击"编辑"工具栏中的"延伸"按钮图标—╱,按照命令行提示进行操作:

命令:_extend

当前设置:投影=UCS,边=无

选择边界的边...

选择对象或 <全部选择>:找到 1 个[选择圆作为边界,按<回车>键,如图 3-57(a)所示]

选择对象:

选择要延伸的对象,或按住 Shift 键选择要修剪的对象,或[栏选(F)/窗交(C)/投影(P)/边(E)/放弃(U)]:[在要延伸的直线上,靠边界的一边单击,如图 3-57(b)所示]

选择要延伸的对象,或按住 Shift 键选择要修剪的对象,或[栏选(F)/窗交(C)/投影(P)/边(E)/放弃(U)]:[在要延伸的直线上,靠边界的一边单击,如图 3-57(c)所示]

选择要延伸的对象,或按住 Shift 键选择要修剪的对象,或[栏选(F)/窗交(C)/投影

(P)/边(E)/放弃(U)]:(按<回车>键)

效果如图 3-57(d)所示。

(5)单击"多行文字"按钮图标 **A**,输入文字"M(按<回车>键)3~",如图 3-58(a)所示。

效果如图 3-58(b)所示。

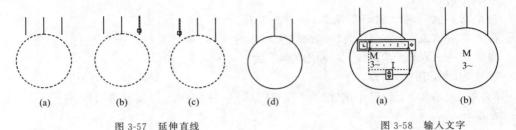

图 3-57 延伸直线   图 3-58 输入文字

3.5.5 三相绕线型异步电动机

【绘图提示】

(0)打开"对象捕捉" ⬜ ;

(1) ◷圆,半径 45;

(2) ◷圆,半径 35;

(3) ╱直线,30;

(4) ⌗复制;

(5) ⌗复制;

(6) ⊸延伸;

(7) ⊸延伸;

(8) **A** 多行文字。

(1)单击"绘图"工具栏中的"圆"按钮图标 ◷ ,按照命令行提示进行操作:

命令:_circle

指定圆的圆心或[三点(3P)/两点(2P)/切点、切点、半径(T)]:(任意指定一点,为圆心)

指定圆的半径或[直径(D)]<60.0000>:45(输入"45"作为圆的半径,按<回车>键)

效果如图 3-59 所示。

(2)单击"绘图"工具栏中的"圆"按钮图标 ◷ ,按照命令行提示进行操作:

命令:_circle

指定圆的圆心或[三点(3P)/两点(2P)/切点、切点、半径(T)]:[捕捉圆心,如图 3-60(a)所示]

指定圆的半径或[直径(D)]<60.0000>:35(输入"35"作为圆的半径,按<回车>键)

效果如图 3-60(b)所示。

(3)单击"绘图"工具栏中的"直线"按钮图标 ╱ ,按照命令行提示进行操作:

命令:_line

指定第一点:[捕捉圆的象限点,如图 3-61(a)所示]

指定下一点或［放弃(U)］:@0,30(输入相对坐标,确定直线另一点)

指定下一点或［放弃(U)］:(按＜回车＞键)

效果如图 3-61(b)所示。

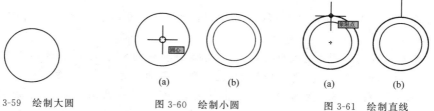

图 3-59　绘制大圆　　　　图 3-60　绘制小圆　　　　图 3-61　绘制直线

(4)单击"编辑"工具栏中的"复制"按钮图标🖧,按照命令行提示进行操作:

命令:_copy

选择对象:找到 1 个(选中直线)

选择对象:(按＜回车＞键)

当前设置:复制模式 ＝ 多个

指定基点或［位移(D)/模式(O)］＜位移＞:［捕捉直线端点,如图 3-62(a)所示］

指定第二个点或 ＜使用第一个点作为位移＞:@－30,0(输入相对坐标,确定直线另一点)

指定第二个点或［退出(E)/放弃(U)］＜退出＞:@30,0(输入相对坐标,确定直线另一点)

指定第二个点或［退出(E)/放弃(U)］＜退出＞:(按＜回车＞键)

效果如图 3-62(b)所示。

(5)单击"编辑"工具栏中的"复制"按钮图标🖧,按照命令行提示进行操作:

命令:_copy

选择对象:找到 3 个(选中 3 条直线)

选择对象:(按＜回车＞键)

当前设置:复制模式 ＝ 多个

指定基点或［位移(D)/模式(O)］＜位移＞:［捕捉直线端点,如图 3-63(a)所示］

指定第二个点或 ＜使用第一个点作为位移＞:［捕捉圆的象限点,如图 3-63(b)所示］

指定第二个点或［退出(E)/放弃(U)］＜退出＞:(按＜回车＞键)

效果如图 3-63(c)所示。

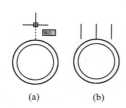

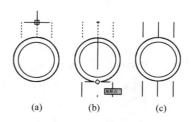

　　图 3-62　复制直线(1)　　　　　　图 3-63　复制直线(2)

(6)单击"编辑"工具栏中的"延伸"按钮图标✍,按照命令行提示进行操作:

命令:_extend

当前设置:投影＝UCS,边＝无

选择边界的边...

选择对象或 ＜全部选择＞:找到 1 个(选择大圆作为边界,按＜回车＞键)

选择对象:

选择要延伸的对象,或按住 Shift 键选择要修剪的对象,或[栏选(F)/窗交(C)/投影(P)/边(E)/放弃(U)]:[在要延伸的直线上,靠边界的一边单击,如图 3-64(a)所示]

选择要延伸的对象,或按住 Shift 键选择要修剪的对象,或[栏选(F)/窗交(C)/投影(P)/边(E)/放弃(U)]:[在要延伸的直线上,靠边界的一边单击,如图 3-64(b)所示]

选择要延伸的对象,或按住 Shift 键选择要修剪的对象,或[栏选(F)/窗交(C)/投影(P)/边(E)/放弃(U)]:[按＜回车＞键,按＜回车＞键前效果如图 3-64(c)所示]

效果如图 3-64(d)所示。

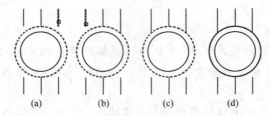

图 3-64　延伸直线(1)

(7)单击"编辑"工具栏中的"延伸"按钮,按照命令行提示进行操作:

命令:_extend

当前设置:投影＝UCS,边＝无

选择边界的边...

选择对象或 ＜全部选择＞:找到 1 个[选择小圆作为边界,按＜回车＞键,如图 3-65(a)所示]

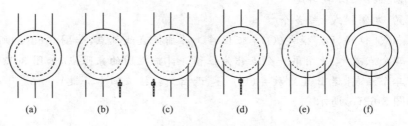

图 3-65　延伸直线(2)

选择对象:

选择要延伸的对象,或按住 Shift 键选择要修剪的对象,或[栏选(F)/窗交(C)/投影(P)/边(E)/放弃(U)]:[在要延伸的直线上,靠边界的一边单击,如图 3-65(b)所示]

选择要延伸的对象,或按住 Shift 键选择要修剪的对象,或[栏选(F)/窗交(C)/投影(P)/边(E)/放弃(U)]:[在要延伸的直线上,靠边界的一边单击,如图 3-65(c)所示]

选择要延伸的对象,或按住 Shift 键选择要修剪的对象,或[栏选(F)/窗交(C)/投影(P)/边(E)/放弃(U)]:[在要延伸的直线上,靠边界的一边单击,如图 3-65(d)所示]

选择要延伸的对象，或按住 Shift 键选择要修剪的对象，或[栏选(F)/窗交(C)/投影(P)/边(E)/放弃(U)]：[按＜回车＞键，按＜回车＞键前效果如图 3-65(e)所示]

效果如图 3-65(f)所示。

(8)单击"多行文字"按钮图标 **A**，输入文字"M(按＜回车＞键)3～"，如图 3-66(a)所示。

效果如图 3-66(b)所示。

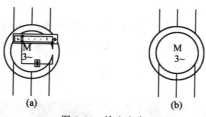

图 3-66　输入文字

3.5.6　星形接绕组

【绘图提示】

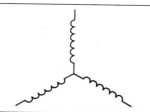

(0)参照电感绘制方法，绘出电感符号；

(1)⟳ 旋转，90°，将电感竖直放置；

(2)⊞ 阵列，环形阵列，项目总数 3。

(1)单击"编辑"工具栏中的"旋转"按钮图标⟳，按照命令行提示进行操作：

命令：_rotate

UCS 当前的正角方向：　ANGDIR＝逆时针　ANGBASE＝0

选择对象：指定对角点：找到 13 个[选中图形符号，如图 3-67(a)中虚线图形所示]

选择对象：(按＜回车＞键)

指定基点：[选中端点，如图 3-67(a)所示]

指定旋转角度，或[复制(C)/参照(R)]＜270＞：90(输入"90"，确定旋转角度)

命令：(按＜回车＞键)

效果如图 3-67(b)所示。

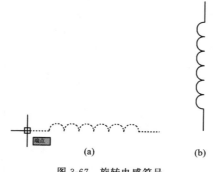

图 3-67　旋转电感符号

（2）单击"编辑"工具栏中的"阵列"按钮，按照命令行提示进行操作：

命令：_array

选择对象：指定对角点：找到 13 个

选择对象：

单击"修改"工具栏中"环形阵列"按钮，在视图中选择对象（电感），按＜回车＞键。

命令：_array

选择对象，选取 13 个，按＜回车＞键或右击，输入阵列类型为"极轴"。然后指定电感下边端点为阵列的中心点，在弹出"阵列"对话框中，设定"项目数"为 3，"填充"为 360，"介于"自动填充为 120，如图 3-68（a）所示。

效果如图 3-68（d）所示。

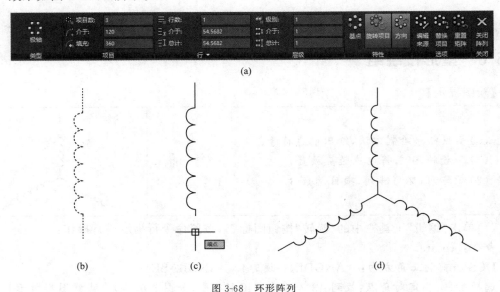

(a)

(b)　　　　　(c)　　　　　(d)

图 3-68　环形阵列

3.5.7　三角形接绕阻

【绘图提示】

| （0）参照电感绘制方法，绘出电感符号；
（1）⬠多边形，绘制三角形；
（2）✛移动；
（3）❀复制；
（4）▦对齐；
（5）▦对齐；
（6）▦对齐；
（7）✎删除。
（8）✐直线；
（9）✐直线；
（10）❀复制。 | |

(1)单击"绘图"工具栏中"多边形"按钮图标⬡,按照命令行提示进行操作:

命令:_polygon

输入边的数目＜4＞:3

指定正多边形的中心点或[边(E)]:E

指定边的第一个端点:[捕捉图形端点,如图3-69(a)所示]

指定边的第二个端点:[捕捉图形另一端点,如图3-69(b)所示]

效果如图3-69(c)所示。

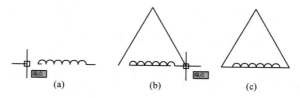

图3-69　绘制三角形

(2)单击"编辑"工具栏中的"移动"按钮图标✥,按照命令行提示进行操作:

命令:_move

选择对象:指定对角点:找到13个(选中电感符号)

选择对象:

指定基点或[位移(D)]＜位移＞:

指定第二个点或＜使用第一个点作为位移＞:

效果如图3-70所示。

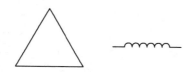

图3-70　移动电感符号

(3)单击"编辑"工具栏中的"复制"按钮图标⬡,按照命令行提示进行操作:

命令:_copy

选择对象:指定对角点:找到13个[选中电感符号,如图3-71(a)所示]

选择对象:

当前设置:复制模式 = 多个

指定基点或[位移(D)/模式(O)]＜位移＞:

指定第二个点或＜使用第一个点作为位移＞:

指定第二个点或[退出(E)/放弃(U)]＜退出＞:

指定第二个点或[退出(E)/放弃(U)]＜退出＞:(按＜回车＞键)

效果如图3-71(b)所示。

(4)单击"修改"工具栏中的"对齐"按钮图标,按照命令行提示进行操作:

命令:_align

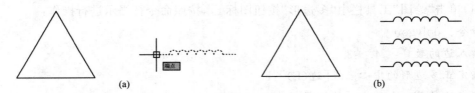

图 3-71　复制电感符号

选择对象:指定对角点:找到 13 个(选中一个电感符号)

选择对象:

指定第一个源点:[捕捉端点,如图 3-72(a)所示]

指定第一个目标点:[捕捉端点,如图 3-72(b)所示]

指定第二个源点:[捕捉端点,如图 3-72(c)所示]

指定第二个目标点:[捕捉端点,如图 3-72(d)所示]

指定第三个源点或 <继续>:(按<回车>键)

是否基于对齐点缩放对象?[是(Y)/否(N)]<否>:(按<回车>键)

效果如图 3-72(e)所示。

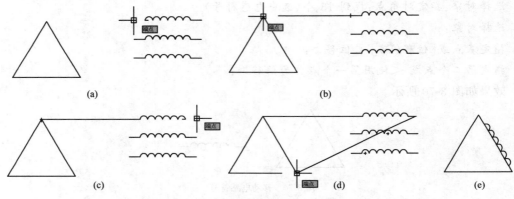

图 3-72　对齐第一个电感符号

(5)单击"修改"工具栏中的"对齐"按钮图标 ,按照命令行提示进行操作:

命令:_align

选择对象:指定对角点:找到 13 个(选中一个电感符号)

选择对象:

指定第一个源点:[捕捉端点,如图 3-73(a)所示]

指定第一个目标点:[捕捉端点,如图 3-73(b)所示]

指定第二个源点:[捕捉端点,如图 3-73(c)所示]

指定第二个目标点:[捕捉端点,如图 3-73(d)所示]

指定第三个源点或 <继续>:(按<回车>键)

是否基于对齐点缩放对象?[是(Y)/否(N)]<否>:(按<回车>键)

效果如图 3-73(e)所示。

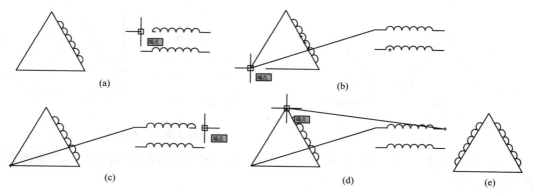

图 3-73   对齐第二个电感符号

（6）单击"修改"工具栏中的"对齐"按钮图标🔲，按照命令行提示进行操作：

命令：_align

选择对象：指定对角点：找到 13 个（选中一个电感符号）

选择对象：

指定第一个源点：[捕捉端点，如图 3-74（a）所示]

指定第一个目标点：[捕捉端点，如图 3-74（a）所示]

指定第二个源点：[捕捉端点，如图 3-74（b）所示]

指定第二个目标点：[捕捉端点，如图 3-74（b）所示]

指定第三个源点或 ＜继续＞：（按＜回车＞键）

是否基于对齐点缩放对象？[是（Y）/否（N）]＜否＞：（按＜回车＞键）

效果如图 3-74（c）所示。

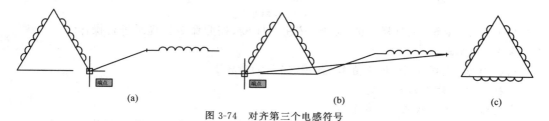

图 3-74   对齐第三个电感符号

（7）单击"编辑"工具栏中的"删除"按钮图标✎，按照命令行提示进行操作：

命令：_erase

选择对象：找到 1 个 [选中三角形，按＜回车＞键，如图 3-75（a）所示]

效果如图 3-75（b）所示。

（8）单击"绘图"工具栏中的"直线"按钮图标✎，按照命令行提示进行操作：

命令：_line

指定第一点：[捕捉端点，如图 3-76（a）所示]

指定下一点或[放弃（U）]：@0，180（输入相对坐标，确定直线另一点）

指定下一点或[放弃（U）]：（按＜回车＞键）

效果如图 3-76（b）所示。

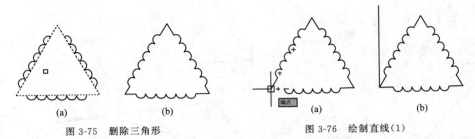

图 3-75　删除三角形　　　　图 3-76　绘制直线(1)

(9)单击"绘图"工具栏中的"直线"按钮图标✐,打开"对象捕捉追踪"图标✐,按照命令行提示进行操作：

命令：_line

指定第一点：[捕捉端点，如图 3-77(a)所示]

指定下一点或[放弃(U)]：[通过对象追踪，确定直线另一点，如图 3-77(b)所示]

指定下一点或[放弃(U)]：(按<回车>键)

效果如图 3-77(c)所示。

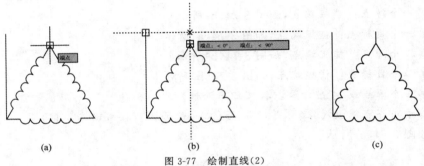

图 3-77　绘制直线(2)

(10)单击"编辑"工具栏中的"复制"按钮图标❃,按照命令行提示进行操作：

命令：_copy

选择对象：找到 1 个[选中直线，如图 3-78(a)所示]

选择对象：(按<回车>键)

当前设置：复制模式 = 多个

指定基点或[位移(D)/模式(O)]<位移>：[捕捉端点，如图 3-78(a)所示]

指定第二个点或 <使用第一个点作为位移>：[捕捉端点，如图 3-78(b)所示]

指定第二个点或[退出(E)/放弃(U)]<退出>：(按<回车>键)

效果如图 3-78(c)所示。

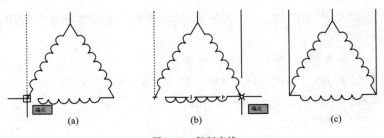

图 3-78　复制直线

第4章

常用实用电路的绘制

本章介绍常用实用电路的电气原理图的绘制,给出了基本的绘图步骤供读者参考。

找到属于自己的人生价值
大国匠心 |
0.01秒提速背后

4.1　电动机自动往复循环控制电路

4.1.1　工作原理

电动机自动往复循环控制电路的电气原理图如图4-1所示。主电路由接触器KM1、KM2实现三相电源任意两相的调换,以实现两个方向的稳定运行。但要求KM1、KM2不能同时动作,以避免电源相间短路。

其特点是由两个单向运行控制部分组成,两部分之间通过将各自的常闭触点串接在对方的工作电路中来实现互锁。在正反转控制电路中加入行程开关SQ1、SQ2,并以此作为电动机的换向指令,得到电动机自动往复循环控制电路。该电路同时具备接触器和行程开关双重互锁,能进一步保证电路安全、可靠。

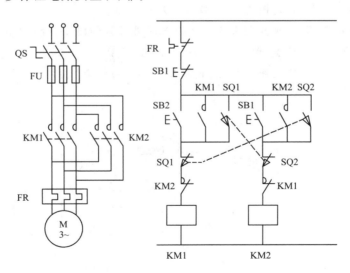

图4-1　电动机自动往复循环控制电路电气原理图

4.1.2 电路绘制

(1)单击"直线"按钮图标 ✐,绘制一条直线,长为 20,如图 4-2(a)所示。

(2)单击"复制"按钮图标 ⚙,捕捉如图 4-2(b)所示端点,在垂直追踪下输入距离"40",效果如图 4-2(c)所示。

(3)单击"直线"按钮图标 ✐,捕捉端点,在动态输入开启状态下输入"25＜120",如图 4-3 所示。

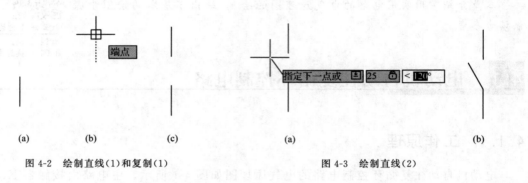

图 4-2 绘制直线(1)和复制(1)   图 4-3 绘制直线(2)

(4)单击"圆弧"按钮图标 ⌒,以"起点、端点、角度"方式,捕捉端点,在垂直向上追踪的情况下输入距离"7",输入角度"−180",如图 4-4 所示。命令行提示:

命令:_arc

指定圆弧的起点或[圆心(C)]:[捕捉如图 4-4(a)所示端点]

指定圆弧的第二个点或[圆心(C)/端点(E)]:E

指定圆弧的端点:7[在垂直向上追踪下输入距离"7",如图 4-4(b)所示]

指定圆弧的圆心或[角度(A)/方向(D)/半径(R)]:A

指定包含角:−180[输入圆弧角度,效果如图 4-4(c)所示]

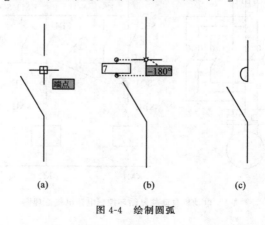

图 4-4 绘制圆弧

（5）单击"阵列"按钮图标，选择"矩形阵列"，"行数"设为 1，"列数"设为 3，"列偏移"设为 15，如图 4-5（a）所示，选择对象，如图 4-5（b）所示，阵列后效果如图 4-5（c）所示。

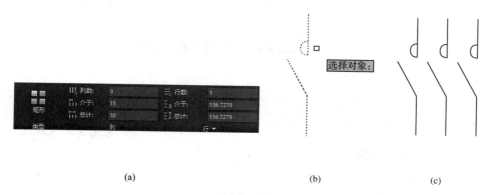

图 4-5　阵列

（6）单击"直线"按钮图标，捕捉中点，绘制一条直线，线型选为虚线，如图 4-6 所示。

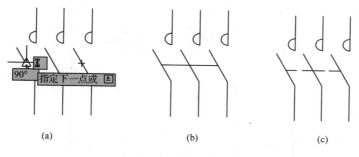

图 4-6　绘制虚线

（7）单击"复制"按钮图标，捕捉端点，在水平追踪下拖动到适当位置，如图 4-7 所示。

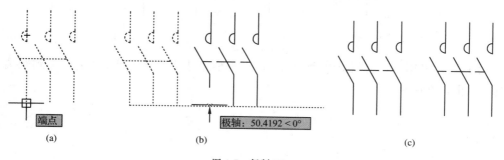

图 4-7　复制（2）

（8）单击"复制"按钮图标，选择如图 4-8（a）中虚线所示对象，捕捉端点，并垂直移动到合适位置，如图 4-8（b）所示，效果如图 4-8（c）所示。

（9）单击"拉伸"按钮图标，以"窗交"方式选择如图 4-9（a）中虚线所示对象，捕捉如图 4-9（b）中点 1 所示端点，拉伸到图 4-9（b）中点 2 所示另一端点，效果如图 4-9（c）所示。

（10）单击"直线"按钮图标，绘制直线，如图 4-10 所示。

（11）单击"矩形"按钮图标，绘制 8×20 的矩形，如图 4-11 所示。

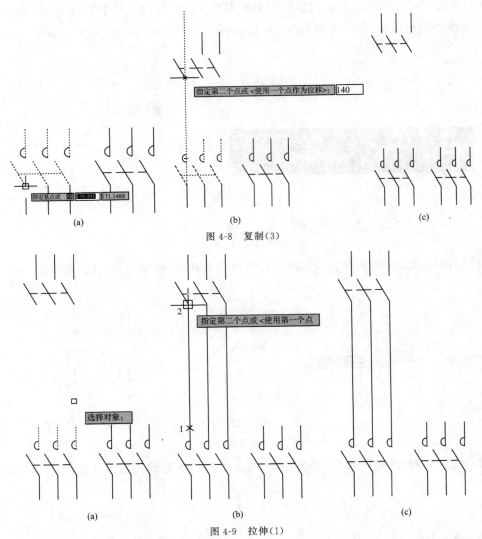

图 4-8　复制(3)

图 4-9　拉伸(1)

(12)单击"复制"按钮图标 ，复制矩形，以矩形上边中点为基点，分别复制到距离 15、30 处，如图 4-12 所示。

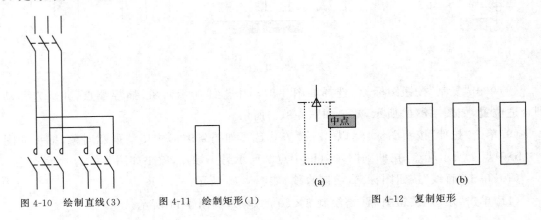

图 4-10　绘制直线(3)　　图 4-11　绘制矩形(1)　　图 4-12　复制矩形

（13）单击"移动"按钮图标 ✛，以第一个矩形上边中点为基点，打开最近点的捕捉，移动到直线上的合适位置，如图 4-13 所示。

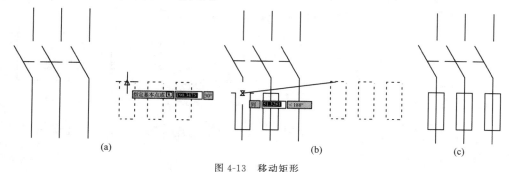

图 4-13　移动矩形

（14）由于熔断器与接触器中间距离过长，可单击"拉伸"按钮图标 ⬚，选择对象，捕捉端点，拉伸到另一端点，如图 4-14 所示。

（15）单击"拉伸"按钮图标 ⬚，选择对象，捕捉端点，拉伸长度 120，如图 4-15 所示。

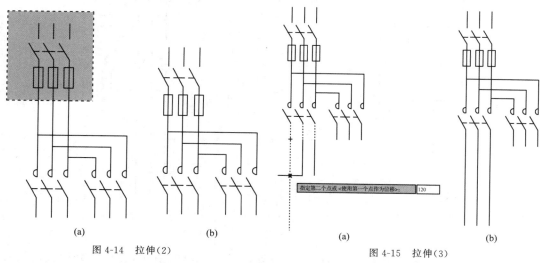

图 4-14　拉伸（2）

图 4-15　拉伸（3）

（16）单击"直线"按钮图标 ╱，绘制直线，如图 4-16 所示。

（17）单击"矩形"按钮图标 ▢，绘制 8×8 的矩形，如图 4-17 所示。

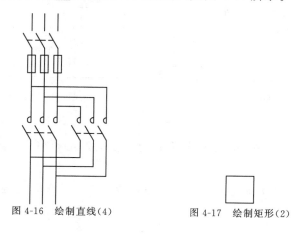

图 4-16　绘制直线（4）

图 4-17　绘制矩形（2）

(18)单击"修剪"按钮图标 ⊬,减去一边,如图 4-18 所示。

(19)单击"复制"按钮图标 ⅗,捕捉端点,分别复制到距离 15、30 处,如图 4-19 所示。

(20)单击"矩形"按钮图标 ▢,绘制合适矩形,如图 4-20 所示。

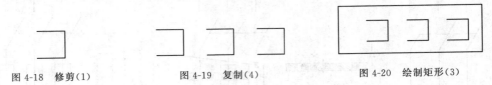

图 4-18　修剪(1)　　　　图 4-19　复制(4)　　　　图 4-20　绘制矩形(3)

(21)单击"移动"按钮图标 ✥,以如图 4-21(a)所示端点为基点,打开最近点的捕捉,移动到直线上的合适位置,如图 4-21 所示。

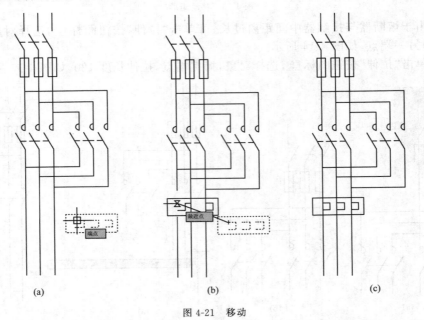

(a)　　　　　　　　(b)　　　　　　　　(c)

图 4-21　移动

(22)单击"修剪"按钮图标 ⊬,选择对象边界,如图 4-22(a)所示,在需要修剪去的线上单击,修剪后效果如图 4-22(b)所示。

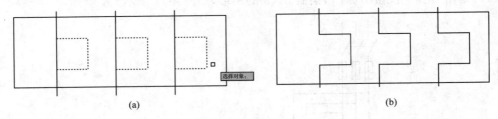

(a)　　　　　　　　　　　　　　(b)

图 4-22　修剪(2)

(23)单击"圆"按钮图标 ⊘,以中间直线上一点为圆心,绘制大小合适的圆,如图 4-23 所示。

(24)单击"修剪"按钮图标 ⊬,选择圆为边界,在需要修剪去的线上单击,如图 4-24 所示。

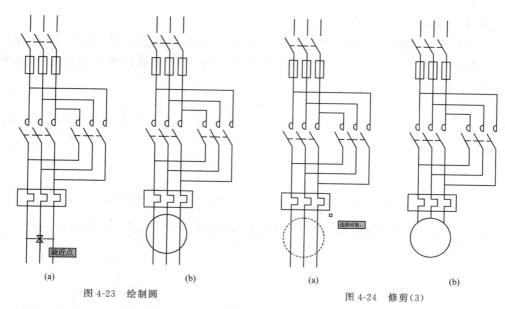

图 4-23   绘制圆

图 4-24   修剪(3)

(25)绘制电源进线端子,单击"圆"按钮图标⊙,以直线端点为圆心,绘制半径为 2 的圆;单击"移动"按钮图标✥,将象限点移动到直线端点;单击"复制"按钮图标⅔,捕捉端点,复制圆,如图 4-25 所示。

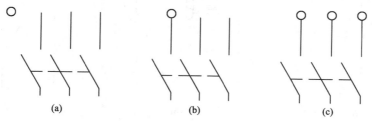

图 4-25   绘制、移动和复制圆

(26)单击"直线"按钮图标╱,绘制隔离开关符号和手柄符号,如图 4-26 所示。主电路总体效果如图 4-27 所示。

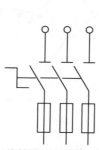

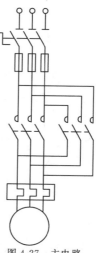

图 4-26   绘制隔离开关符号和手柄符号

图 4-27   主电路

2. 控制电路

（1）单击"复制"按钮图标 ⌗，从主电路中复制一个接触器触头符号，如图 4-28 所示。

（2）单击"复制"按钮图标 ⌗，在接触器两边距离均为 30 处复制两个开关符号，如图 4-29 所示。

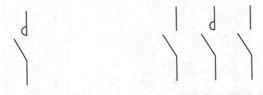

图 4-28　复制接触器触头符号　　　　图 4-29　复制开关符号（1）

（3）单击"复制"按钮图标 ⌗，在开关符号上面再复制一个开关符号，如图 4-30 所示。

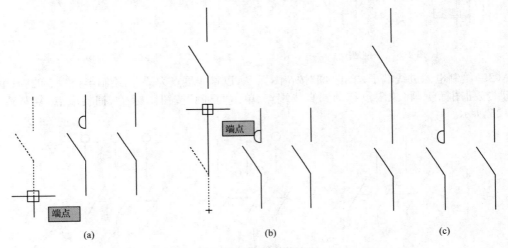

(a)　　　　　　　　　(b)　　　　　　　　　(c)

图 4-30　复制开关符号（2）

（4）单击"镜像"按钮图标 ⚲，选中对象后，镜像并删除原来图形，如图 4-31 所示。

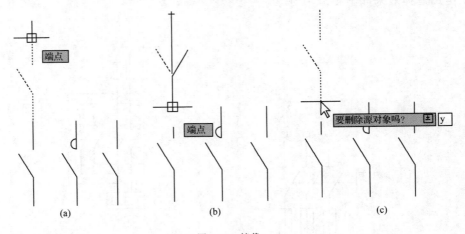

(a)　　　　　　　　　(b)　　　　　　　　　(c)

图 4-31　镜像

（5）单击"直线"按钮图标 ／，添加直线，绘制常闭触点符号，如图 4-32 所示。

（6）单击"复制"按钮图标🖧，复制多个常闭触点符号，如图 4-33 所示。

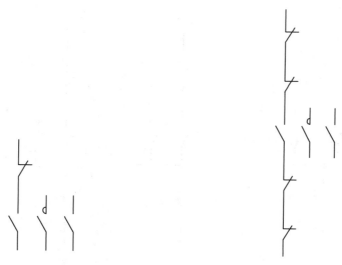

图 4-32　绘制常闭触点符号　　　　　　　　　图 4-33　复制常闭触点符号

（7）单击"直线"按钮图标╱和"复制"按钮图标🖧，绘制开关的标志符号，如图 4-34 所示。

（8）单击"圆弧"按钮图标╭，以"起点、端点、角度"方式，捕捉端点，在垂直向上追踪下输入距离"7"，输入角度"180"，如图 4-35 所示。

（9）单击"矩形"按钮图标▭，绘制 35×25 的矩形，如图 4-36 所示。

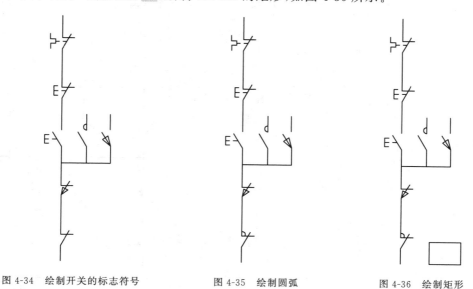

图 4-34　绘制开关的标志符号　　　　图 4-35　绘制圆弧　　　　图 4-36　绘制矩形

（10）单击"移动"按钮图标✛，以矩形上边中点为基点，移动到直线端点，如图 4-37 所示。

（11）单击"直线"按钮图标╱，以矩形底边中点为起点，绘制长度适中的竖线，如图 4-38 所示。

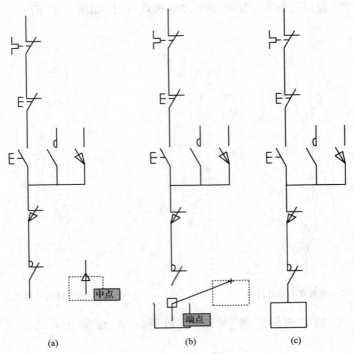

图 4-37 移动矩形

(12)单击"复制"按钮图标 ⚙,选中对象,复制到合适位置,如图 4-39 所示。

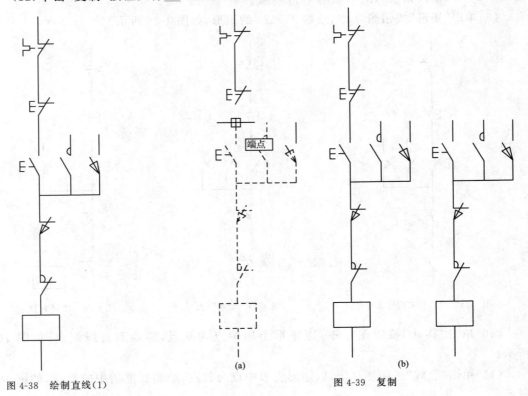

图 4-38 绘制直线(1)

图 4-39 复制

（13）单击"直线"按钮图标 ╱，添加直线，如图 4-40 所示。

（14）选中连接行程开关的两条直线，改成虚线形式，如图 4-41 所示。

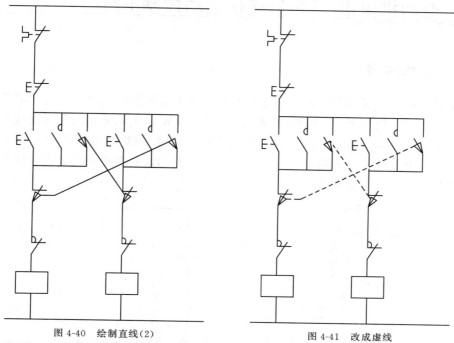

图 4-40　绘制直线（2）　　　　　　　　　　图 4-41　改成虚线

3. 输入文字

（1）单击"多行文字"按钮图标 **A**，输入文字，修改文字高度，使之与图形大小合适，如图 4-42 所示。

（2）单击"复制"按钮图标 ，复制到多个位置，如图 4-43 所示。

（3）修改文字，如图 4-44 所示。

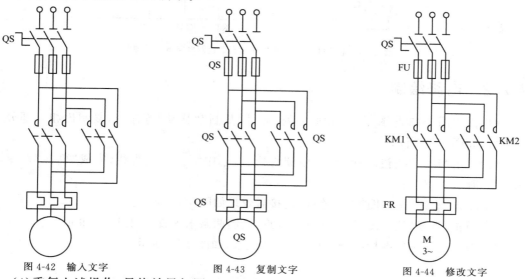

图 4-42　输入文字　　　　　　图 4-43　复制文字　　　　　　图 4-44　修改文字

（4）重复上述操作，最终效果如图 4-1 所示。

4.2　电动机星形-三角形换接启动控制电路

4.2.1　工作原理

　　电动机星形-三角形换接启动控制电路的电气原理图如图 4-45 所示。这种电路仅适用于正常运行时定子绕组接成三角形（Y 系列功率在 4 kW 以上均采用三角形连接），并且定子绕组有 6 个头尾端。由于启动时定子绕组为星形连接，绕组相电压由额定 380 V 降为 220 V，启动转矩只有全压启动时的三分之一，因此这种启动控制电路只适用于像金属切削机床一类轻载或空载启动场合。

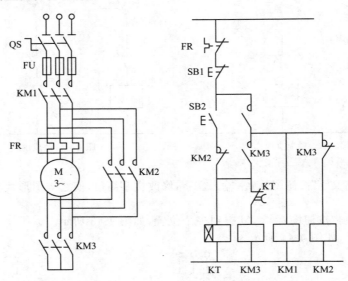

图 4-45　电动机星形-三角形换接启动控制电路电气原理图

4.2.2　电路绘制

　　(1)由于图 4-45 与图 4-1 有相似之处，通过"复制""移动"等命令，复制出相同部分，摆好位置，如图 4-46 所示。

　　(2)单击"延伸"按钮图标-/，选中圆为边界，选中下方三条直线，完成"延伸"命令，如图 4-47 所示。

　　(3)单击"直线"按钮图标／，连线，连接后效果如图 4-48 所示。

　　(4)单击"直线"按钮图标／，捕捉最近点，绘制两条水平直线，如图 4-49 所示。

　　(5)单击"圆"按钮图标⊙，绘制大小合适的圆，如图 4-50 所示。

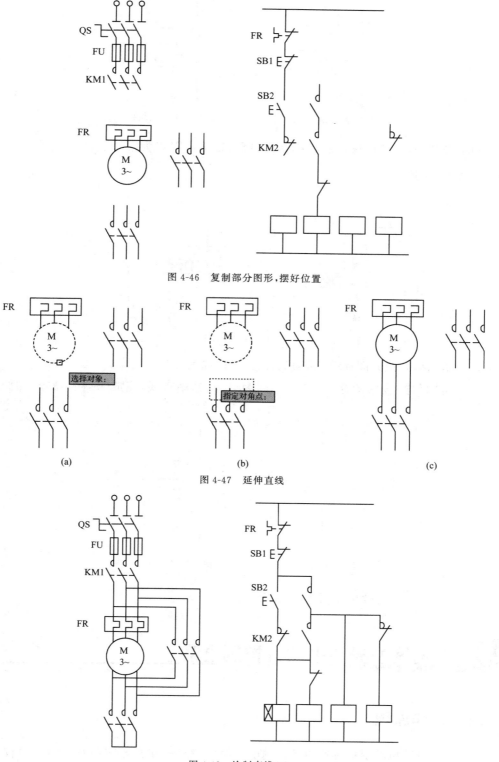

图 4-46　复制部分图形,摆好位置

(a)　　　　　　　　(b)　　　　　　　　(c)

图 4-47　延伸直线

图 4-48　绘制直线(1)

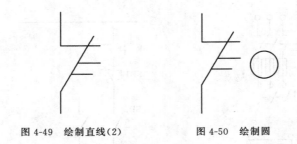

图 4-49　绘制直线(2)　　　　图 4-50　绘制圆

(6)单击"打断"按钮图标□，选择圆为对象，以下象限点为第一点，以上象限点为第二点，如图 4-51 所示。

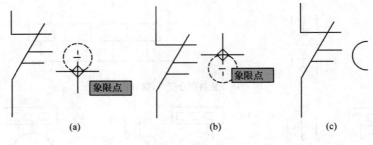

象限点　　　　　　象限点

(a)　　　　　　　(b)　　　　　　　(c)

图 4-51　打断

(7)单击"移动"按钮图标✥，移动到合适位置，如图 4-52 所示。

(8)单击"延伸"按钮图标─┤，选中半圆为边界，选中直线，完成"延伸"命令，如图 4-53 所示。

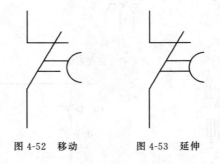

图 4-52　移动　　　　图 4-53　延伸

(9)输入文字，最终效果如图 4-45 所示。

4.3　双速笼型异步电动机控制电路

4.3.1　工作原理

笼型异步电动机的变极调速由于控制电路简单、经济，在机床拖动系统中应用较广，与机械变速器相配合可以获得更宽的调速范围。

图 4-54 所示是一台 2/4 极双速笼型异步电动机的高、低速运行控制电路的电气原理图。图中指令开关 SA 选择低速挡,则 KM1 得电,绕组三角形连接,呈 4 极低速运行。SA 选择高速挡,通电后时间继电器首先得电,紧接着 KM1 得电,电动机低速启动。经过一定延时,KT 延时触点动作,KM1 先释放,然后 KM2 与 KM3 相继接通,定子绕组由三角形连接换成双星形连接,电动机进入 2 极高速运行。

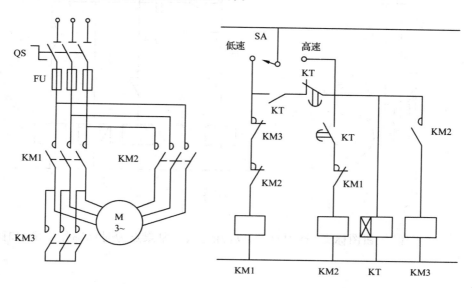

图 4-54　2/4 极双速笼型异步电动机高、低速运行控制电路电气原理图

4.3.2　电路绘制

(1)根据 4.2.2 节的绘图步骤,复制出相同部分,摆好位置,如图 4-55 所示。

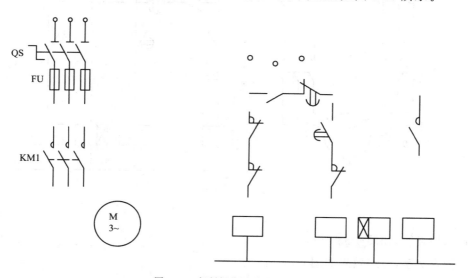

图 4-55　复制部分图形,摆好位置

(2)用"直线"命令连接好大概图形,如图 4-56 所示。

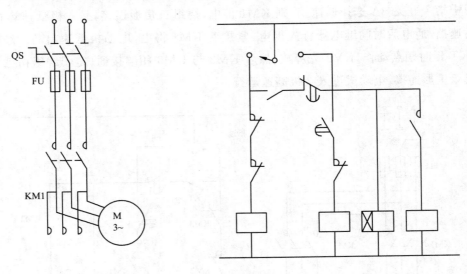

图 4-56　绘制直线(1)

(3)单击"镜像"按钮图标⚹,选中对象,以圆的上、下象限点为对称轴作镜像,如图 4-57 所示。

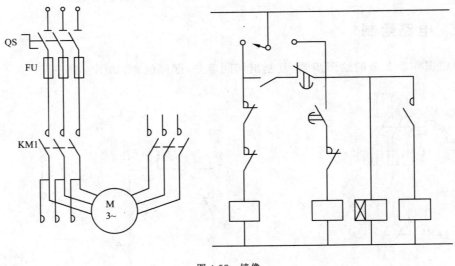

图 4-57　镜像

(4)添加直线,如图 4-58 所示。

(5)输入文字,最终效果如图 4-54 所示。

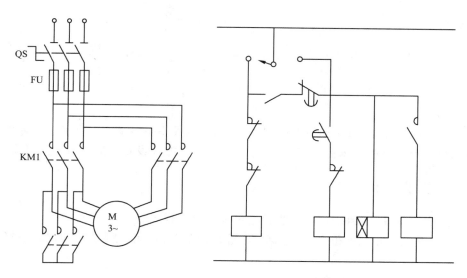

图 4-58　绘制直线(2)

4.4　绕线型异步电动机转子回路外串电阻启动控制电路

4.4.1　工作原理

绕线型异步电动机具有较好的调速性能,并可以通过滑环外串电阻来限制启动电流和提高功率因数与启动转矩。它在启动转矩要求较高和具有良好调速功能的场合得到了广泛应用。

图 4-59 所示是绕线型异步电动机转子回路外串电阻启动控制电路的电气原理图。

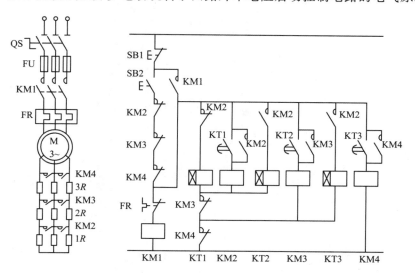

图 4-59　绕线型异步电动机转子回路外串电阻启动控制电路的电气原理图

电路的自动工作过程是:

$$QS^+ \rightarrow SB2^\pm \rightarrow \begin{matrix} KM1^+ \\ KT^+ \end{matrix} \xrightarrow[\text{启动}]{\text{串全部 } R} n\uparrow \xrightarrow[\text{延时到}]{KT1} KM2^+ \xrightarrow{\text{短接 } 1R} \begin{matrix} n\uparrow\uparrow \\ KT1^- \\ KT2^+ \end{matrix} \xrightarrow[\text{延时到}]{KT2} KM3^+ \xrightarrow{\text{短接 } 2R} \begin{matrix} n\uparrow\uparrow\uparrow \\ KM2^- \\ KT2^- \\ KT3^+ \end{matrix} \xrightarrow[\text{延时到}]{KT3} KM4^+$$

$$\xrightarrow{R \text{ 全部切除}} \begin{matrix} n\uparrow^{\;n_N} \\ KM3^- \\ KT3^- \end{matrix}$$

其中 KM2、KM3、KM4 的常闭触点串接在启动按钮 SB2 电路中,其作用是防止因接触器主触头烧结或机械故障未能及时释放,造成直接启动损坏设备与造成事故的可能。

4.4.2 电路绘制

根据前几节介绍的绘图步骤,这里仅给出大概绘图提示。

(1)该电路重复相似处很多,应先绘制出重复的部分,再用"复制""粘贴"命令复制到合适位置。

(2)添加直线,绘制完整图形。

(3)添加文字注释。

第5章

工具选项板和常用机床电路的绘制

本章主要介绍常用机床电路的绘制方法，与第4章常用实用电路的绘制相比，常用机床电路相对更复杂，相同的器件出现的频率更大，故本章的绘制主要强调工具选项板的建立和使用，以及图层的使用等。

科技创新、自立自强
十八年只做一件事

5.1 块、设计中心和工具选项板

为了方便绘图，提高绘图效率，AutoCAD 2023中文版提供了一些快速绘图工具，包括块、设计中心、工具选项板等。这些工具的一个共同特点是可以将分散的图形通过一定的方式组织成单元，在绘图时将这些单元插入图形中，达到提高绘图速度和图形标准化的目的。

5.1.1 块的操作

把一组图形对象组合成块加以保存，需要的时候可以把块作为一个整体以任意比例和旋转角度插入图中任意位置，这样避免了大量的重复工作，而且提高了绘图速度和工作效率。

1. 定义块

【命令激活方式】

命令行：BLOCK

菜单栏："绘图"→"块"→"创建"

工具栏："绘图"→"创建块"

功能区："默认"→"块"→"创建"

执行上述命令，系统打开如图5-1所示的"块定义"对话框。利用此对话框可指定定义对象、基点以及其他参数，并可定义块并命名。

2. 保存块

【命令激活方式】

命令行：WBLOCK

执行上述命令，系统打开如图5-2所示的"写块"对话框，利用此对话框可把图形对象保存为块或把块转换成图形文件。

图 5-1　"块定义"对话框

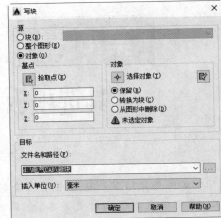

图 5-2　"写块"对话框

注意：以"BLOCK"命令定义的块只能插入当前图形中。以"WBLOCK"命令保存的块既可以插入当前图形中，又可以插入其他图形中。

3. 插入块

【命令激活方式】

> 命令行：INSERT
> 菜单栏："插入"→"块"
> 工具栏："绘图"→"插入块"🗂
> 功能区："默认"→"块"→"插入"🗂

执行上述命令，系统打开"插入"对话框，如图 5-3 所示。利用此对话框可设置插入点位置、插入比例，以及旋转角度，并可指定要插入的块及插入位置。

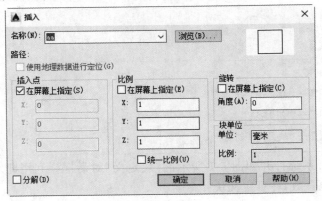

图 5-3　"插入"对话框

5.1.2　设计中心

通过设计中心，用户可以组织对图形、块、填充图案和其他图形内容的访问。可以将源图形中的任何内容拖动到当前图形中。可以将图形、块和填充图案拖动到工具选项板上。

原图形可以位于用户的计算机、网络位置或网站上。另外,如果打开了多个图形,则可以通过设计中心在图形之间复制和粘贴其他内容来简化绘图过程。

1. 启动设计中心

【命令激活方式】

命令行:ADCENTER

菜单栏:"工具"→"选项板"→"设计中心"

快捷键:<Ctrl>+<2>

执行上述命令,系统打开设计中心。第一次启动设计中心时,默认打开的选项卡为"文件夹"。内容显示区采用大图标显示,显示所浏览资源的有关细目或内容;左侧的资源管理器采用文件夹列表显示方式显示系统的树形结构、浏览资源,如图 5-4 所示。也可以搜索资源,方法与 Windows 资源管理器类似。

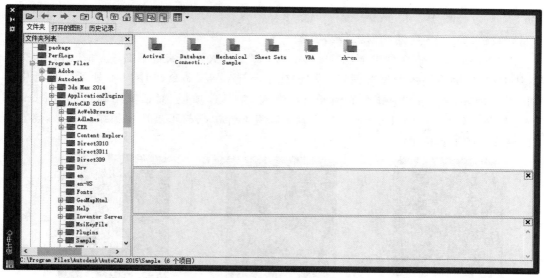

图 5-4　设计中心资源管理器和内容显示区

2. 利用设计中心插入图形

设计中心一个最大的优点是可以将系统文件夹中的 *.dwg 图形当成块插入当前图形中去。

(1)从文件夹列表或查找结果列表框选择要插入的对象,拖动对象到打开的图形。

(2)右击,在快捷菜单中选择"比例""旋转"等命令,如图 5-5 所示。

(3)在相应的命令行提示下输入比例和旋转角度等数值。

被选择的对象根据指定的参数插入图形中。

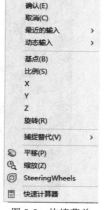

图 5-5　快捷菜单

5.1.3 工具选项板

工具选项板是"工具选项板"对话框中的选项卡形式区域,它提供了一种用来组织、共享和放置块、图案填充及其他工具的有效方法。

1. 打开工具选项板

【命令激活方式】

> 命令行:TOOLPALETTES
>
> 菜单栏:"工具"→"选项板"→"工具选项板"
>
> 工具栏:"标准"→"工具选项板"![图标]

执行上述命令,系统自动打开"工具选项板"对话框,如图 5-6 所示。该对话框上有"电力"系统预设置选项卡。可以右击,在系统打开的快捷菜单中选择"新建选项板"命令,如图 5-7 所示。系统新建一个空白选项卡,可以命名该选项卡,如图 5-8 所示。

2. 将设计中心内容添加到工具选项板

在"DesignCenter"文件夹上或"DesignCenter"文件夹下的文件上右击,系统打开快捷菜单,从中选择"创建块的工具选项板"或"创建工具选项板"命令,如图 5-9 所示。设计中心"Electrical Power. dwg"中储存的图元就出现在"工具选项板"对话框中新建的"Electrical Power"选项卡上,如图 5-10 所示。这样就可以将设计中心与工具选项板结合起来,建立一个快捷方便的工具选项板。

图 5-6 "工具选项板"对话框   图 5-7 快捷菜单   图 5-8 新建工具选项板

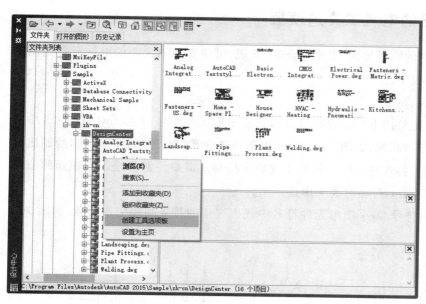

图 5-9　创建工具选项板 　　　　　　　　　　　　　图 5-10　创建的工具选项板

3. 创建自己的工具选项板内容

要想将自己的块放入工具选项板中,可以复制已建立的块,右击选择"粘贴"或使用组合快捷键<Ctrl>+<V>将块放入工具选项板中,如图 5-11 所示。

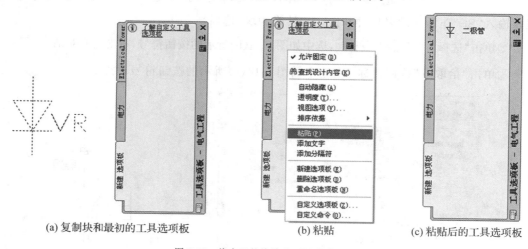

(a) 复制块和最初的工具选项板　　　　(b) 粘贴　　　　(c) 粘贴后的工具选项板

图 5-11　将自己的块放入工具选项板中

4. 利用工具选项板绘图

只需要将工具选项板中的图形单元拖动到当前图形,该图形单元就以块的形式插入当前图形中。

5.1.4 创建自己的电气工具选项板

为了使个人所绘制的图纸比例、大小等合适、美观,可建立适当大小的电气元件的图形符号库,放入工具选项板中。

建立工具选项板步骤:

(1)绘制大小合适的常用电气元件符号。为了使图形元件符号与 AutoCAD 2023 中文版中一定高度的文字符号相配,如图 5-12 所示,可根据第 3 章中介绍的绘图方法,绘制出合适大小的元件符号,也可将这些元件符号缩小或放大得到。需要注意的是,A4 幅面的图纸中文字高度最小为 2.5 mm,打印时要考虑这一点。

对于三相电路中的符号,每个图形元件符号中代表三相的符号间隔应该一致,如图 5-13 所示。

图 5-12 图形和文字的大小比例　　　　　图 5-13 图形元件符号三相之间宽度间隔一致

(2)对每个元件创建块。以按钮符号为例创建块。

①单击"创建块"按钮图标　,打开如图 5-14(a)所示的"块定义"对话框,在"名称"文本框内输入"SB"作为块的名称,同时选中"转换为块"选项。

②单击"选择对象"按钮图标　,选中如图 5-14(b)所示的按钮符号,右击返回对话框。

③单击"拾取点"按钮图标　,选中如图 5-14(c)所示的按钮符号端点。

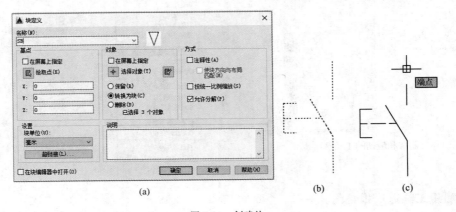

图 5-14 创建块

④返回"块定义"对话框后,单击"确定"按钮,进入"块编辑器"界面,在不做其他编辑时,单击 关闭块编辑器 按钮图标退出。

(3)单击"保存"按钮图标　,保存整个 AutoCAD 图形文件。

（4）单击"工具选项板"按钮图标 ▦，打开"工具选项板"对话框，右击选择"新建选项板"，重新命名，如取名为"机床电气"，如图 5-15 所示。

（5）选中按钮符号，按＜Ctrl＞＋＜C＞组合快捷键复制该符号，光标移动到新建的工具选项板中，按＜Ctrl＞＋＜V＞组合快捷键粘贴到工具选项板中，效果如图 5-16 所示。

按照上述步骤建立常用块，并保存文件后，将每个块复制到工具选项板中即可。建立的工具选项板总貌如图 5-17 所示。

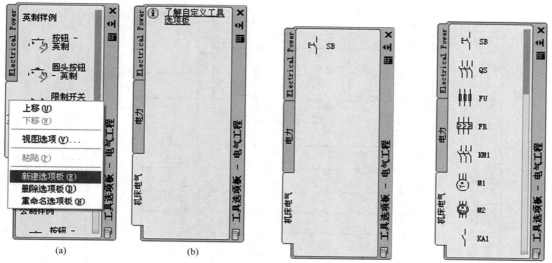

图 5-15　新建工具选项板　　　　图 5-16　复制块到新建的工具选项板　图 5-17　工具选项板总貌

5.2　摇臂钻床电气控制原理图

5.2.1　控制原理

摇臂钻床电气原理图如图 5-18 所示，采用四台电动机拖动，包括主轴电动机、摇臂升降电动机、液压泵电动机和冷却泵电动机，这些电动机都采用直接启动方式。

摇臂钻床的主运动和进给运动均为主轴的运动，这两项运动由一台主轴电动机拖动，分别经主轴传动机构、进给传动机构实现主轴的旋转和进给。

摇臂钻床主轴电动机仅需要单向旋转，摇臂升降电动机要求能正反向旋转。

内外主轴的夹紧与放松、主轴与摇臂的夹紧与放松可用机械、电气-机械、电气-液压或电气-液压-机械等控制方法实现。若采用液压装置，则需备有液压泵电动机，拖动液压泵提供压力油来实现，液压泵电动机要求能正反向旋转，并根据要求采用点动控制。

摇臂的移动严格按照摇臂松开→移动→摇臂夹紧的程序进行。因此摇臂的夹紧与摇臂升降按自动控制进行。

冷却泵电动机带动冷却泵提供冷却液，只要求单向旋转。

整个电路中需具有连锁与保护环节以及安全照明、信号指示电路。

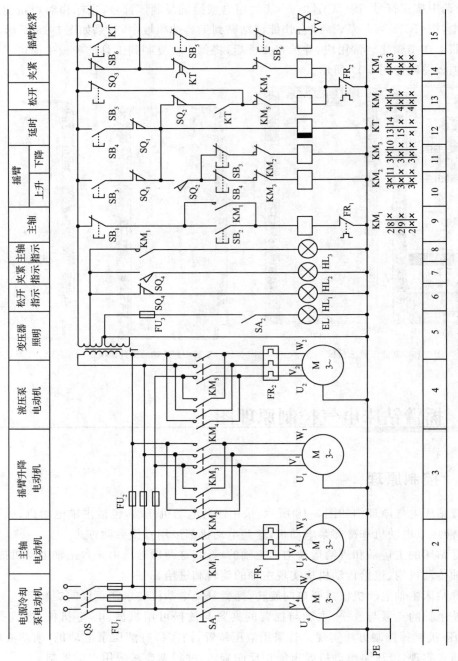

图 5-18 摇臂钻床电气原理图

5.2.2　绘图提示

摇臂钻床电气控制系统基本绘图步骤提示如下。

（1）设定图层。单击"图形特性管理器"按钮图标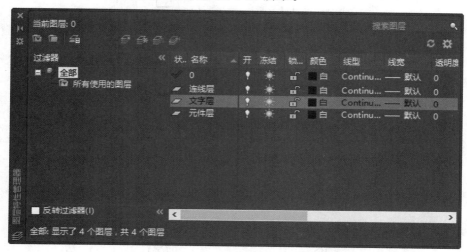，新建"连线层""文字层""元件层"等图层，设置相应属性，如颜色、线宽等，如图 5-19 所示。

图 5-19　设定图层

（2）图形元件的摆放。将"元件层"图层选为当前图层，单击"工具选项板"按钮图标，打开前面所建的"机床电气"工具选项板，选择需要的图形元件，在模型空间摆放好，注意留出合适的文字标注部分，如图 5-20 所示。摆放图形元件时可打开"栅格"方便各元件的对齐操作，摆放时还应注追踪线的使用，保证各图形元件水平和竖直方向对齐，相似的部分也可通过复制、粘贴来操作，提高绘图速度。图形元件的摆放是使图纸整齐美观的最重要的一步。

（3）连线。打开"连线层"图层，用"直线"命令将相应部分连接起来，连接后效果如图 5-21 所示。

（4）加入端子和连接点。绘制大小合适的圆作为电源线端子，填充小圆作为连接点。通过"移动"和"复制"命令加入图中，效果如图 5-22 所示。

（5）加入图框，按电气原理图中各部分的不同功能进行分区，效果如图 5-23 所示。

（6）在"文字层"图层加入文字。加入文字之前，单击"文字样式"按钮图标，先建立一个文字样式，确定文字的字体和大小，并将新建的文字样式"置为当前"。单击"多行文字"按钮图标，写出需要的文字，注意使用"堆叠"来实现下标的标注。最后通过"移动"命令将文字放在合适位置，最终得到如图 5-18 所示的摇臂钻床电气原理图。

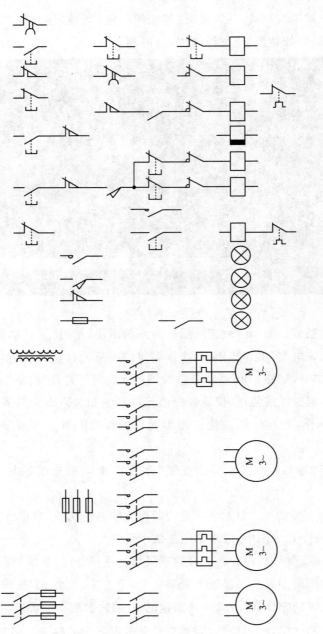

图 5-20 图形元件的摆放

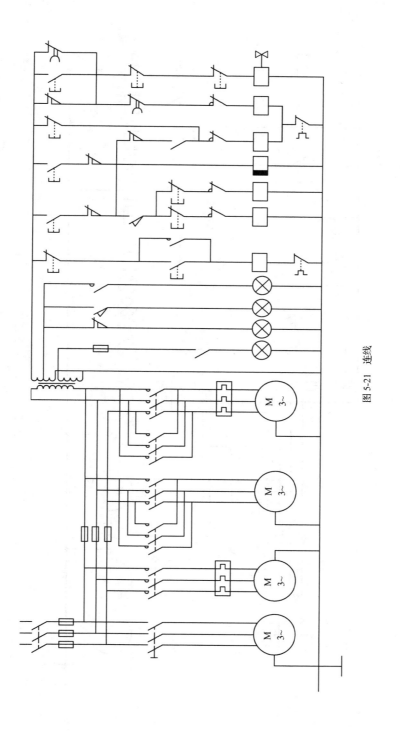

图 5-21　连线

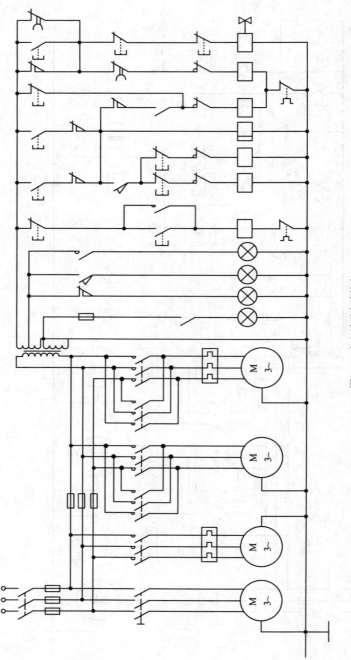

图 5-22 加入端子和连接点

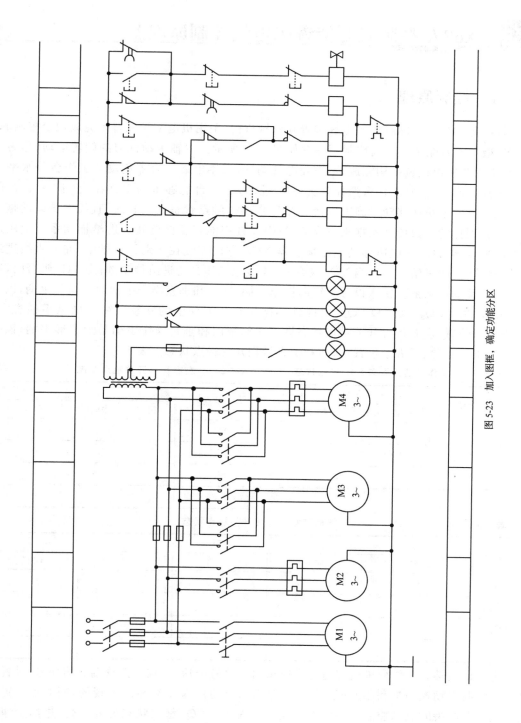

图 5-23　加入图框，确定功能分区

5.3 X62W 型卧式万能铣床电气控制原理图

5.3.1 控制原理

铣床是通过手柄同时操作电气装置和机械机构,采用机电密切配合来完成预定控制的。X62W 型卧式万能铣床电气控制原理图如图 5-24 所示。主轴带动铣刀的旋转运动,称为主运动;主轴变速由机械机构完成,不需要电气调速,采用电磁离合器制动。工作台分水平工作台和圆工作台,由圆工作台选择开关 SA_1 控制,工作台能够带动工件在上、下、左、右、前和后六个方向上快速移动。圆工作台选择开关 SA_1 触点状态见表 5-1。直线进给运动是由电动机分别拖动三根传动丝杠来完成的,每根丝杠都能正反向旋转。进给拖动系统使用进给电磁离合器 YC_2 和快速移动电磁离合器 YC_1,它们安装在传动链的轴上,完成直线进给运动或快速直线进给运动。当 YC_2 吸合时,连接上工作台的进给传动链;当 YC_1 吸合时,连接上快速移动传动链。铣床设置了纵向操作手柄、横向和垂直操作手柄两个操作手柄,以及行程开关 SQ_1、SQ_2、SQ_3 和 SQ_4,实现进给操作和各方向上的联锁。纵向操纵手柄有左、中、右三个位置,左右行程开关触点状态见表 5-2;横向和垂直操作手柄是十字形手柄,该手柄有上、下、中、前、后五个位置,横向和垂直行程开关触点状态见表 5-3。

表 5-1 圆工作台选择开关 SA_1 触点状态

触点	位置	
	接通圆工作台	断开圆工作台
SA_{1-1}	—	+
SA_{1-2}	+	—
SA_{1-3}	—	+

表 5-2 左右行程开关触点状态

触点	位置		
	向左	中间(停)	向右
SQ_{1-1}	—	—	+
SQ_{1-2}	+	+	—
SQ_{2-1}	+	—	—
SQ_{2-2}	—	+	+

表 5-3 横向和垂直行程开关触点状态

触点	位置				
	向上	向下	中间(停)	向后	向前
SQ_{3-1}	+	+	—	—	—
SQ_{3-2}	—	—	+	+	+
SQ_{4-1}	—	—	—	+	+
SQ_{4-2}	+	+	+	—	—

为保证主轴和工作台进给变速时变速箱内齿轮易于啮合,减小齿轮端面的冲击,设置主轴变速瞬时点动控制是利用变速手柄和主轴瞬时点动行程开关 SQ_7 实现的,同时也设置了进给变速时的瞬时点动控制。主轴瞬时点动行程开关 SQ_7 触点状态见表 5-4。进给变速主轴瞬时点动行程开关 SQ_6 触点状态见表 5-5。

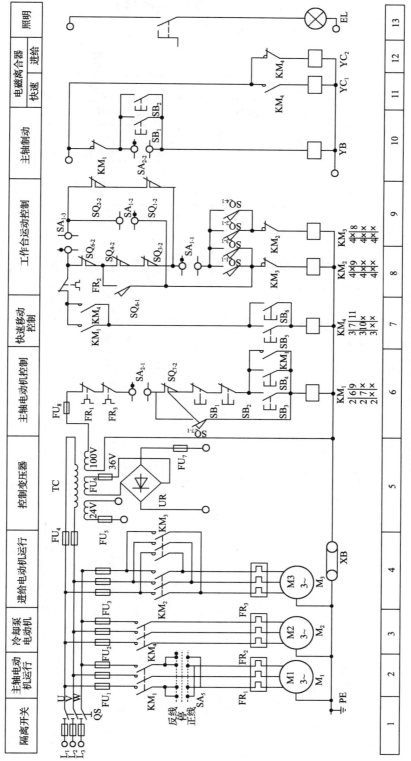

图 5-24 X62W 型万能铣床电气控制原理图

表 5-4 　　　　　　　　主轴瞬时点动行程开关 SQ_7 触点状态

触点	位置	
	正常工作	瞬时点动
SQ_{7-1}	—	+
SQ_{7-2}	+	—

表 5-5 　　　　进给变速主轴瞬时点动行程开关 SQ_6 触点状态

触点	位置	
	正常工作	瞬时点动
SQ_{6-1}	—	+
SQ_{6-2}	+	—

5.3.2　绘图提示

　　X62W 型卧式万能铣床电气控制原理图与摇臂钻床电气原理图的绘制方法相似,具体操作不再赘述,简要提示步骤如下:

　　(1)设定图层。

　　(2)插入各电器符号,调整好位置。

　　(3)连接各元件符号。

　　(4)绘制图纸幅面分区。

　　(5)标注文字。

第6章

住宅建筑电气工程图的绘制

本章主要介绍建筑电气工程图的绘制,重点练习用"多线"命令绘制墙体,并用"修剪"等命令修剪门窗的方法来绘制照明平面图。

有传承、有创新,才有发展
大国匠心!
一锤一錾雕出"起伏"人生

6.1　某住宅配电系统图

6.1.1　说　明

配电系统图是将电气图形符号用线条连接起来,并加注文字代号而形成的一种简图。它用来表示:建筑物的供电方式和容量分配;供电线路的布置形式,进户线和各干线、支线、配线的数量、规格和敷设方法;配电箱及电度表、开关、熔断器等的数量和型号等。它不表明电气设备具体安装位置,所以它不是投影图,也不用按比例绘制。

建筑电气工程图中常见的电气设备符号见表 6-1。

表 6-1　　建筑电气工程图中常见的电气设备符号

名　称	符　号	名　称	符　号	名　称	符　号
防水防尘灯	⊕	电度表	wh	吊式电风扇	⋈
壁灯	⊖	单极限时开关	⌐○	单管荧光灯	⊢─⊣
花灯	✳	单极拉线开关	⌐○↑	双管荧光灯	⊨─⊨
普通照明灯	⊗	(电源)插座(一般符号)	○		

如图 6-1 所示为某住宅配电系统图,从中可以看出整个系统采用的是三相四线制供电。供电线路采用单线表示,且为粗实线,并按规定格式标注出各段导线的数量和规格,相应的型号都标注在旁边。电源进户线标注为 BV(4×10)G25-DA·QA,表示四根铜芯塑料绝缘

线,每根截面为 10 mm² 的,穿在一根直径为 25 mm 的焊接钢管内,埋地暗敷设,进入室内后再沿墙敷设,通至总配电箱。总配电箱型号为 XRM401,内有瓷插式熔断器(型号为 RC1-30A)、三相电度总表(型号为 DT8-80)、三相控制铁壳开关(型号为 HH4-60/3)。三条相线 L1、L2、L3 分别向一层、二层、三层供电,这样三相电力负荷较均衡。总配电箱分出的三条供电干线均为单相二线,标注为 BV(2×6)G20-QA,表示两根铜芯塑料绝缘线,每根截面为 6 mm²,穿在一根直径为 20 mm 的焊接钢管内,沿墙暗敷设,分别到一层、二层、三层的分配电箱。分配电箱型号为 XRM203,内设有单相胶壳开关(型号 HKI-30/2)、单相电度表(型号 DD863-10)、熔断器(型号 RC1-10A)。由于各层分配电箱内的装置与接线完全相同,故配电系统图中只对一层分配电箱做了详细标注,其他两层均注明"同一层"。该房屋的用户电表就设在分配电箱内(不另设电表箱),每层分出两个支路作为用户电源线,标注为 BV(2×4)CB-PM,表示两根铜芯用塑料绝缘线,每根截面为 4 mm²,用塑料线沿天棚明敷设。每层另外还引出一路接楼梯灯。

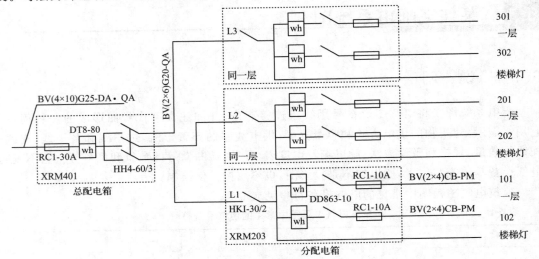

图 6-1　某住宅配电系统图

6.1.2　绘图提示

基本绘图步骤提示如下:

(1)建立"粗实线""虚线""文字"图层,并作相应特性设置,如线宽、线型、颜色的设置;在没有特别强调时,一般在"0"图层下绘图。在绘图时可暂时关闭"线宽"功能,绘制完成后打开"线宽"功能看最终效果。

(2)依次插入电度表、开关、熔断器符号,如图 6-2(a)~图 6-2(c)所示。

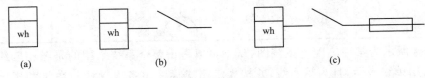

图 6-2　插入符号(1)

（3）将开关符号调入"粗实线"图层，并在该图层下绘制直线，效果如图 6-3 所示。

（4）复制图形，效果如图 6-4 所示。

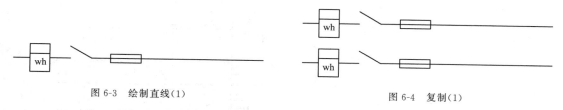

图 6-3　绘制直线（1）　　　　　　图 6-4　复制（1）

（5）在"粗实线"图层绘制直线，效果如图 6-5 所示。

（6）在"粗实线"图层插入开关符号，效果如图 6-6 所示。

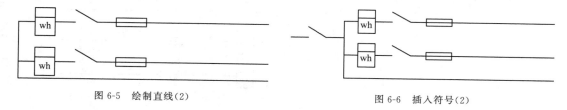

图 6-5　绘制直线（2）　　　　　　图 6-6　插入符号（2）

（7）在"虚线"图层绘制虚线框，效果如图 6-7 所示。

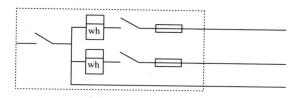

图 6-7　绘制虚线框（1）

（8）复制所有图形，效果如图 6-8 所示。

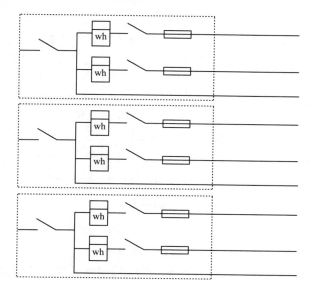

图 6-8　复制（2）

（9）在合适位置插入熔断器、电度表、三极开关符号，效果如图 6-9 所示。

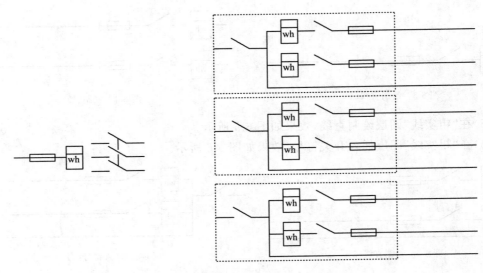

图 6-9　插入符号(3)

（10）连线，效果如图 6-10 所示。

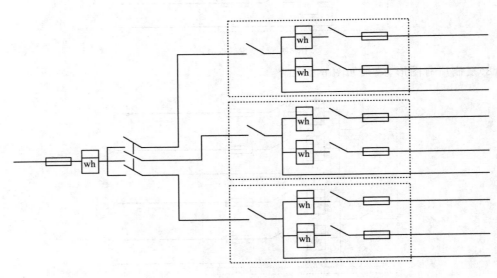

图 6-10　连线

（11）在"虚线"图层绘制虚线框，效果如图 6-11 所示。

（12）在"文字"图层添加文字后，打开"线宽"功能，调整后最终效果如图 6-1 所示。

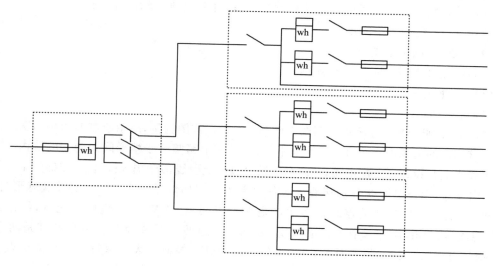

图 6-11　绘制虚线框(2)

6.2　某住宅底层照明平面图

6.2.1　说　明

　　照明平面图是在建筑平面图的基础上绘制的。一般而言,建筑平面图应该由相关专业人士提供。由于建筑平面图和照明平面图表现各有侧重,引用时应该注意以下几点:

　　(1)关闭或清除一些次要的图层或图形,仅保留墙、门、窗、文字等图层,仅保留主要轴线及主要标注尺寸。

　　(2)建筑轮廓线应改为细实线。

　　(3)电气设备符号可用细实线绘制,连接导线应用粗实线绘制。

　　照明平面图一般要表示:电源进户线的引入位置、规格、穿管管径和敷设方式;配电箱在房屋内的位置、数量和型号;供电线路网中各条干线、支线、配线的位置和走向、敷设方式和部位、各段导线的数量和规格等;照明灯具、控制开关、电源插座等的数量、种类、安装位置和互相连接关系。

　　如果建筑专业仅提供了建筑平面图纸,而不能提供用计算机绘制的图形文件,自行绘制建筑平面时,大致的步骤为:

　　(1)设置或调用绘制建筑图用的样板文件。

　　(2)绘制中心轴线。

　　(3)绘制墙线:执行"多线"命令,不同厚度的墙采用不同的线型和比例。

　　(4)修改墙线:使用"多线编辑工具",常用到"角点结合""T 型合并""十字合并"等功能。

　　(5)绘制阳台、楼梯。

　　(6)开窗洞:绘制或插入窗图形块。

(7)开门洞:偏移复制轴线以定位门洞的位置,炸开墙线,修剪出门洞。

(8)绘制或插入门图形块。

(9)修改、补画细节部分。

(10)标注文本、标注尺寸、标注轴号。

(11)整理视图。

(12)打印出图。

如图 6-12 所示为某住宅底层照明平面图。下面以该图为例,演示绘制照明平面图的具体过程。该实例的电源进户线由楼梯间地下引入,总配电箱暗装于楼梯间东侧⑤的墙内。一路供电干线沿墙敷设通至分配电箱,二层和三层沿墙向上引线,分配电箱暗装于楼梯间南面轴线◎的墙内,两路用户电源线分别穿墙进入各户室内。楼梯灯是一个 25 W 的玻璃球形灯,吸顶安装,由墙上的延时开关控制。客厅灯是一个由四只 20 W 灯泡组成的花灯,线吊式安装,距地面 2.5 m,还有一个吊式电风扇,分别由门边两个开关控制。小卧室灯是两个 20 W 的壁灯,壁装式安装,距地面 1.5 m,由门边两个开关控制。大卧室灯是一个双管荧光灯(2×20 W),链吊式安装,距地面 2.3 m,由门边开关控制。厨房灯是一个 25 W 的白炽灯,线吊式安装,距地面 2.0 m,由门边开关控制。厕所灯是一个 15 W 的防水防尘灯,吸顶安装,由门边开关控制。每个卧室的一个单相电源插座为暗装,厨房的一个单相电源插座为明装。

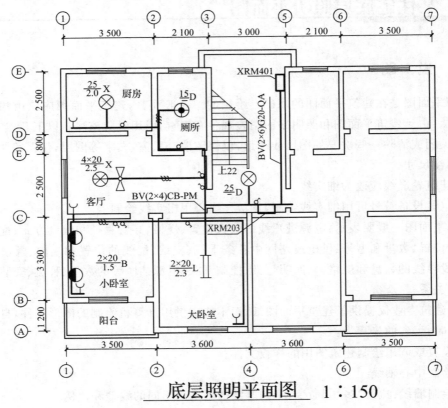

底层照明平面图　1∶150

图 6-12　某住宅底层照明平面图

6.2.2　绘图提示

基本绘图步骤提示如下：

(1)设置绘图环境,建立"中心线""墙体""标注""门窗楼梯""粗实线""设备符号""文字"等图层,并设置相关的图层特性。其中,"中心线"图层用于绘制墙体中心线,起辅助绘图作用,线型可设置成点画线;"粗实线"图层用于绘制电路引线等,线型选用粗实线;"设备符号"图层用于插入建筑电气工程图相关的设备符号;"标注"图层用于绘制尺寸标注以及轴线标注。

(2)在"中心线"图层按 1∶1 的比例绘制墙体中心线,尺寸如图 6-13 所示(不必标注尺寸),如果图形太大或太小,可用<Z>＋<空格>＋"比例因子(如 0.01,0.001 或 10,100)"组合快捷键来缩小或放大。

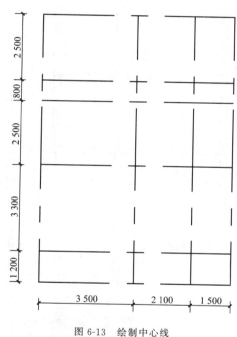

图 6-13　绘制中心线

(3)执行"绘图"→"多线"命令,命令行提示：

命令:_mline

当前设置:对正 ＝ 上,比例 ＝ 20.00,样式 ＝ STANDARD

指定起点或[对正(J)/比例(S)/样式(ST)]:J

输入对正类型[上(T)/无(Z)/下(B)]＜无＞:Z(选择多线从中间向两边对称的绘制方式)

当前设置:对正 ＝ 无,比例 ＝ 20.00,样式 ＝ STANDARD

指定起点或[对正(J)/比例(S)/样式(ST)]:S

输入多线比例＜20.00＞:200(系统默认的多线样式为"STANDARD",两线间距为 1,墙体厚度为 200 时,则输入比例"200")

当前设置:对正 ＝ 无,比例 ＝ 200.00,样式 ＝ STANDARD

指定起点或[对正(J)/比例(S)/样式(ST)]:(选择起点)

指定下一点:(捕捉第二点)

指定下一点或[放弃(U)]:(捕捉下一点)

指定下一点或[闭合(C)/放弃(U)]:(捕捉下一点)

指定下一点或[闭合(C)/放弃(U)]:(捕捉下一点)

……

按照中心线来绘制墙体,执行多次该命令后,得到如图 6-14 所示的墙体图形。

(4)通过"多线编辑工具"修改如图 6-14 中圆 1、圆 2 所示的多处位置。执行"修改"→"对象"→"多线"命令,打开"多线编辑工具"对话框,如图 6-15 所示。

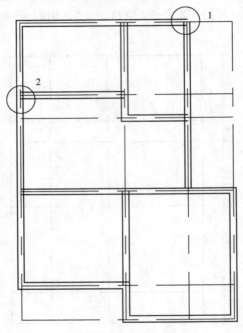

图 6-14　绘制多线(1)

(a)

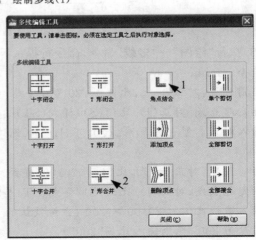

(b)

图 6-15　打开"多线编辑工具"对话框

单击"角点结合"按钮,如图 6-15(b)中 1 所示,命令行提示:

命令:_mledit

选择第一条多线:[选择如图 6-16(a)所示多线]

选择第二条多线:[选择如图 6-16(b)所示多线]

选择第一条多线或[放弃(U)]:

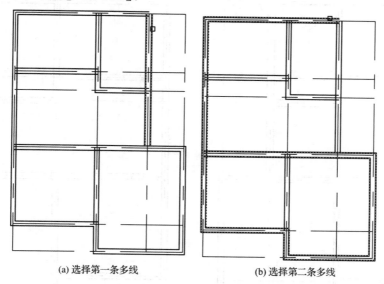

(a) 选择第一条多线　　　　　　　　(b) 选择第二条多线

图 6-16　执行"角点结合"

单击"T 形合并"按钮,如图 6-15(b)中 2 所示,命令行提示:

命令:_mledit

选择第一条多线:[选择如图 6-17(a)所示多线]

选择第二条多线:[选择如图 6-17(b)所示多线]

选择第一条多线 或[放弃(U)]:

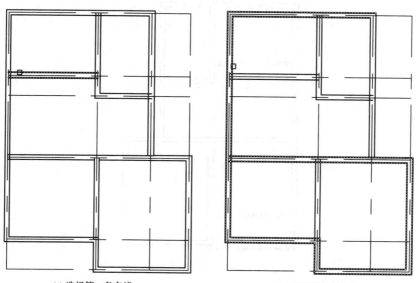

(a) 选择第一条多线　　　　　　　　(b) 选择第二条多线

图 6-17　执行"T 形合并"

对图 6-14 中圆 1 处执行"角点结合"后效果如图 6-18 中圆 1 所示；对图 6-14 中圆 2 处执行"T 形合并"后效果如图 6-18 中圆 2 所示。多次进行多线编辑，最终效果如图 6-18 所示。

（5）按 200 的比例绘制图 6-19 中的多线 1，按 100 的比例绘制图 6-19 中的多线 2。

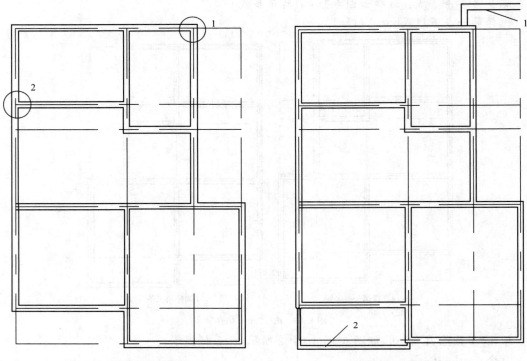

图 6-18　多线编辑后效果　　　　　　　　　　图 6-19　绘制多线（2）

（6）关闭"中心线"图层，绘制窗体图形和门的位置，效果如图 6-20 所示。

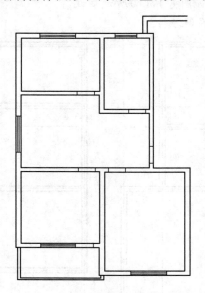

图 6-20　关闭"中心线"图层并绘制门窗

(7)修剪出门的开口,效果如图6-21所示。

(8)打开"中心线"图层,并锁上,效果如图6-22所示。

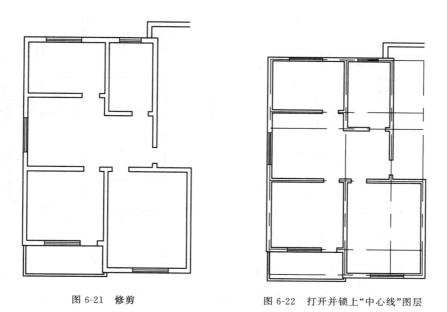

图 6-21 修剪 图 6-22 打开并锁上"中心线"图层

(9)选中图形进行镜像,效果如图6-23所示。

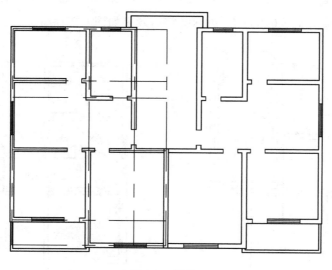

图 6-23 镜像

(10)在"门窗楼梯"图层绘制楼梯(可用阵列直线并修剪的方式绘制),效果如图6-24所示。

(11)在"粗实线"图层绘制供电线路,效果如图6-25所示。

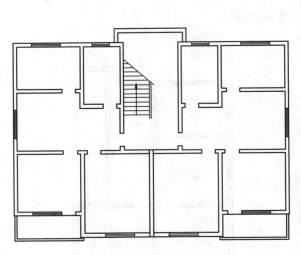

图 6-24　绘制楼梯

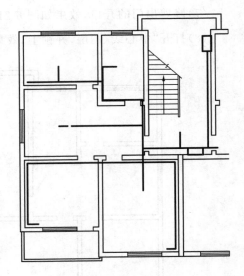

图 6-25　绘制线路

（12）插入电气设备符号，效果如图 6-26 所示。

（13）添加注释的文字。注写时应遵守线路的注写规定和照明灯具的注写规定注写数量、规格和安装高度。但灯具和线路的定位尺寸一般不注写。开关和插座高度也通常不注写，实际是按照施工及验收规范进行安装，如一般开关的安装高度为距地 1.3 m，拉线开关为 2～3 m，距门框 0.15～0.20 m。添加文字后效果如图 6-27 所示。

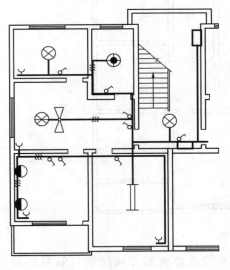

图 6-26　插入电气设备符号

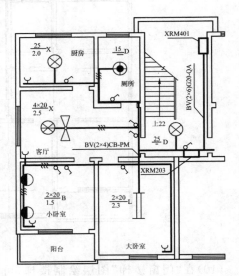

图 6-27　添加文字

（14）添加标注和轴编号，添加图名，最后效果如图 6-12 所示。

第7章
工厂供配电电气工程图绘制

本章主要介绍工厂变配电所的主接线图及二次回路安装接线图的绘制。主要练习"标注""复制""镜像"等命令的使用,同时提供应用表格来绘制端子排图的方法。

红领工匠,实践育人

电网工匠皮志勇:
23 年匠心守护电网"中枢神经

7.1　工厂变配电所的主接线图

7.1.1　说　明

在大中型企业中设置配电所,它起接收和分配电能的作用,其位置应当尽量靠近负荷中心,通常和车间变电所设在一起。配电所一般为单母线制,根据负荷的类型及进出线数目可考虑将母线分段。如图 7-1 所示是双回路进线配电所单母线分段主接线图。如果总降压变电所以放射式向配电所供电,则配电所进线开关可以考虑利用负荷开关或隔离开关,以减小继电保护动作时间级差配合上的困难。配电所的引出线可根据用户类型采用熔断器、熔断器加负荷开关、断路器等进行保护。

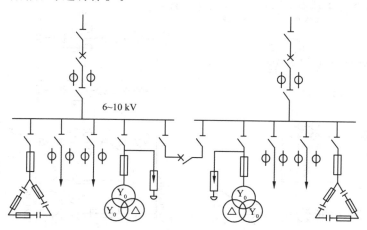

图 7-1　双回路进线配电所单母线分段主接线图

如图 7-2 所示是某企业 35/10 kV 总降压变电所主接线图,该变电所两路电源架空进线,两台主变,两侧均采用单母线分段主接线,35 kV 和 10 kV 主接线选用移开式开关柜,图中也标明了开关柜的型号、回路的符号及柜内设备的型号规格。

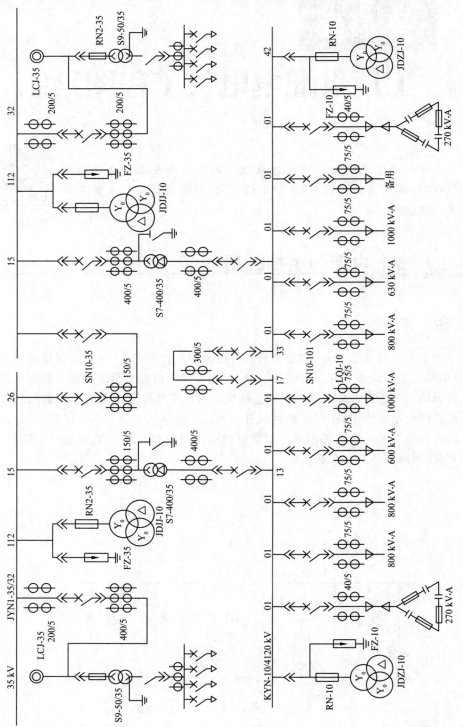

图 7-2 某企业 35/10 kV总降压变电所主接线图

7.1.2　绘图提示

如图 7-2 所示的变电所主接线图,看起来图形很复杂,但该图中具有很多重复的单元,并有很明显的对称性。绘图时可用"复制""镜像"等命令来实现。现将绘图过程简单提示如下:

(1)设置"文字"图层。

(2)绘制如图 7-3(a)所示的图形。

(3)通过"阵列"(或"复制")命令得到如图 7-3(b)所示图形。

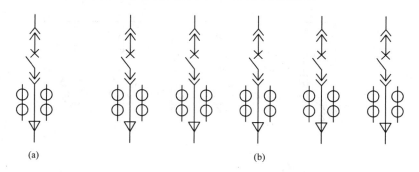

(a)　　　　　　　　　　　　　　　　　　　　　(b)

图 7-3　阵列或复制图形

(4)添加电压互感器、避雷器等图形符号,效果如图 7-4 所示。

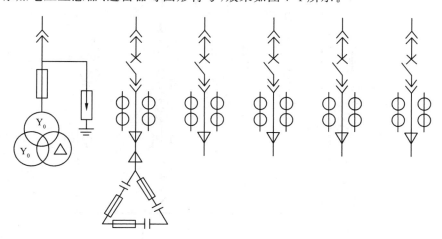

图 7-4　绘制电压互感器、避雷器等图形符号

(5)添加母线,绘制图形,效果如图 7-5 所示。

(6)通过"复制""直线"等命令添加图形,效果如图 7-6 所示。

(7)使用"镜像"命令,效果如图 7-7 所示。

(8)修改图形,如图 7-7 中镜像后的开关符号朝向,删除多余的部分,并添加连线,效果如图 7-8 所示。

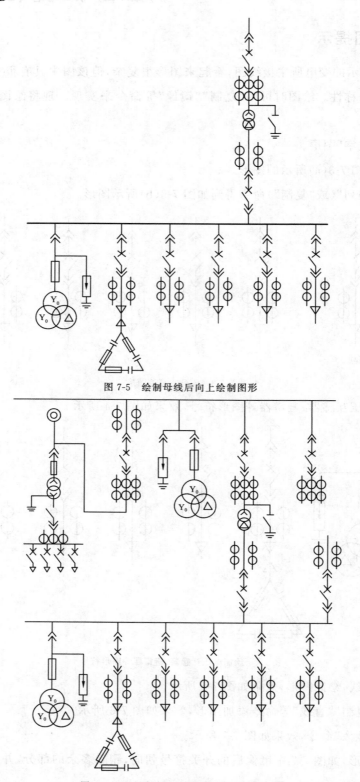

图 7-5　绘制母线后向上绘制图形

图 7-6　通过"复制""直线"等命令添加图形

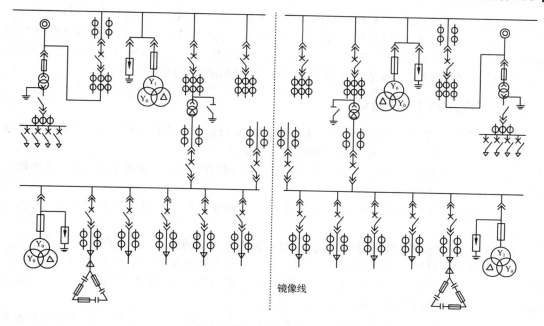

图 7-7　镜像图形

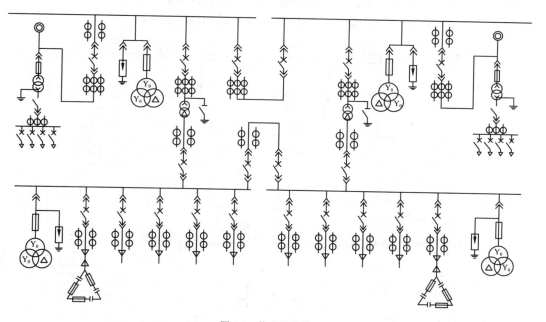

图 7-8　修改后效果

（9）添加文字，最后得到如图 7-2 所示图形。

7.2　二次回路安装接线图

二次回路图是电力系统安装、运行的重要图纸资料，一般有三种：原理图、展开图和安装接线图。在日常维护运行和检修试验中经常需要使用这些图纸。展开图便于了解装置的工作原理和动作过程;安装接线图绘制出了二次回路中各设备的安装位置及控制电缆和二次回路的连接方式,是现场施工安装、维护必不可少的图纸,也是试验、验收的主要参考图纸。二次回路安装接线图主要包括屏面布置图、端子排图和屏后接线图。

7.2.1 屏面布置图概述

屏面布置图是生产、安装过程的参考依据。屏面布置图主要包括控制屏、信号屏和继电器屏的屏面布置图。屏面布置的主要原则和要求如下:

(1)屏面布置应整齐美观,模拟接线应清晰,相同安装单位的屏面布置应一致,各屏间相同设备的安装高度应一致。

(2)在设备安装处绘出其外形图(不按比例),并标注屏面安装设备的中心位置尺寸及屏的外形尺寸。

(3)屏面布置应满足监视、操作、试验、调节和检修方便的要求,适当紧凑。

(4)仪表和信号指示元件(信号灯、光字牌等)一般布置在屏正面的上半部,操作设备(控制开关、按钮等)布置在它们的下方,操作设备(中心线)离地面一般不得低于 600 mm,经常操作的设备宜布置在离地面 800~1 500 mm 处。

(5)调整、检查工作较少的继电器布置在屏的上部,调整、检查工作较多的继电器布置在屏的中部。继电器屏下面离地面 250 mm 处宜设有孔洞,供试验时穿线用。

图 7-9 所示为某 35 kV 变电所主变控制屏、信号屏和继电器屏的屏面布置图。

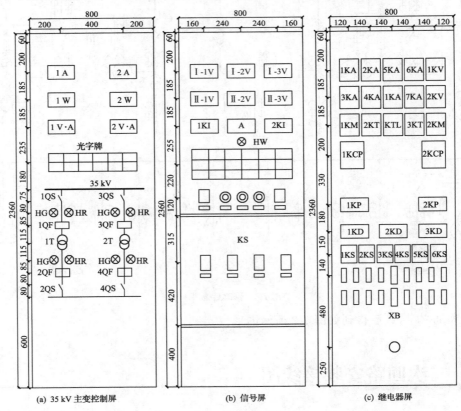

(a) 35 kV 主变控制屏　　　　　(b) 信号屏　　　　　(c) 继电器屏

图 7-9　屏面布置图

7.2.2　屏面布置图绘图提示

绘制如图 7-9 所示的屏面布置图,最需要注意的就是各个图形符号的位置尺寸。可设置
"辅助线"图层,绘制辅助线帮助确定位置,同时又能方便图形的尺寸标注。具体步骤如下:

(1)建立"文字""辅助线""尺寸标注"等图层。

(2)修改文字样式,单击 按钮,将文字大小设成 35。

(3)修改标注样式,单击 按钮,单击"新建"或"修改"按钮,按提示修改样式,箭头选择
"建筑标记","箭头大小"设为 25,"文字高度"设为 35,"从尺寸线偏移"设为 10,如图 7-10 所示。

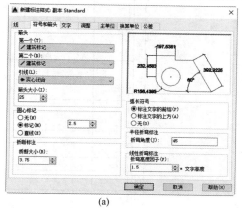 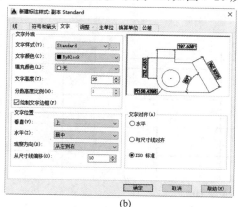

(a)　　　　　　　　　　　　　　　　(b)

图 7-10　修改标注样式

(4)绘制 800×2 360 的矩形,效果如图 7-11 所示。

(5)在"辅助线"图层绘制辅助线,尺寸线的位置如图 7-9(a)所示,绘制后效果如图 7-12 所示。

 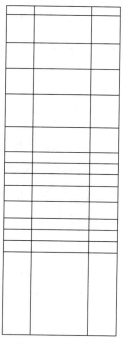

图 7-11　绘制 800×2 360 的矩形　　　　　图 7-12　绘制辅助线

(6)添加尺寸标注,单击 ⊢⊣ 按钮,添加标注,如图 7-13(a)所示,单击 ⊞ 按钮,拾取如图 7-13(b) 所示点,继续拾取如图 7-13(c)所示点,效果如图 7-13(d)所示。

(7)按同样操作添加所有尺寸标注,效果如图 7-14 所示。

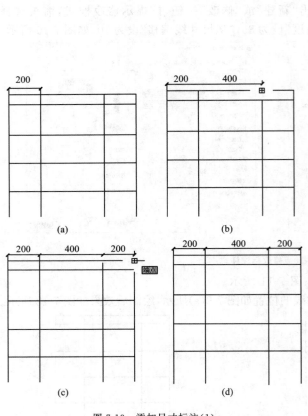

图 7-13 添加尺寸标注(1)

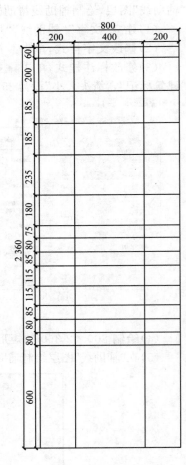

图 7-14 添加尺寸标注(2)

(8)按上述步骤绘制出三个屏的辅助线及标注尺寸,效果如图 7-15 所示。

(9)锁定"辅助线""尺寸标注"图层,防止在做其他操作时改动该图层的对象。绘制矩形并添加文字,将它们的中心点移至辅助线交点,效果如图 7-16 所示。

(10)执行"阵列"命令,以小矩形和文字为对象,以图 7-16 所示线段长度为"行间距(介于)"和"列偏移(介于)","行数"设为 3,"列数"设为 2,"阵列"对话框设置如图 7-17 所示,阵列后效果如图 7-18 所示。

(11)修改文字,绘制线框,效果如图 7-19 所示。

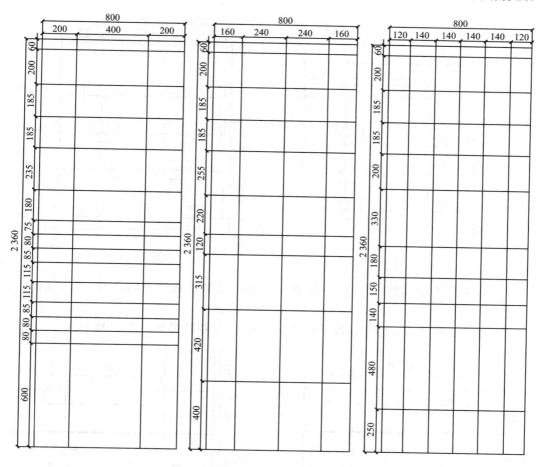

图 7-15　绘制三个屏的辅助线及标注尺寸

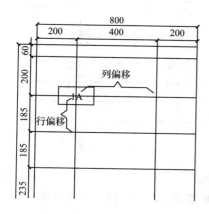

图 7-16　绘制矩形并添加文字

图 7-17　"阵列"对话框

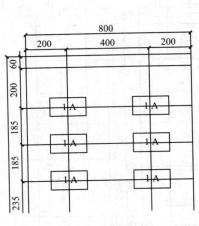

图 7-18　阵列后效果

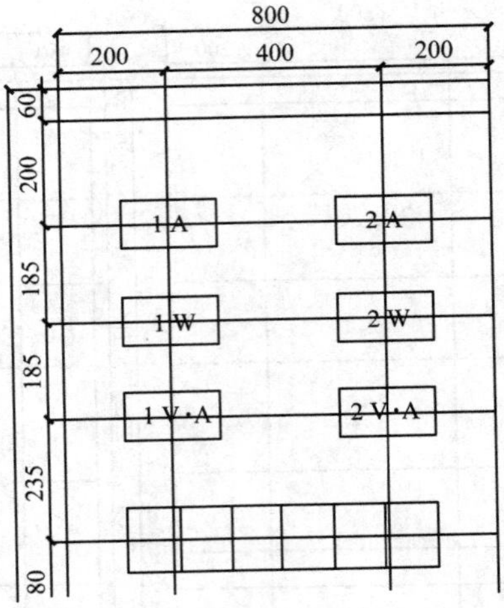

图 7-19　修改文字,绘制线框

（12）绘制粗实线和各图形符号,注意参照辅助线摆放各符号的位置,效果如图 7-20 所示。

（13）绘制连接直线,并复制,效果如图 7-21 所示,整体效果如图 7-22 所示。

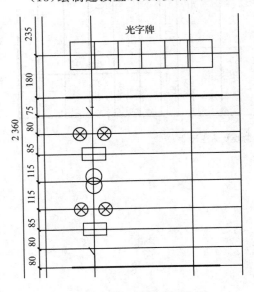
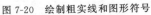

图 7-20　绘制粗实线和图形符号

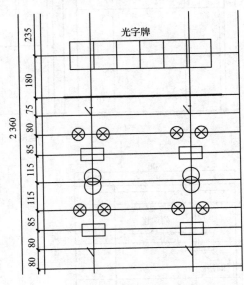

图 7-21　用直线连接后复制

（14）关闭"辅助线"图层,添加文字后效果如图 7-23 所示。

（15）按以上步骤继续绘制信号屏和继电器屏的屏面布置图,最终得到如图 7-9 所示完整的三个屏面布置图。

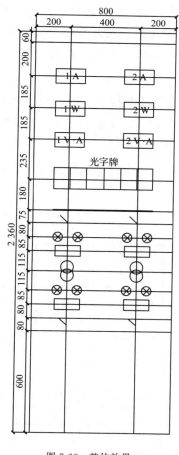

图 7-22　整体效果　　　　图 7-23　关闭"辅助线"图层并添加文字

7.2.3　端子排图

　　端子排由若干个不同类型的接线端子组合而成,用于屏内、外二次设备的连接,端子排通常垂直布置在屏后两侧。

　　端子排的连接和排列原则如下:

　　(1)屏内设备与屏外设备的连接。如屏内测量仪表、继电器的电流线圈需经试验端子与屏外电流互感器连接。

　　(2)屏内设备与小母线连接,屏内设备与直接接在小母线上的设备连接。如屏内设备与装在屏背面上部的附加电阻、熔断器或刀开关相连。

　　(3)屏内不同安装单位设备之间的连接。

　　(4)过渡回路。

　　(5)同一屏内同一安装单位的设备互相连接时,不需要经过端子排。

　　(6)各种回路在经过端子排连接时,端子的排列顺序(垂直安装时由上而下,水平安装时由左而右)为交流电流回路、电压回路、信号回路、控制回路、其他回路和转接回路。

端子排图由端子排、导线或电缆及相应标注构成。端子排的标注包括端子的类型和编号、安装单位名称和代号、端子排代号及两侧连接的回路编号和设备端子编号等。端子排一侧接屏内设备,另一侧接屏外设备。导线或电缆的标注包括导线或电缆的编号、型号和去向。

如图 7-24(a)所示是 10 kV 出线电流保护二次回路安装接线图的展开图,如图 7-24(b)所示是其端子排图。由图可见,电流互感器 TA 装在 10 kV 配电装置中,经 112# 三芯控制电缆引至控制室的保护屏,经端子排和屏内设备 1KA、2KA 相连。图中可清楚地看到继电器等设备在屏上的实际位置。所有编号按规定给出,工程中这些编号写在接线端或电缆芯线端所套的塑料套管上。

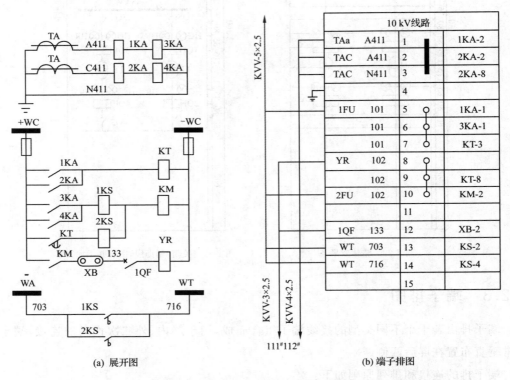

(a) 展开图　　　　　　　　　　(b) 端子排图

图 7-24　10 kV 出线电流保护二次回路安装接线图的展开图和端子排图

7.2.4　端子排图绘图提示

按常规方法能很容易地绘制出如图 7-24 所示的展开图和端子排图。这里端子排图类似于表格,下面重点介绍用表格的方式绘制端子排图。

(1)设置图层。

(2)单击"表格"按钮图标▦,打开"插入表格"对话框,设置插入方式为"指定插入点","列数"设为 3,"数据行数"设为 14,如图 7-25 所示。

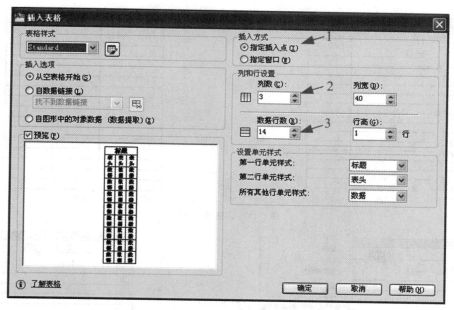

图 7-25　"插入表格"对话框

单击"确定"按钮,拾取合适的表格插入点后,开始输入文字,可通过"文字格式"对话框来修改文字属性,如图 7-26(a)所示。输入第一行和第二行文字,效果如图 7-26(b)所示。

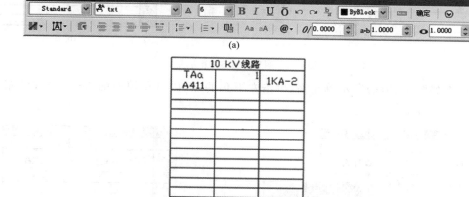

(b)

图 7-26　插入表格,输入文字

(3)调整列宽。单击表格的任意单元格,出现表的行标号和列标号,单击列标号 A,选中第一列,如图 7-27(a)所示,选中图中右侧中间的点,移动调整该列宽度,调整后效果如图 7-27(b)所示。按相同方法将第二列宽度适当减小。

(4)选中 B 列,右击,在快捷菜单中选择"对齐"→"左中"命令,如图 7-28(a)所示,执行后效果如图 7-28(b)所示。按相同方式使 A 列和 C 列的对齐方式为"正中"。

图 7-27　调整列的宽度

图 7-28　调整 B 列的对齐方式

（5）选中如图 7-29（a）所示单元格，单击左下角的点，以自动填充的方式下拉，填充后效果如图 7-29（b）所示。

图 7-29　自动填充

（6）用自动填充加修改方式或直接输入文字方式将表格中的文字补充完整，如图 7-30（a）所示。补充文字后，效果如图 7-30（b）所示。

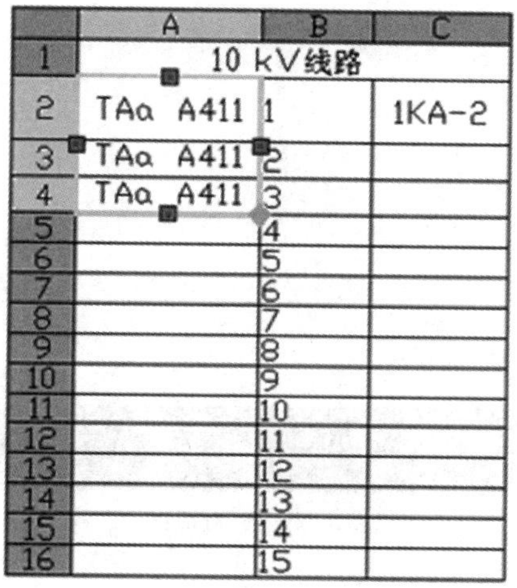

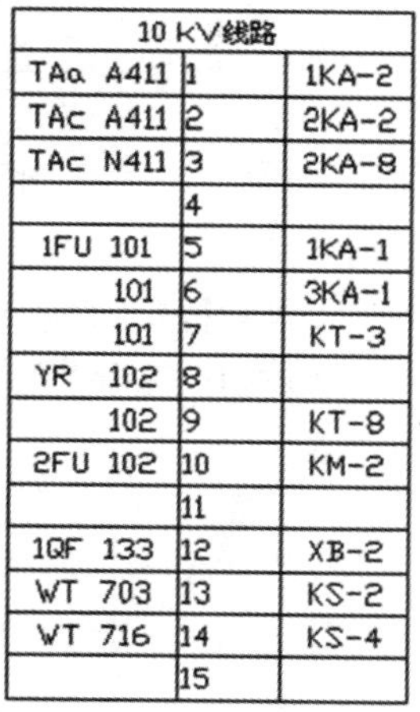

A
B
C
10 kV线路
TAa A411
1
1KA-2
TAa A411
2
TAa A411
3

(a)

10 kV线路
TAa A411 1 1KA-2
TAc A411 2 2KA-2
TAc N411 3 2KA-8
4
1FU 101 5 1KA-1
101 6 3KA-1
101 7 KT-3
YR 102 8
102 9 KT-8
2FU 102 10 KM-2
11
1QF 133 12 XB-2
WT 703 13 KS-2
WT 716 14 KS-4
15

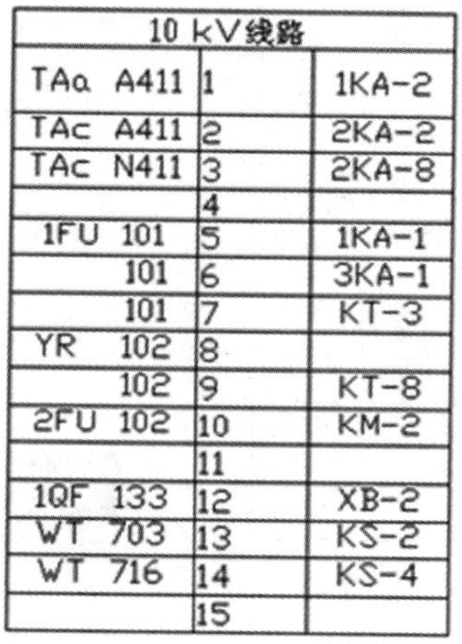

(b)

图 7-30　补充文字

(7)均匀调整行间距。单击行标号和列标号的交叉处，选中整个表格，右击，在快捷菜单中选择“行”→“均匀调整大小”命令，如图 7-31 所示，执行后所有行的宽度都变成第二行的宽度，如图 7-32(a)所示，单击底部中间的点，缩小行间距，调整后效果如图 7-32(b)所示。

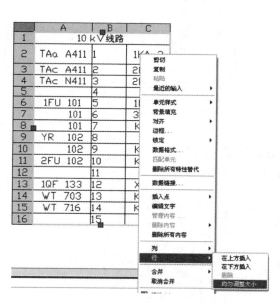

剪切
复制
粘贴
最近的输入
单元样式
背景填充
对齐
边框...
锁定
数据格式...
匹配单元
删除所有特性替代
数据链接...
插入点
编辑文字
管理内容...
删除内容
删除所有内容
列
行
合并
取消合并
在上方插入
在下方插入
删除
均匀调整大小

图 7-31　均匀调整行间距

(a)

10 kV线路
TAa A411 1 1KA-2
TAc A411 2 2KA-2
TAc N411 3 2KA-8
4
1FU 101 5 1KA-1
101 6 3KA-1
101 7 KT-3
YR 102 8
102 9 KT-8
2FU 102 10 KM-2
11
1QF 133 12 XB-2
WT 703 13 KS-2
WT 716 14 KS-4
15

(b)

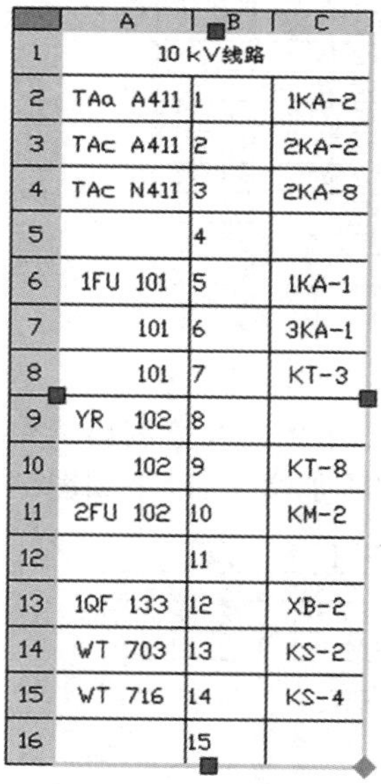

图 7-32　调整行间距

(8)在标号 5 的单元中间绘制小圆，效果如图 7-33 所示。

(9)阵列小圆，单击“阵列”按钮图标▦，在打开的“阵列”对话框中，选择“矩形阵列”，“行数”设为 6，“列数”设为 1，“行偏移”设为表格的行间距，选择小圆为对象，“阵列”对话框设置如图 7-34 所示，阵列后效果如图 7-35 所示。

10 kV线路			
TAa A411	1		1KA-2
TAc A411	2		2KA-2
TAc N411	3		2KA-8
	4		
1FU 101	5	o	1KA-1
101	6		3KA-1
101	7		KT-3
YR 102	8		
102	9		KT-8
2FU 102	10		KM-2
	11		
1QF 133	12		XB-2
WT 703	13		KS-2
WT 716	14		KS-4
	15		

图 7-33 绘制小圆

图 7-34 "阵列"对话框

(10)绘制直线,加粗,效果如图 7-36 所示。

10 kV线路			
TAa A411	1		1KA-2
TAc A411	2		2KA-2
TAc N411	3		2KA-8
	4		
1FU 101	5	o	1KA-1
101	6	o	3KA-1
101	7	o	KT-3
YR 102	8	o	
102	9	o	KT-8
2FU 102	10	o	KM-2
	11		
1QF 133	12		XB-2
WT 703	13		KS-2
WT 716	14		KS-4
	15		

图 7-35 阵列后效果

10 kV线路			
TAa A411	1		1KA-2
TAc A411	2		2KA-2
TAc N411	3		2KA-8
	4		
1FU 101	5	o	1KA-1
101	6	o	3KA-1
101	7	o	KT-3
YR 102	8	o	
102	9	o	KT-8
2FU 102	10	o	KM-2
	11		
1QF 133	12		XB-2
WT 703	13		KS-2
WT 716	14		KS-4
	15		

图 7-36 绘制直线,加粗

(11)继续添加直线,用多段线绘制出箭头,效果如图 7-37 所示。

(12)在"文字"图层添加文字,效果如图 7-38 所示。

图 7-37 绘制直线和箭头

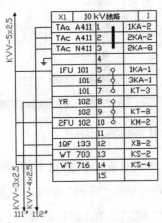

图 7-38 添加文字

7.2.5　屏后接线图

屏后接线图是以屏面布置图为基础,并以原理图为依据绘制的接线图。它标明屏上各个设备引出端子之间的连接情况,以及设备与端子排之间的连接情况。它是制造厂生产屏的过程中配线的依据,也是施工和运行的重要参考图纸。

1.屏后接线图的基本原则和要求

屏后接线图是屏面布置图的背视图,屏后接线图左、右方向正好与屏面布置图相反。屏后接线图应以展开的平面图形表示各部分之间布置的相应位置。

在屏后接线图中,屏上各设备外形可采用简化外形,如方形、圆形、矩形等表示,必要时也可采用规定的图形符号表示。图形不要求按比例绘制,但要保证设备之间的相对位置正确。各设备的端子应注明编号,并按实际排列顺序绘出。设备内部接线一般不绘出,或只绘出有关的线圈和触点,从屏后看不见的设备轮廓,其边框应用虚线表示。

2.二次回路接线表示方式

二次回路接线用相对编号法表示,即用编号来表示二次回路中各设备相互之间连接状态的一种方法。如甲、乙两个设备连接时,在甲设备的接线端子上,标出乙设备及接线端子的编号,同时,在乙设备的接线端子上标出甲设备及接线端子的编号,即两个设备相连接的两个端子的编号互相对应,而不绘出连接导线。没有编号的接线端子,表示空着不接。相对编号法在二次回路接线中已得到广泛应用。

图 7-39 所示是 10 kV 出线电流保护二次回路安装接线图的屏后接线图。图中电流继电器 1KA 的编号为 I1,电流继电器 3KA 的编号为 I3,1KA 的 8 号端子与 3KA 的 2 号端子相连,则在 1KA 的 8 号端子旁边上"I3∶2",在 3KA 的 2 号端子旁边标上"I1∶8"。相对编号法可以应用到屏内设备、端子排与屏外设备的连接。

7.2.6　屏后接线图绘图提示

图 7-39 中有很多重复的图形,并且整齐地排列着,可使用"复制"或"阵列"命令来绘制,能大大减少绘图时间。具体参考步骤如下:

(1)建立"端子""连线""文字"等图层。

(2)在"端子"图层绘制端子,绘制圆,并将数字移至圆中间位置,如图 7-40 所示。

(3)阵列端子,4 行 2 列,选定合适的行偏移和列偏移,效果如图 7-40 所示。

(4)在"连线"图层绘制图形,修改数字后效果如图 7-41 所示。

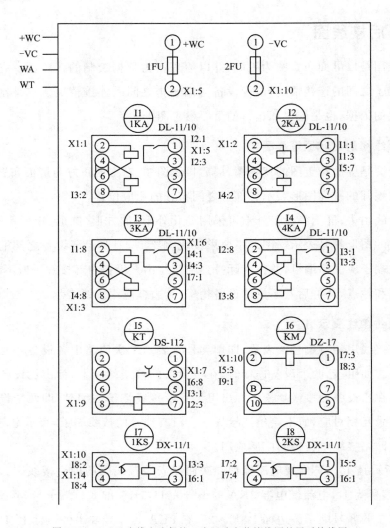

图 7-39　10 kV 出线电流保护二次回路安装接线图的屏后接线图

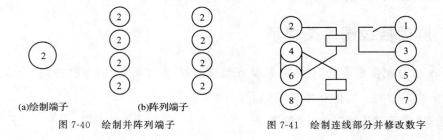

图 7-40　绘制并阵列端子　　　　图 7-41　绘制连线部分并修改数字

（5）在"端子"图层绘制线框，效果如图 7-42 所示。

（6）在"端子"图层绘制继电器的编号图形，并在"文字"图层添加文字，效果如图 7-43
所示。

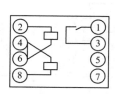

图 7-42　绘制线框

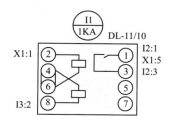

图 7-43　添加文字

（7）阵列整个图形，4 行 2 列，选定合适的行偏移和列偏移，效果如图 7-44 所示。

（8）关闭"文字"和"端子"图层后，如图 7-45 所示，删除虚线框中的部分。

（9）打开"端子"图层，如图 7-46(a)所示，删除选线中的端子，删除后效果如图 7-46(b)所示。

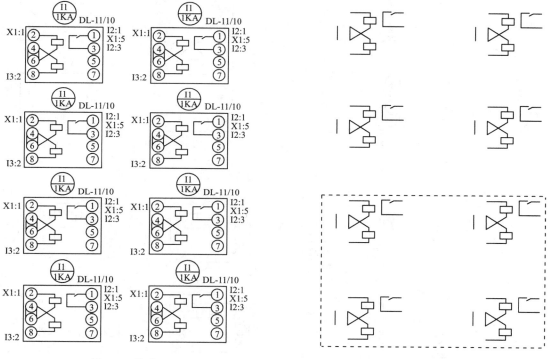

图 7-44　阵列

图 7-45　关闭"端子"图层，删除虚线框中的部分

　（10）修改端子编号，改成如图 7-47 虚线选中部分所示的端子编号，并用"拉伸"命令缩短后两个框的宽度，效果如图 7-47 所示。

　（11）添加后四个继电器的端子间连线部分，效果如图 7-48 所示。

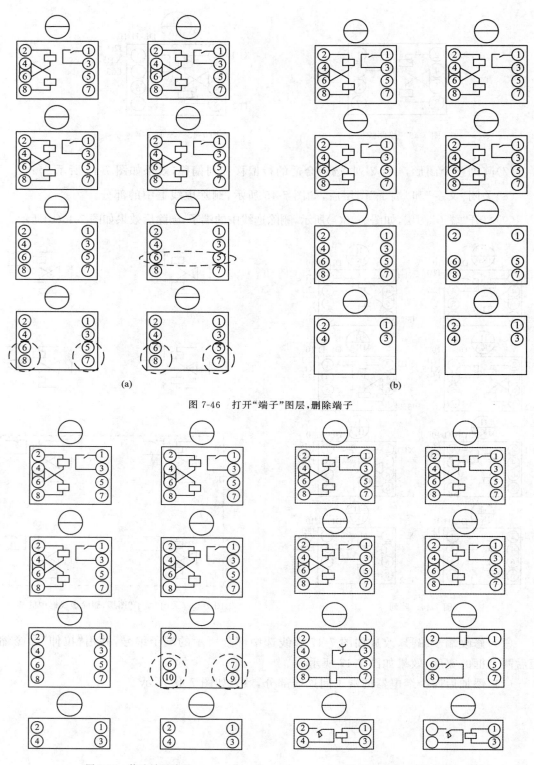

图 7-46　打开"端子"图层, 删除端子

图 7-47　修改端子编号

图 7-48　添加连线部分

（12）打开"文字"图层，效果如图 7-49 所示。

（13）修改文字，效果如图 7-50 所示。

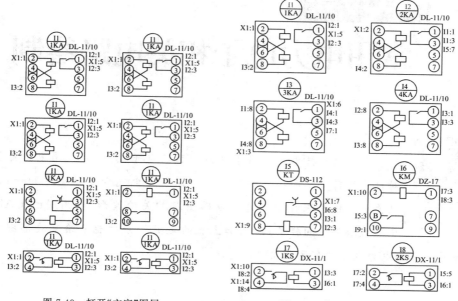

图 7-49　打开"文字"图层

图 7-50　修改文字后的效果

（14）添加熔断器部分并添加文字，效果如图 7-51 所示。

（15）添加外框部分并添加文字，最终效果如图 7-39 所示。

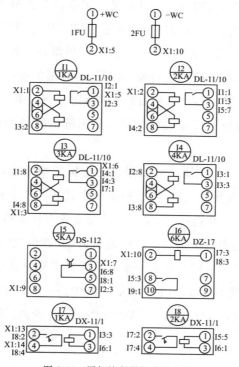

图 7-51　添加熔断器部分和文字

第 8 章

常用电力电子相关电路绘制

"知识型、技能型、创新型"
的新时代劳动者
王洪亮：技精于专业精于勤，
全国五一劳动奖章获得者

电力电子技术是应用于电力领域的电子技术，是使用电力电子器件对电能进行变换和控制的技术。该课程是电气专业很重要的一门课程。电力电子技术课程中有许多电路图及相关的波形图，用 AutoCAD 2023 中文版软件中的样条曲线，加上点的定数等分功能来绘制波形图非常方便。本章重点介绍电力电子波形图的绘制。

8.1 三相桥式晶闸管全控整流电路及其波形图

目前在各种整流电路中，应用最为广泛的是三相桥式全控整流电路，其原理图如图 8-1 所示。习惯将其中阴极连接在一起的三个晶闸管（VT_1、VT_3、VT_5）称为共阴极组，将阳极连接在一起的三个晶闸管（VT_4、VT_6、VT_2）称为共阳极组。此外，习惯上希望晶闸管按从 1 至 6 的顺序导通，为此将晶闸管按图示的顺序编号，即共阴极组中与 a、b、c 三相电源相接的三个晶闸管分别为 VT_1、VT_3、VT_5，共阳极组中与 a、b、c 三相电源相接的三个晶闸管分别为 VT_4、VT_6、VT_2。从后面的分析可知，按此编号，晶闸管的导通顺序为 $VT_1 \rightarrow VT_2 \rightarrow VT_3 \rightarrow VT_4 \rightarrow VT_5 \rightarrow VT_6$。

该电路带电阻负载时的工作情况可以采用与分析三相半波可控整流电路时类似的方法。假设将电路中的晶闸管换作二极管，这种情况也就相当于晶闸管触发角 $\alpha = 0°$ 时的情况。此时，对于共阴极组的三个晶闸管，是阳极所接交流电压值最高的一个导通。而对于共阳极组的三个晶闸管，则是阴极所接交流电压值最低（或者说"负得最多"）的一个导通。这样，任意时刻共阳极组和共阴极组中各有一个晶闸管处于导通状态，施加于负载上的电压为某一线电压。此时电路工作波形如图 8-2 所示。图中：u_{d1} 为整流输出电压相电压在正半周的包络线；u_{d2} 为整流输出电压相电压在负半周的包络线；u_d 为整流输出电压，$u_d = u_{d1} - u_{d2}$。

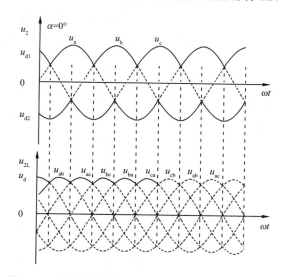

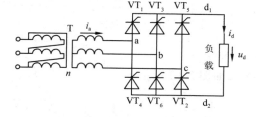

图 8-1 三相桥式全控整流电路　　图 8-2 三相桥式全控整流电路带电阻负载 $\alpha=0°$ 时的波形

8.1.1 电路图绘制

如图 8-1 所示电路图的绘制比较简单,步骤如下:

(1)建立图层。除"0"图层外,建立"文字"图层。

(2)在"0"图层下,用"圆弧"命令,绘制半圆,效果如图 8-3 所示。

(3)执行"复制"(或"阵列")命令,效果如图 8-4 所示。

(4)执行"直线"和"复制"命令,效果如图 8-5 所示。

(5)用直线连接,并绘制小圆作为端子,效果如图 8-6 所示。

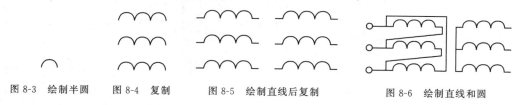

图 8-3 绘制半圆　　图 8-4 复制　　图 8-5 绘制直线后复制　　　图 8-6 绘制直线和圆

(6)用"直线"命令绘制晶闸管符号,移至合适位置,效果如图 8-7 所示。

(7)执行"复制"和"直线"命令,效果如图 8-8 所示。

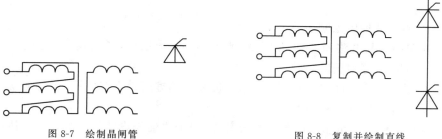

图 8-7 绘制晶闸管　　　　　　　图 8-8 复制并绘制直线

（8）执行"复制"命令后，效果如图 8-9 所示。

（9）用"直线"命令连接，效果如图 8-10 所示。

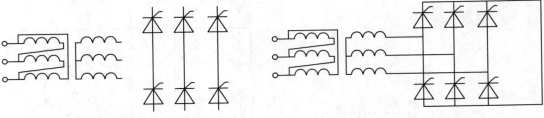

图 8-9　复制　　　　　　　　　　　　　　　图 8-10　直线连接

（10）绘制矩形，效果如图 8-11 所示。

（11）执行"修剪"命令，减去矩形中间的线段，效果如图 8-12 所示。

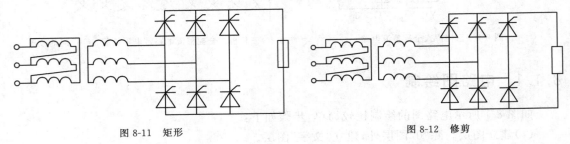

图 8-11　矩形　　　　　　　　　　　　　　　图 8-12　修剪

（12）用"多段线"命令绘制箭头，具体可参考第 3 章 3.5.1 节，效果如图 8-13 所示。

（13）通过"复制""旋转""移动"等命令，将箭头放到合适的位置，效果如图 8-14 所示。

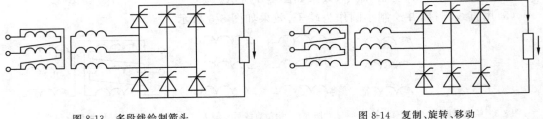

图 8-13　多段线绘制箭头　　　　　　　　　　图 8-14　复制、旋转、移动

（14）在"文字"图层中加入文字，最终效果如图 8-1 所示。

8.1.2　相关波形图绘制

如图 8-2 所示波形图绘制步骤如下：

（1）建立图层。与电路图相比，除了要建立"文字"图层外，还需建立"虚线""坐标轴""辅助层""辅助层 2"等图层。

（2）设置"虚线"图层的线型为虚线。为了使显示的虚线效果好一些，可调整线型管理器中的"全局比例因子"，如图 8-15 所示。

（3）设置点的样式。由于中间要用到等分点，绘图之前先设置好点的样式。执行菜单栏中"格式"→"点样式"命令，打开"点样式"对话框，选择点的样式，如图 8-16 所示。

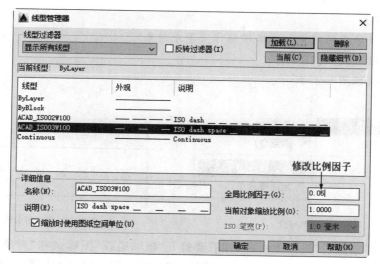

图 8-15　线型管理器

（4）在"坐标轴"图层下，用"多段线"命令绘制出带箭头的坐标轴，效果如图 8-17 所示。

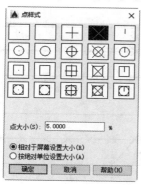

图 8-16　设置点的样式

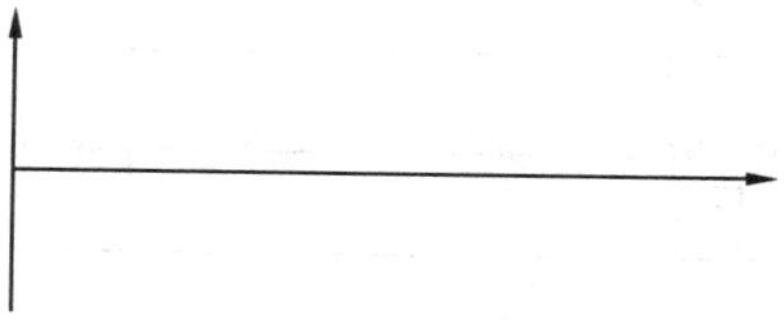

图 8-17　多段线绘制坐标轴

（5）在"辅助层"图层下，绘制一条直线，该直线与横轴的间距作为正弦波的幅值，效果如图 8-18 所示。

（6）单击"镜像"按钮图标 ⚊，以辅助线为对象，以横向坐标轴为镜像线，执行后效果如图 8-19 所示。

图 8-18　绘制辅助线

图 8-19　镜像

（7）执行菜单栏中"绘图"→"点"→"定数等分"命令，如图 8-20 所示，按命令行提示将横轴等分为 10 段。

命令：_divide

选择要定数等分的对象：（选择横轴作为等分对象）

输入线段数目或［块（B）］：10

操作后效果如图 8-21 所示。

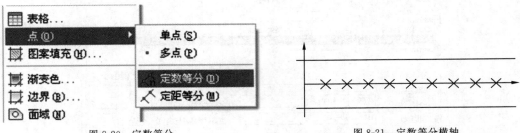

图 8-20　定数等分　　　　　　　　　　　　　图 8-21　定数等分横轴

（8）单击"样条曲线"按钮图标 ～，注意要打开"极轴追踪"图标 ☑ 和"对象捕捉"图标 □，捕捉设置时要选中交点、节点的捕捉，按照图 8-22（a）至图 8-22（e）的顺序依次确定点，最终绘得如图 8-22（f）所示曲线，并将它放入"0"图层下。

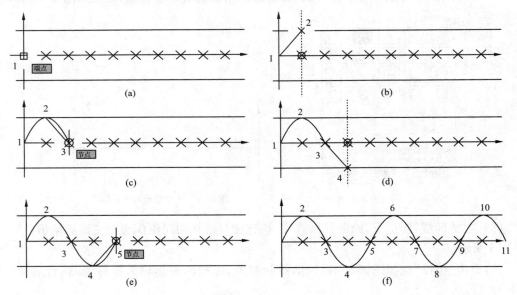

图 8-22　绘制样条曲线

（9）删除等分点，效果如图 8-23 所示。

（10）如图 8-24 所示，通过 1、2 两点绘制直线，并等分成三段，得到两个节点。

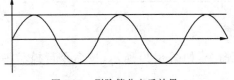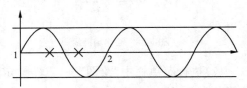

图 8-23　删除等分点后效果　　　　　　　　　图 8-24　绘制和等分直线

（11）复制曲线，以图 8-25（a）中的端点为基点，复制到两目标节点上，效果如图 8-25（b）所示。

（12）关闭"辅助层"图层，效果如图 8-26 所示。

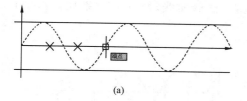

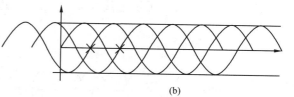

图 8-25　复制（1）

（13）在垂直方向上复制该图形，效果如图 8-27 所示。

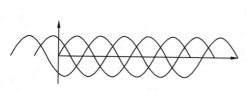

图 8-26　关闭"辅助层"图层效果

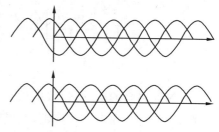

图 8-27　在垂直方向上复制

（14）绘制如图 8-28 所示的辅助线，可将辅助线放入一个新建的"辅助层 2"图层。

（15）选中图 8-28 中下面坐标系内的三条曲线，以点"1"为基点，复制到点"2"上，复制后效果如图 8-29 所示。

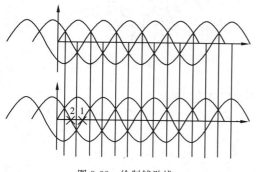

图 8-28　绘制辅助线

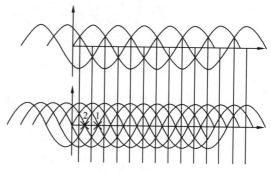

图 8-29　复制（2）

（16）放大图形，确定图 8-30（a）中的点"3"和"4"，选中所有曲线，用"移动"命令，以点"3"为基点，整体移动到点"4"处，效果如图 8-30（b）所示。

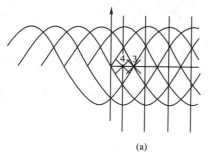

(a)

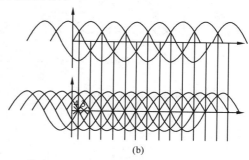

(b)

图 8-30　移动（1）

(17)以图 8-31(a)所示虚线 1、2、3 为修剪边界,修剪曲线,修剪后效果如图 8-31(b)所示。

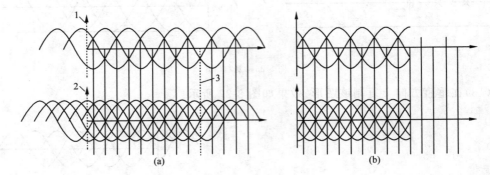

图 8-31　修剪(1)

(18)删除多余的辅助线,效果如图 8-32 所示。

(19)用"拉伸"命令缩短横轴,效果如图 8-33 所示。

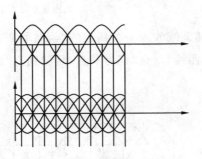
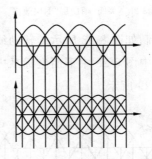

图 8-32　删除多余辅助线　　　　　图 8-33　拉伸缩短坐标轴

(20)关闭"辅助层 2"图层,隐藏辅助线后效果如图 8-34 所示。

(21)绘制临时辅助线 1、2、3,效果如图 8-35 所示。

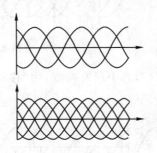
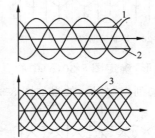

图 8-34　关闭"辅助层 2"图层　　　　图 8-35　绘制临时辅助线

(22)复制曲线和辅助线,以图 8-36(a)所示的坐标原点为基点,复制后效果如图 8-36(b)所示。

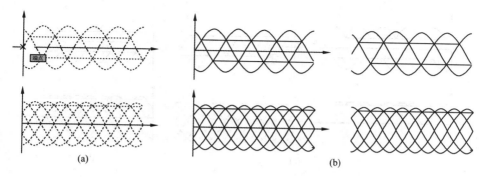

图 8-36　复制(3)

（23）以临时辅助线为边界线，修剪曲线，左侧保留两边部分，右侧保留中间部分，效果如图 8-37 所示。

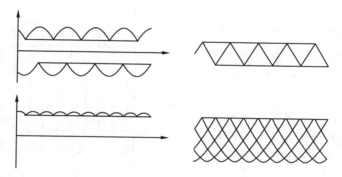

图 8-37　修剪(2)

（24）选中右侧修剪后的部分，如图 8-38(a)所示，将它调入"虚线"图层变成虚线，效果如图 8-38(b)所示。

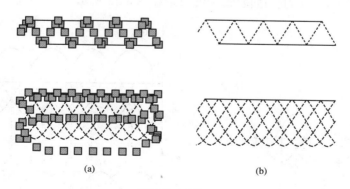

图 8-38　虚线

（25）选中虚线部分，以图 8-39(a)中端点为基点，移动到坐标原点，移动后两部分合并的效果如图 8-39(b)所示。

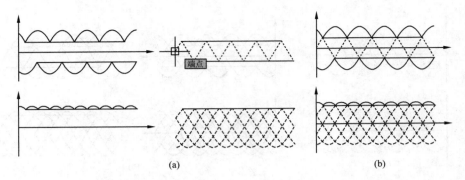

图 8-39 移动(2)

(26)删除临时辅助线,效果如图 8-40 所示。

(27)打开"辅助层 2"图层,修剪掉多余线段后效果如图 8-41 所示。

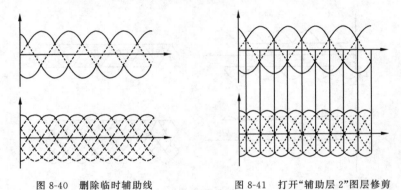

图 8-40 删除临时辅助线   图 8-41 打开"辅助层 2"图层修剪

(28)将辅助线选中调入"虚线"图层,效果如图 8-42 所示。

(29)输入文字,移动到合适位置,最终效果如图 8-43 所示。

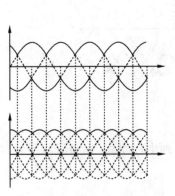

图 8-42 辅助线调入"虚线"图层

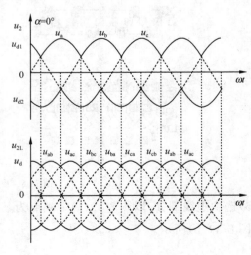

图 8-43 最终效果

8.2 单相桥式 PWM 逆变电路及其波形

图 8-44 所示是采用 IGBT（绝缘栅双极晶体管）作为开关器件的单相桥式 PWM 逆变电路。设负载为阻感负载，工作时 V_1 和 V_2 的通断状态互补，V_3 和 V_4 的通断状态也互补。具体的控制规律如下：

在输出电压 u_o 的正半周，让 V_1 保持通态，V_2 保持断态，V_3 和 V_4 交替通断。由于负载电流比电压滞后，因此在电压正半周，电流有一段区间为正，一段区间为负。在负载电流为正的区间，V_1 和 V_4 导通时，负载电压 u_o 等于直流电压 u_d；V_4 关断时，负载电流通过 V_1 和 VD_3 续流，$u_o=0$。在负载电流为负的区间，仍为 V_1 和 V_d 导通时，因 i_o 为负，故 i_o 实际上从 VD_1 和 VD_4 流过，仍有 $u_o=u_d$；V_4 关断，V_3 开通后，i_o 从 V_3 和 VD_1 续流，$u_o=0$。这样 u_o 总可以得到 u_d 和 0 两种电平。同样，在 u_o 的负半周，让 V_2 保持通态，V_1 保持断态，V_3 和 V_4 交替通断，负载电压 u_o 可以得到 $-u_d$ 和 0 两种电平。

控制 V_3 和 V_4 通断的方法如图 8-45 所示。调制信号 u_r 为正弦波，载波 u_c 在 u_r 的正半周为正极性的三角波，在 u_r 的负半周为负极性的三角波。在 u_r 和 u_c 的交点时刻控制 IGBT 的通断。在 u_r 的正半周，V_1 保持通态，V_2 保持断态。当 $u_r > u_c$ 时，使 V_4 导通，V_3 关断，$u_o=u_d$；当 $u_r < u_c$ 时，使 V_4 关断，V_3 导通，$u_o=0$。在 u_r 的负半周，V_1 保持断态，V_2 保持通态。当 $u_r < u_c$ 时，使 V_3 导通，V_4 关断，$u_o=-u_d$；当 $u_r > u_c$ 时，使 V_3 关断，V_4 导通，$u_o=0$。这样，就得到了 SPWM 波形 u_o。图 8-45 中的虚线 u_{of} 表示 u_o 的基波分量。像这种在 u_r 的半个周期内三角波载波只在正极性或负极性一种极性范围内变化，所得到的 PWM 波形也只在单个极性范围变化的控制方式称为单极性 PWM 控制方式。

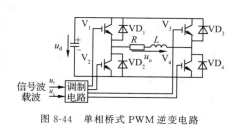

图 8-44 单相桥式 PWM 逆变电路　　　　图 8-45 单极性 PWM 控制方式波形

8.2.1 电路图绘制

图 8-44 所示的电路图的绘制步骤如下：

（1）建立图层。除"0"图层外，建立"文字"图层。

（2）用"直线"和"多段线"命令绘制 IGBT 和二极管符号，并用直线相连，效果如图 8-46 所示。

（3）执行"复制"命令，效果如图 8-47 所示。

（4）执行"直线"命令，效果如图 8-48 所示。

（5）用直线连接，并复制到合适位置，效果如图 8-49 所示。

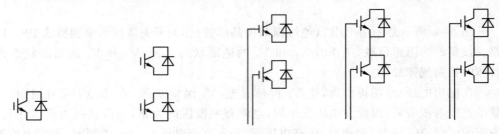

图 8-46　绘制 IGBT 和二极管　图 8-47　复制(1)　图 8-48　绘制直线(1)　图 8-49　复制(2)

（6）捕捉中点绘制直线，效果如图 8-50 所示。

（7）绘制线圈符号，效果如图 8-51 所示。

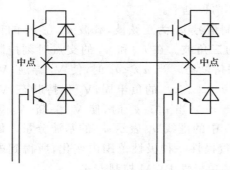

图 8-50　捕捉中点绘制直线

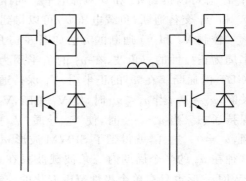

图 8-51　绘制线圈符号

（8）绘制矩形，捕捉中点移动到直线上，效果如图 8-52 所示。

（9）用"修剪"命令，效果如图 8-53 所示。

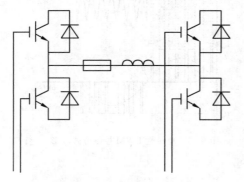

图 8-52　绘制矩形(1)

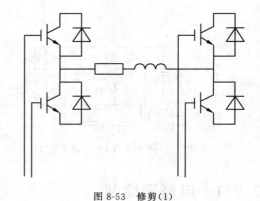

图 8-53　修剪(1)

（10）用直线连接，效果如图 8-54 所示。

（11）绘制矩形，效果如图 8-55 所示。

（12）绘制直线，效果如图 8-56 所示。

（13）修剪直线，效果如图 8-57 所示。

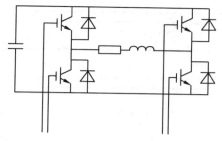

图 8-54 绘制直线(2)

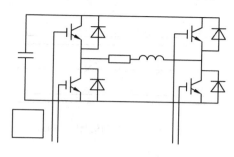

图 8-55 绘制矩形(2)

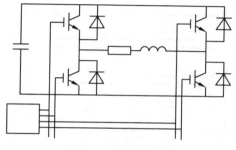

图 8-56 绘制直线(3)

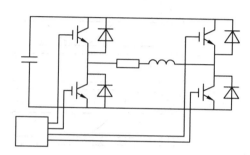

图 8-57 修剪(2)

(14)用多段线绘制箭头、复制箭头、移动箭头,效果如图 8-58 所示。

(15)添加文字,最终效果如图 8-59 所示。

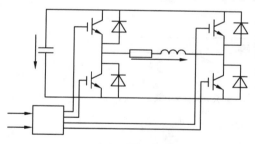

图 8-58 绘制、复制、移动箭头

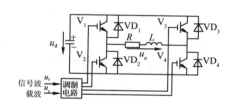

图 8-59 添加文字

8.2.2 相关波形图绘制

图 8-45 所示的波形图绘图步骤如下:

(1)按照 8.1.2 节所述,建立图层,设置"虚线"图层的虚线类型及合适的全局比例因子,设置点的样式。

(2)在"坐标轴"图层绘制坐标轴,在"辅助层"将横轴定数等分为 5 段,并绘制辅助线,如图 8-60 所示,其中直线 1 为三角波幅值线,直线 2 为正弦波幅值线。

(3)用样条曲线按照 8.1.2 节所述过程绘制正弦波,注意要打开"极轴追踪"按钮图标 和"对象捕捉"按钮图标 ,捕捉设置时要选中交点和节点,效果如图 8-61 所示。

(4)删除辅助的等分点后复制整个图形,效果如图 8-62 所示。

(5)在如图 8-63 所示的点 1 和点 2 之间绘制线段。

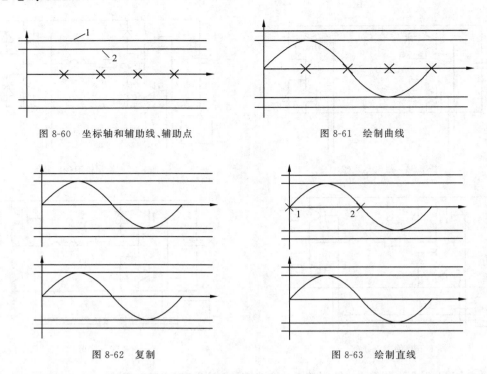

图 8-60 坐标轴和辅助线、辅助点　　　　　图 8-61 绘制曲线

图 8-62 复制　　　　　　　　图 8-63 绘制直线

(6)局部放大后,将该线段定数等分成 14 份,用多段线按图 8-64(a)至图 8-64(e)所示的过程绘制三角波。效果如图 8-64(f)所示。

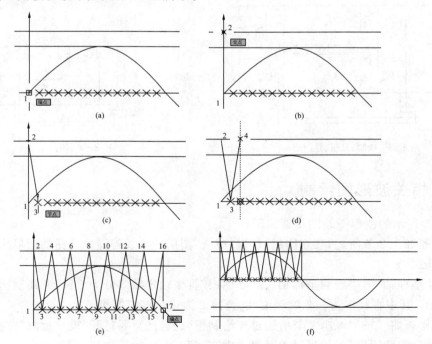

图 8-64 多段线绘制三角波

注意:用多段线来绘制比用直线绘制更方便,在后续操作中更容易被选中,同样注意要打

开"极轴追踪"按钮图标 ⊕ 和"对象捕捉"按钮图标 □ ,同样捕捉设置时要选中"交点"和"节点"。

（7）删除等分点和正弦波幅值线,局部放大后,"辅助层"图层中,在正弦波和三角波交点处向下引直线,效果如图 8-65 所示。

（8）用"延伸"命令,以第二条横坐标轴作为延伸边界线,延伸所绘制的直线,效果如图 8-66 所示。

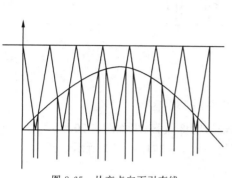

图 8-65　从交点向下引直线

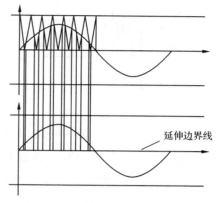

图 8-66　延伸直线至第二条横坐标轴

（9）如图 8-67(a)所示,局部放大,执行"修剪"命令,剪切出如图 8-67(b)所示的效果。

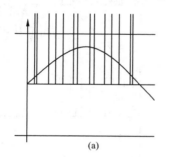

(a)

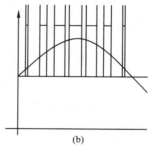

(b)

图 8-67　剪切线段

（10）用"打断于点"命令将竖线打断,选中图 8-68(a)所示图形切换到"0"图层中,效果如图 8-68(b)所示。

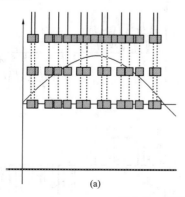

(a)

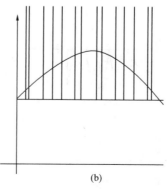

(b)

图 8-68　选择对象切换图层(1)

（11）缩小后图形效果如图 8-69(a)所示,关闭"辅助层"图层后效果如图 8-69(b)所示。

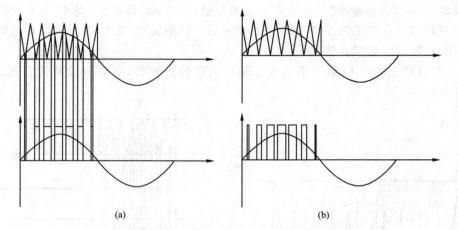

图 8-69　缩小后图形效果和关闭"辅助层"图层效果

(12)激活"镜像"命令,选中三角波为对象,以横轴为镜像线,效果如图 8-70 所示。

(13)执行"移动"命令,以点 1 为基点,点 2 为目标点,效果如图 8-71 所示。

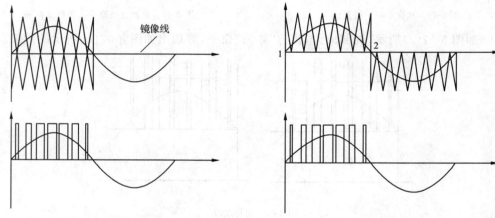

图 8-70　镜像三角波　　　　　　　　　图 8-71　移动三角波

(14)按照步骤(12)(13)所示,镜像并移动方波,效果如图 8-72 和图 8-73 所示。

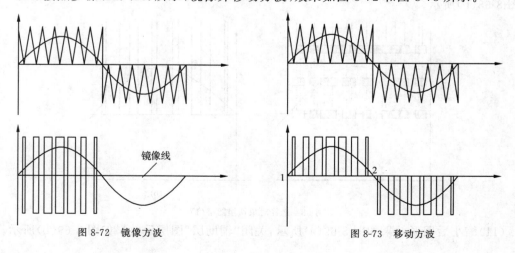

图 8-72　镜像方波　　　　　　　　　图 8-73　移动方波

（15）打开"辅助层"图层，绘制直线，并选中如图 8-74（a）所示对象，调入"虚线"图层，效果如图 8-74（b）所示。

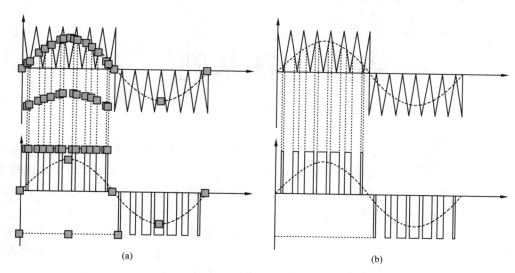

图 8-74　选择对象切换图层（2）

（16）输入文字，移动到合适位置，最终效果如图 8-75 所示。

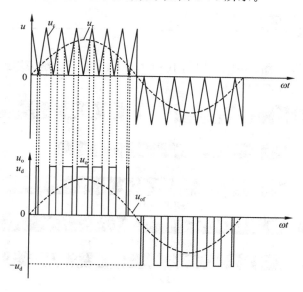

图 8-75　添加文字

第 9 章

三维实体绘图基础

一项项重点工程、一个个国之重器、
一次次创新突破
非凡十年：中国的十个维度

实体建模是 AutoCAD 三维建模中比较重要的一部分。实体模型能够完整描述对象的 3D 模型，比三维线框、三维曲面更能表达实物。这些功能命令的工具栏操作主要集中在"建模"工具栏和"实体编辑"工具栏中。

本章主要介绍 AutoCAD 2023 中文版中三维绘图的常用操作，包括三维坐标系统的使用、基本三维实体的绘制、三维实体的编辑、三维实体的布尔运算、三维实体的着色与渲染等内容。并通过一个具体的实例让读者体会三维绘图的基本过程。

9.1 三维绘图常用工具栏

图 9-1 所示为三维绘图常用工具栏，其中图 9-1(e)所示"建模"工具栏在其他版本的 AutoCAD 中也称为"实体"工具栏。

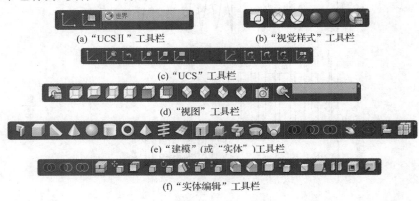

(a)"UCSⅡ"工具栏   (b)"视觉样式"工具栏

(c)"UCS"工具栏

(d)"视图"工具栏

(e)"建模"（或"实体"）工具栏

(f)"实体编辑"工具栏

图 9-1 三维绘图常用工具栏

9.2 三维坐标系统

AutoCAD 2023 中文版使用的是笛卡儿坐标系。其中，直角坐标系有两种类型。一种是绘制二维图形时常用的坐标系，即世界坐标系（WCS），由系统默认提供。世界坐标系又

称为通用坐标系或绝对坐标系。对于二维绘图来说,世界坐标系足以满足要求。为了方便
创建三维模型,AutoCAD 2023 中文版允许用户根据自己的需要设定坐标系,即另一种坐标
系——用户坐标系(UCS)。合理地创建 UCS,用户可以方便地创建三维模型。

【命令激活方式】

命令行:UCS

菜单栏:"工具"→"新建 UCS"→"世界"

工具栏:"UCS" ⌐

【命令行提示】

命令:UCS

当前 UCS 名称:＊世界＊

指定 UCS 的原点或[面(F)/命名(NA)/对象(OB)/上一个(P)/视图(V)/世界(W)/
X/Y/Z/Z 轴(ZA)]＜世界＞:

【选项说明】

● 指定 UCS 的原点:使用一点、两点或三点定义一个新的 UCS。如果指定单个点,前
UCS 的原点将会移动而不会更改 X 轴、Y 轴和 Z 轴的方向。

注意:单击"UCS"工具栏里的"原点"按钮图标 ⌐、"Z 轴矢量"按钮图标 ⌐、"三点"按钮
图标 ⌐ 能直接实现上述方式修改坐标系的功能。

指定原点确定坐标系如图 9-2 所示。

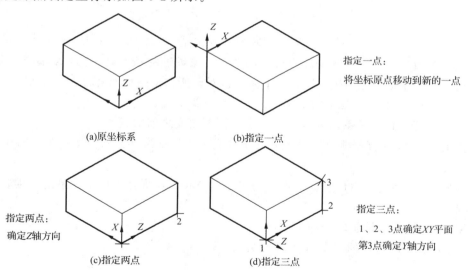

(a)原坐标系　　　　　(b)指定一点

指定一点:
将坐标原点移动到新的一点

指定两点:
确定Z轴方向

(c)指定两点　　　　　(d)指定三点

指定三点:
1、2、3点确定XY平面
第3点确定Y轴方向

图 9-2　指定原点确定坐标系

● 面(F):将 UCS 与三维实体的选定面对齐。要选择一个面,请在此面的边界内或面的
边上单击,被选中的面将高亮显示,UCS 的 X 轴将与找到的第一个面上的最近的边对齐。
选择该选项,命令行提示:

选择实体对象的面:(选择面)

输入选项[下一个(N)/X 轴反向(X)/Y 轴反向(Y)]＜接受＞:

结果如图 9-3 所示。

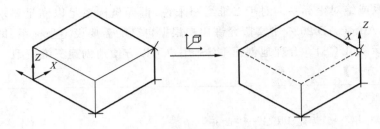

图 9-3 选择面确定坐标系

如果选择"下一个(N)"选项,系统将 UCS 定位于邻接的面或选定边的后向面。

● 命名(NA):选择该选项,命令行提示:

输入选项[恢复(R)/保存(S)/删除(D)/?]:

这里可以对 UCS 名称进行修改和设定。

● 对象(OB):根据选定三维对象定义新的坐标系,如图 9-4 所示。新建 UCS 的拉伸方向(Z 轴正方向)与选定对象的拉伸方向相同。

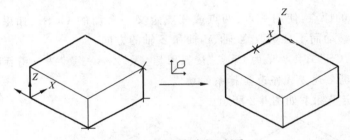

图 9-4 选择对象确定坐标系

对于大多数对象,新 UCS 的原点位于离选定对象最近的顶点处,并且 X 轴与一条边对齐或相切。对于平面对象,UCS 的 XY 平面与该对象所在的平面对齐。

注意:该选项不能用于三维多段线、三维网格和构造线。

● 上一个(P):将坐标系恢复到最后一次坐标系改变之前的状态。

● 视图(V):以垂直于观察方向(平行于屏幕)的平面为 XY 平面,建立新的坐标系。UCS 原点保持不变。

● 世界(W):将当前用户坐标系设置为 WCS。WCS 是所有用户坐标系的基准,不能被重新定义。

● X/Y/Z:绕指定轴旋转当前 UCS。

● Z 轴(ZA):用指定的 Z 轴正半轴定义 UCS。

9.3 动态观察

AutoCAD 2023 中文版提供了具有交互控制功能的三维动态观测器,可以实时地控制和改变当前视口中创建的三维视图,以得到用户期望的效果。

9.3.1　受约束的动态观察

【命令激活方式】

> 命令行:3DORBIT
> 菜单栏:"视图"→"动态观察"→"受约束的动态观察"
> 快捷菜单:"其他导航模式"→"受约束的动态观察"
> 工具栏:"动态观察"→"受约束的动态观察" ⊕ 或"三维导航"→"受约束的动态观察" ⊕

　　执行该命令后,视图的目标保持静止,而视点将围绕目标移动。但是,从用户的视点看起来就像三维模型正在随着光标而旋转。用户可以以此方式指定模型的任意视图。
　　系统显示三维动态观察光标。如果水平拖动光标,视点将平行于 WCS 的 XY 平面移动;如果垂直拖动光标,视点将沿 Z 轴移动。

9.3.2　自由动态观察

【命令激活方式】

> 命令行:3DFORBIT
> 菜单栏:"视图"→"动态观察"→"自由动态观察"
> 工具栏:"动态观察"→"自由动态观察" ⊘ 或"三维导航"→"自由动态观察" ⊘

　　执行该命令后,在当前视口出现一个绿色的大圆,在大圆上有四个绿色的小圆,如图9-5 所示。此时通过拖动鼠标就可以对视图进行旋转观测。
　　在三维动态观测中,查看目标的点被固定,用户可以利用鼠标控制视点位置绕观察对象得到动态的观看效果。当鼠标在绿色大圆的不同位置进行拖动时,鼠标的表现形式是不同的,视图的旋转方向也不同。视图的旋转由光标的表现形式和位置决定。鼠标在不同位置有⊙、⊕、中、⊕几种表现形式,拖动这些图标,分别对对象进行不同形式旋转。

9.3.3　连续动态观察

【命令激活方式】

> 命令行:3DCORBIT
> 菜单栏:"视图"→"动态观察"→"连续动态观察"
> 工具栏:"动态观察"→"连续动态观察" ⊘ 或"三维导航"→"连续动态观察" ⊘
> 功能区:"视图"→"导航"→"动态观察"→"连续动态观察"

　　执行该命令后,系统显示三维动态观察光标,按住鼠标左键拖动,图形按鼠标拖动方向旋转,旋转速度为鼠标的拖动速度,如图9-6 所示。

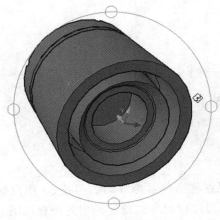
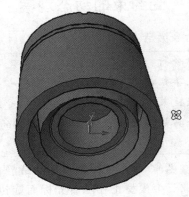

图 9-5   自由动态观察   图 9-6   连续动态观察

9.4   视   图

【命令激活方式】

工具栏:"视图"→ ⬚ 、⬚ 、⬚ 、⬚ 、⬚ 、◈ 、◈ 、◈ 、◈

"视图"工具栏是一个三维导航工具,在三维视觉样式中处理图形时显示。通过该工具栏,用户可以在标准视图和等轴测视图间切换,如图 9-7 所示。

9.5   基本三维建模

本节主要介绍各种基本三维建模的绘制方法,"建模"工具栏及其符号如图 9-8 所示。

9.5.1   多段体

通过"POLYSOLID"命令,用户可以将现有的直线、二维多段线、圆弧或圆转换为具有矩形轮廓的实体。多段体可以包含曲线线段,但是在默认情况下轮廓始终为矩形。

【命令激活方式】

命令行:POLYSOLID
菜单栏:"绘图"→"建模"→"多段体"
工具栏:"建模"→"多段体" 🗗

【命令行提示】

命令:_polysolid
指定起点或[对象(O)/高度(H)/宽度(W)/对正(J)]<对象>:(指定起点)
指定下一个点或[圆弧(A)/放弃(U)]:(指定下一点)

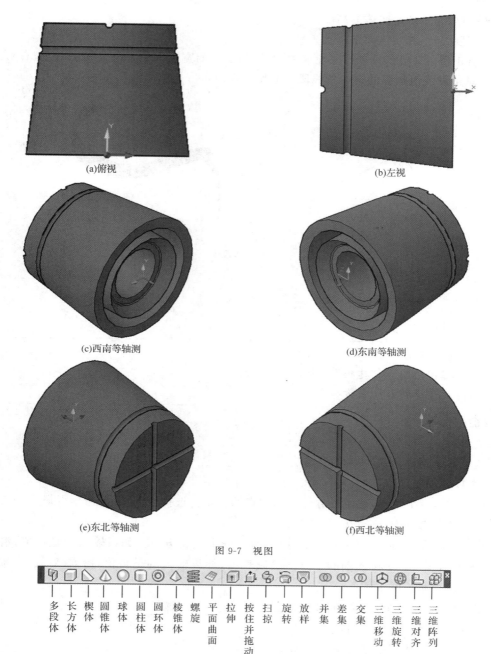

(a)俯视　　　　　　　　　　　　　　(b)左视

(c)西南等轴测　　　　　　　　　　(d)东南等轴测

(e)东北等轴测　　　　　　　　　　(f)西北等轴测

图 9-7　视图

多段体　长方体　楔体　圆锥体　球体　圆柱体　圆环体　棱锥体　螺旋　平面曲面　拉伸　按住并拖动　扫掠　旋转　放样　并集　差集　交集　三维移动　三维旋转　三维对齐　三维阵列

图 9-8　"建模"工具栏及符号

指定下一个点或［圆弧（A）/放弃（U）］:（指定下一点）

指定下一个点或［圆弧（A）/闭合（C）/放弃（U）］:

【选项说明】

● 对象（O）:指定要转换为实体的对象,可以将直线、二维多段线、圆弧或圆等转变为多段体,如图 9-9 所示。

- 高度(H):指定实体的高度。
- 宽度(W):指定实体的宽度。
- 对正(J):选择该选项定义轮廓时,可以将实体的宽度和高度设置为左对正、右对正或居中。对正方式由轮廓的第一条线段的起始方向决定。

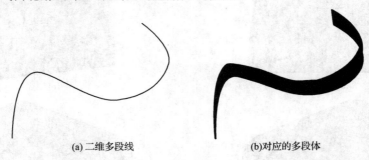

(a) 二维多段线　　　　　　　(b)对应的多段体

图 9-9　多段体

9.5.2　长方体

【命令激活方式】

> 命令行:BOX
> 菜单栏:"绘图"→"建模"→"长方体"
> 工具栏:"建模"→"长方体"□

【命令行提示】

命令:_box

指定第一个角点或[中心(C)]:

【选项说明】

- 指定第一个角点:确定长方体一个顶点的位置。选择该选项后,命令行提示:

指定其他角点或[立方体(C)/长度(L)]:

指定其他角点:输入另一角点的数值,即可确定该长方体。如果输入的是正值,沿着当前 UCS 的 X 轴、Y 轴和 Z 轴的正方向绘制长度;如果输入的是负值,沿着 X 轴、Y 轴和 Z 轴的负方向绘制长度。

立方体:创建一个长、宽、高相等的正方体。

长度:要求输入长、宽、高的值。

- 中心(C):使用指定的中心点创建长方体。

9.5.3　圆柱体

【命令激活方式】

> 命令行:CYLINDER
> 菜单栏:"绘图"→"建模"→"圆柱体"
> 工具栏:"建模"→"圆柱体"□

【命令行提示】

命令：_cylinder

指定底面的中心点或[三点(3P)/两点(2P)/相切、相切、半径(T)/椭圆(E)]：

【选项说明】

● 指定底面的中心点：输入底面圆心的坐标,此选项为系统的默认选项,然后指定底面的半径和高度。AutoCAD 2023 中文版按指定的高度创建圆柱体,且圆柱体的中心线与当前坐标系的 Z 轴平行。也可以指定另一个端面的圆心来指定高度,AutoCAD 2023 中文版根据圆柱体两个端面的中心位置来创建圆柱体,该圆柱体的中心线就是两个端面的连线。圆柱体如图 9-10 所示。

● 椭圆(E)：绘制椭圆柱体。其中,端面椭圆的绘制方法与平面椭圆一样,椭圆柱体如图 9-11 所示。

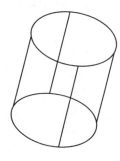
图 9-10　圆柱体

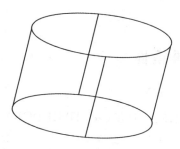
图 9-11　椭圆柱体

其他基本实体(如螺旋、楔体、圆锥体、球体、圆环体等)的绘制方法与长方体和圆柱体类似。

9.6　编辑三维图形

本节主要介绍各种三维编辑命令。

9.6.1　三维旋转

【命令激活方式】

命令行：3DROTATE

菜单栏："修改"→"三维操作"→"三维旋转"

工具栏："建模"→"三维旋转"

【命令行提示】

命令：_3drotate

UCS 当前的正角方向：　ANGDIR=逆时针　ANGBASE=0

选择对象：(选择要旋转的对象)

指定基点：(选择旋转基点)

拾取旋转轴：(选择旋转轴)

指定角的起点或键入角度：(选择旋转角度)

图 9-12 为一个圆柱体绕 X 轴旋转 30° 后的情况。

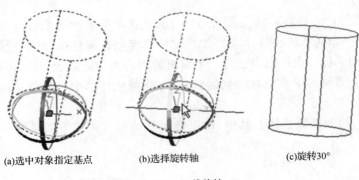

(a)选中对象指定基点   (b)选择旋转轴   (c)旋转30°

图 9-12　三维旋转

9.6.2　三维镜像

【命令激活方式】

> 命令行：MIRROR3D(或 3DMIRROR)
>
> 菜单栏："修改"→"三维操作"→"三维镜像"

【命令行提示】

命令：_mirror3d

选择对象：(选择镜像的对象)

选择对象：(选择下一个对象或按＜回车＞键)

指定镜像平面(三点)的第一个点或[对象(O)/上一个(L)/Z 轴(Z)/视图(V)/XY 平面(XY)/YZ 平面(YZ)/ZX 平面(ZX)/三点(3)]＜三点＞：

【选项说明】

● 指定镜像平面(三点)的第一个点：输入镜像平面上的第一个点的坐标。该选项通过三点确定镜像平面,是系统的默认选项。

● Z 轴(Z)：利用指定的平面作为镜像平面。选择该选项后,命令行提示：

在镜像平面上指定点：(输入镜像平面上一点的坐标)

在镜像平面的 Z 轴(法向)上指定点：(输入与镜像平面垂直的任意一条直线上任意一点的坐标)

是否删除源对象？[是(Y)/否(N)]：(根据需要确定是否删除源对象)

● 视图(V)：指定一个平行于当前视图的平面作为镜像平面。

● XY 平面(XY)/YZ 平面(YZ)/ZX 平面(ZX)：指定一个平行于当前坐标系的 XY 平面/YZ 平面/ZX 平面作为镜像平面。

9.6.3　三维阵列

【命令激活方式】

命令行:3DARRAY

菜单栏:"修改"→"三维操作"→"三维阵列"

工具栏:"建模"→"三维阵列"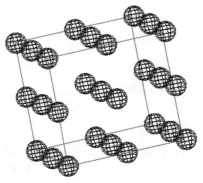

【命令行提示】

命令:_3darray

选择对象:(选择阵列的对象)

选择对象:(选择下一个对象或按<回车>键)

输入阵列类型［矩形(R)/环形(P)］<矩形>:

【选项说明】

● 矩形(R):对图形进行矩形阵列复制。这是系统的默认选项。选择该选项后,命令行提示:

输入行数（———）<1>:(输入行数)

输入列数（|||）<1>:(输入列数)

输入层数（...）<1>:(输入层数)

指定行间距（———）:(输入行间距)

指定列间距（|||）:(输入列间距)

指定层间距（...）:(输入层间距)

● 环形(P):对图形进行环形阵列复制。选择该选项后,命令行提示:

输入阵列中的项目数目:(输入阵列的数目)

指定要填充的角度(＋＝逆时针,—＝顺时针)<360>:(输入环形阵列的圆心角)

旋转阵列对象?［是(Y)/否(N)］<是>:(确定阵列上的每一个图形是否根据旋转轴线的位置进行旋转)

指定阵列的中心点:(输入旋转轴上一点的坐标)

指定旋转轴上的第二点:(输入旋转轴上另一点的坐标)

图 9-13 所示为 3 层 3 行 3 列的球体的矩形阵列。图 9-14 所示为圆柱的环形阵列。

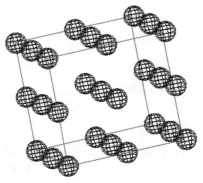

图 9-13　三维矩形阵列

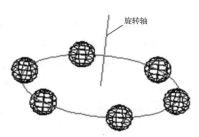

旋转轴

图 9-14　三维环形阵列

9.6.4 三维移动

【命令激活方式】

命令行：3DMOVE

菜单栏："修改"→"三维操作"→"三维移动"

工具栏："建模"→"三维移动" ⊕

【命令行提示】

命令：_3dmove

选择对象：（选择要移动的对象）

指定基点或[位移(D)]＜位移＞：（指定基点）

指定第二个点或＜使用第一个点作为位移＞：（指定第二个点）

其操作方法与二维移动命令类似。图 9-15 所示为移动一个球体的效果。

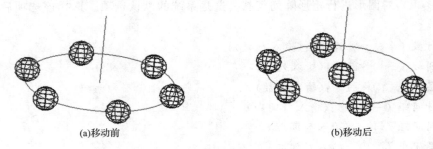

(a)移动前　　　　　　　　　　　　　　　　(b)移动后

图 9-15　移动

9.6.5 拉　伸

【命令激活方式】

命令行：EXTRUDE

菜单栏："绘图"→"建模"→"拉伸"

工具栏："建模"→"拉伸" ⬆

【命令行提示】

命令：_extrude

当前线框密度：ISOLINES＝4

选择要拉伸的对象：（选择绘制好的二维对象）

选择要拉伸的对象：（可继续选择对象或按＜回车＞键结束选择）

指定拉伸高度或[方向(D)/路径(P)/倾斜角(T)]：

【选项说明】

● 拉伸高度：按指定的高度来拉伸出三维实体对象。输入高度值后，根据实际需要指定拉伸的倾斜角度。如果指定的角度为 0°，AutoCAD 2023 中文版则把二维对象按指定的高度拉伸成柱体；如果输入角度值，拉伸后实体截面沿拉伸方向按此角度变化，成为一个棱台或圆台体。图 9-16 所示为不同角度拉伸圆的结果。

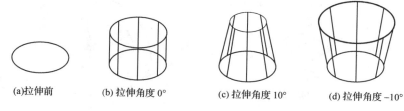

| (a)拉伸前 | (b) 拉伸角度 0° | (c) 拉伸角度 10° | (d) 拉伸角度 –10° |

图 9-16　拉伸圆

- 方向(D):通过指定的两点指定拉伸的长度和方向。
- 路径(P):以现有的图形对象作为拉伸对象创建三维实体对象。图 9-17 所示为沿圆弧曲线路径拉伸圆的结果。

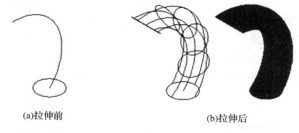

(a)拉伸前　　　　　　　　　　　(b)拉伸后

图 9-17　沿路径拉伸

- 倾斜角(T):设置拉伸的倾斜角度,设置范围在$-90°\sim90°$。

9.6.6　旋　转

【命令激活方式】

> 命令行:REVOLVE
> 菜单栏:"绘图"→"建模"→"旋转"
> 工具栏:"建模"→"旋转"🗑

【命令行提示】

命令:_revolve

当前线框密度:ISOLINES=4

选择要旋转的对象:(选择绘制好的二维对象)

选择要旋转的对象:(可继续选择对象或按<回车>键结束选择)

指定轴起点或根据以下选项之一定义轴[对象(O)/X/Y/Z]<对象>:

【选项说明】

- 指定轴起点:通过两个点来定义旋转轴,AutoCAD 2023 中文版将按指定的角度和旋转轴旋转二维对象。
- 对象(O):选择已经绘制好的直线或用"多段线"命令绘制的线段为旋转轴线。
- X/Y/Z:将二维对象绕当前坐标系(UCS)的 X 轴/Y 轴/Z 轴旋转。

图 9-18 所示为矩形绕直线旋转的结果。

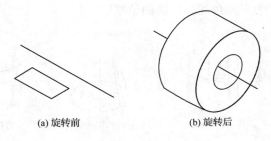

(a) 旋转前　　　　　　　　　　(b) 旋转后

图 9-18　旋转

9.6.7　倒　角

【命令激活方式】

命令行：CHAMFER

菜单栏："修改"→"倒角"

工具栏："修改"→"倒角"

【命令行提示】

命令：_chamfer

（"修剪"模式）　当前倒角距离 1＝0.0000，距离 2＝0.0000　当前线框密度：ISOLINES＝4

选择第一条直线或[放弃(U)/多段线(P)/距离(D)/角度(A)/修剪(T)/方式(E)/多个(M)]：

【选项说明】

● 选择第一条直线：选择某一条边以后，与此边相邻的两个面中的其中一个面的边框就变成虚线。选择实体上要倒直角的边后，命令行提示：

基面选择...

输入曲面选择选项[下一个(N)/当前(OK)]＜当前＞：

该提示要求选择基面，默认选项是"当前"，即以虚线表示的面作为基面。如果选择"下一个(N)"选项，则以与所选边相邻的另一个面作为基面。

选择好基面后，命令行提示：

指定基面的倒角距离＜2.0000＞：（输入基面上的倒角距离）

指定其他曲面的倒角距离＜2.0000＞：（输入与基面相邻的另外一个面上的倒角距离）

选择边或[环(L)]：

选择边：（确定需要进行倒角的边）

选择环：（对基面上所有的边都进行倒直角）

● 其他选项：与二维倒角类似。

图 9-19 所示为对长方体倒角的结果。

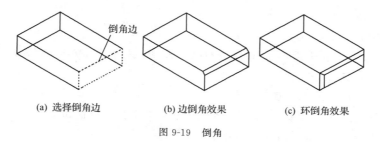

(a) 选择倒角边　　　(b) 边倒角效果　　　(c) 环倒角效果

图 9-19　倒角

9.6.8　圆　角

【命令激活方式】

命令行:FILLET

菜单栏:"修改"→"圆角"

工具栏:"修改"→"圆角"

【命令行提示】

命令:_fillet

当前设置:模式＝修剪,半径 20.0000

选择第一个对象或[放弃(U)/多段线(P)/半径(R)/修剪(T)/多个(M)]:(选择实体上的一条边)

输入圆角半径＜0.0000＞:(输入圆角半径)

选择边或[链(C)/半径(R)]:

图 9-20 所示为对长方体倒圆角的结果。

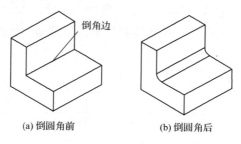

(a) 倒圆角前　　　　(b) 倒圆角后

图 9-20　倒圆角

9.6.9　剖　切

【命令激活方式】

命令行:SLICE(或 SECTION)

菜单栏:"修改"→"三维操作"→"剖切"

【命令行提示】

命令:_slice

选择要剖切的对象:找到 1 个

选择要剖切的对象:

指定切面的起点或[平面对象(O)/曲面(S)/Z 轴(Z)/视图(V)/XY(XY)/YZ(YZ)/ZX(ZX)/三点(3)]＜三点＞:ZX

指定 ZX 平面上的点 ＜0,0,0＞:

在所需的侧面上指定点或[保留两个侧面(B)]＜保留两个侧面＞:

直接在命令行输入"SECTION"命令后,命令行提示:

命令:SECTION

选择对象:

指定截面上的第一个点,依照[对象(O)/Z 轴(Z)/视图(V)/XY(XY)/YZ(YZ)/ZX(ZX)/三点(3)]＜三点＞:

图 9-21 所示为剖切效果图。

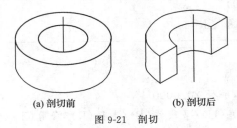

(a) 剖切前   (b) 剖切后

图 9-21　剖切

9.7　布尔运算

布尔运算在数学的集合运算中得到广泛应用,AutoCAD 2023 中文版也将该运算应用到实体的创建过程中。用户可以对三维实体对象进行下列布尔运算:并集、差集、交集。

9.7.1　并　集

【命令激活方式】

命令行:UNION
菜单栏:"修改"→"实体编辑"→"并集"
工具栏:"建模"→"并集"⬙

【命令行提示】

命令:_union

选择对象:(选择绘制好的对象,按住＜Ctrl＞键可同时选取其他对象)

选择对象:(选择绘制好的第二个对象)

选择对象:

按＜回车＞键后,所有已经选择的对象合并成一个整体。图 9-22(a)所示为圆柱和长方体未做并集前的效果,图 9-22(b)和图 9-22(c)所示分别为并集后的二维线框显示效果和三维隐藏视觉效果。

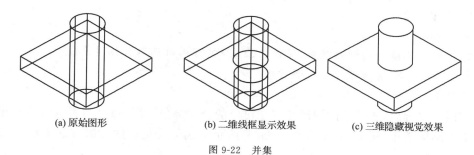

(a) 原始图形　　　　　　(b) 二维线框显示效果　　　　　(c) 三维隐藏视觉效果

图 9-22　并集

9.7.2　差　集

【命令激活方式】

命令行：SUBTRACT

菜单栏："修改"→"实体编辑"→"差集"

工具栏："建模"→"差集" ◍

【命令行提示】

命令：_subtract

选择要从中减去的实体或面域...

选择对象：(选择被减的对象)

选择对象：(继续选择被减的对象)

选择要减去的实体或面域...

选择对象：(选择要减去的对象)

选择对象：(继续选择要减去的对象)

按＜回车＞键后，得到的是求差后的实体。图 9-23(a)所示为圆柱和长方体未做差集前的效果，图 9-23(b)和图 9-23(c)所示分别为差集后的二维线框显示效果和三维隐藏视觉效果。

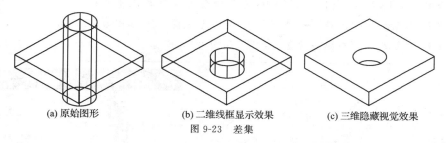

(a) 原始图形　　　　　　(b) 二维线框显示效果　　　　　(c) 三维隐藏视觉效果

图 9-23　差集

9.7.3　交　集

【命令激活方式】

命令行：INTERSECT

菜单栏："修改"→"实体编辑"→"交集"

工具栏："建模"→"交集" ◍

【命令行提示】

命令:_intersect

选择对象:(选择绘制好的对象,按住<Ctrl>键可同时选取其他对象)

选择对象:(选择绘制好的第二个对象)

选择对象:

按<回车>键后,视口中的图形是多个对象的公共部分。图 9-24(a)所示为圆柱和长方体未做交集前的效果,图 9-24(b)和图 9-24(c)所示分别为交集后的二维线框显示效果和三维隐藏视觉效果。

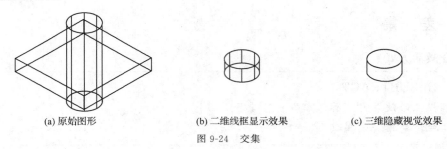

(a) 原始图形　　　　　　(b) 二维线框显示效果　　　　　　(c) 三维隐藏视觉效果

图 9-24　交集

9.8　渲　染

渲染是对三维图形对象加上颜色和材质因素,还可以有灯光、背景、场景等因素,使其能够更真实地表达图形的外观和纹理。渲染是输出图形前的关键步骤,尤其是在效果图的设计中。

9.8.1　设置点光源

【命令激活方式】

命令行:POINTLIGHT(通过"LIGHT"命令可设置其他光源)

菜单栏:"视图"→"渲染"→"光源"→"新建点光源"等,如图 9-25 所示

工具栏:"渲染"→"新建点光源" 🔆 等,如图 9-26 所示

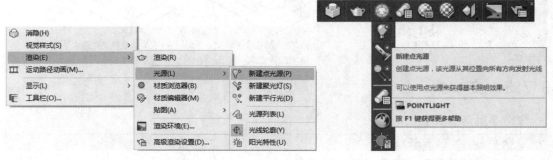

图 9-25　"光源"子菜单　　　　　　　　　　　　　　图 9-26　"渲染"工具栏

【命令行提示】

命令:_pointlight

指定源位置＜0,0,0＞:

输入要更改的选项[名称(N)/强度因子(I)/状态(S)/光度(P)/阴影(W)/衰减(A)/过滤颜色(C)/退出(X)]＜退出＞:

输入"LIGHT"命令设置光源,命令行提示:

命令:LIGHT

输入光源类型[点光源(P)/聚光灯(S)/光域网(W)/目标点光源(T)/自由聚光灯(F)/自由光域(B)/平行光(D)]＜点光源＞:P

指定源位置＜0,0,0＞:

输入要更改的选项[名称(N)/强度因子(I)/状态(S)/光度(P)/阴影(W)/衰减(A)/过滤颜色(C)/退出(X)]＜退出＞:

其他类型的光源设置相似,按命令行提示操作即可。

9.8.2 渲染环境

【命令激活方式】

命令行:RENDERENVIRONMENT

菜单栏:"视图"→"渲染"→"渲染环境"

工具栏:"渲染"→"渲染环境"

执行该命令后,打开如图 9-27 所示的"渲染环境"对话框,可以从中设置渲染环境的有关参数。

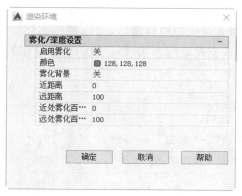

图 9-27 "渲染环境"对话框

9.8.3 材 质

给实体附上材质后,能使实体更真实。

【命令激活方式】

命令行:MATERIALS

菜单栏:"视图"→"渲染"→"材质"

工具栏:"渲染"→"材质"

"材质编辑器"对话框如图 9-28 所示。

图 9-28 "材质编辑器"对话框

9.8.4 贴 图

贴图的功能是在实体附着带纹理的材质后,可以调整实体或面上纹理贴图的方向。当材质被映射后,调整材质以适应对象的形状,将合适的材质贴图类型应用到对象可以使之更加适合对象。

【命令激活方式】

> 命令行:MATERIALMAP
>
> 菜单栏:"视图"→"渲染"→"贴图",如图 9-29 所示
>
> 工具栏:"渲染"→"贴图",如图 9-30 所示

图 9-29 "贴图"子菜单　　　　　　　　　　图 9-30 贴图

【命令行提示】

命令:_MaterialMap

选择选项[长方体(B)/平面(P)/球面(S)/柱面(C)/复制贴图至(Y)/重置贴图(R)]
<长方体>:P

【选项说明】

● 长方体(B):将图像映射到类似于长方体的实体上。该图像将在对象的每个面上重复使用。

● 平面(P):将图像映射到对象上,就像将其从幻灯片投影器投影到二维曲面上一样。图像不会失真,但是会被缩放以适应对象。该贴图最常用于面。

● 球面(S):在水平和垂直两个方向上同时使图像弯曲。纹理贴图的顶边在球体的"北极"压缩为一个点;同样,底边在"南极"压缩为一个点。

● 柱面(C):将图像映射到圆柱体对象上,水平边将一起弯曲,但顶边和底边不会弯曲。图像的高度将沿圆柱体的轴进行缩放。

● 复制贴图至(Y):将贴图从原始对象或面应用到选定对象。

● 重置贴图(R):将 UV 坐标重置为贴图的默认坐标。

9.8.5 渲　染

1.高级渲染设置

【命令激活方式】

命令行:RPREF
菜单:"视图"→"渲染"→"高级渲染设置"
工具栏:"渲染"→"高级渲染设置"

执行该命令后,打开"高级渲染设置"选项板,如图 9-31 所示。通过该选项板,可以对渲染的有关参数进行设置。

2.渲染

【命令激活方式】

命令行:RENDER
菜单栏:"视图"→"渲染"→"渲染"
工具栏:"渲染"→"渲染"

执行该命令后,打开如图 9-32 所示的"渲染"窗口,显示渲染结果和相关参数。

9.9　显示形式

在 AutoCAD 2023 中文版中,三维实体有多种显示形式,包括二维线框、三维线框、三维消隐、真实、概念、消隐等显示形式。

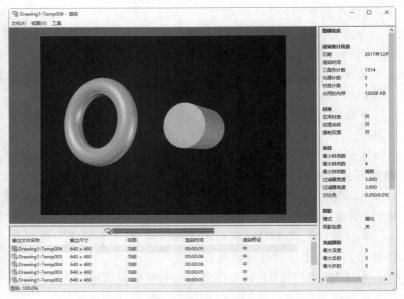

图 9-31 "高级渲染设置"选项板   图 9-32 "渲染"窗口

9.9.1 消　隐

【命令激活方式】

命令行：HIDE

菜单栏："视图"→"消隐"

工具栏："渲染"→"隐藏"🔲

执行该命令后，系统将被其他对象挡住的图线隐藏起来，以增强三维视觉效果，如图 9-33 所示。

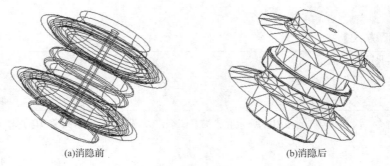

(a)消隐前   (b)消隐后

图 9-33 消隐

9.9.2 视觉样式

"视觉样式"工具栏如图 9-34 所示。

【命令激活方式】

> 命令行：VSCURRENT
>
> 菜单栏："视图"→"视觉样式"→"二维线框"等
>
> 工具栏："视觉样式"→"二维线框"  等

图 9-34　"视觉样式"工具栏

【操作步骤】

命令：VSCURRENT

输入选项［二维线框（2）/三维线框（3）/三维隐藏（H）/真实（R）/概念（C）/其他（O）］＜二维线框＞：

【选项说明】

● 二维线框(2)：用直线和曲线表示对象的边界。光栅和 OLE 对象、线型和线宽都是可见的。即使将"COMPASS"系统变量的值设置为 1，也不会出现在二维线框视图中。

● 三维线框(3)：显示对象时使用直线和曲线表示边界。显示一个已着色的三维 UCS 图标。光栅和 OLE 对象、线型及线宽不可见，可将"COMPASS"系统变量设置为 1 来查看坐标球，将显示应用到对象的材质颜色。

● 三维隐藏(H)：显示用三维线框表示的对象并隐藏表示后向面的直线。

● 真实(R)：着色多边形平面间的对象，并使对象的边平滑化。如果已为对象附着材质，将显示已附着到对象的材质。

● 概念(C)：着色多边形平面间的对象，并使对象的边平滑化。着色使用冷色和暖色之间的过渡，可以更方便地查看模型的细节。

各种视图如图 9-35 所示。

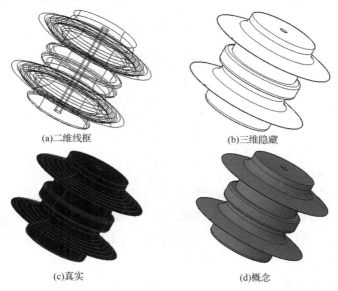

(a)二维线框　　　　　　　　　(b)三维隐藏

(c)真实　　　　　　　　　(d)概念

图 9-35　视觉样式

9.10 三维实例——冲压接线片绘制

这里通过一个简单的例子说明三维绘图的基本过程,读者可根据个人兴趣自己练习。

9.10.1 分 析

电气线路的导线和接线柱之间通过冲压接线片连接。如图 9-36 所示的冲压接线片主要是圆柱与圆筒的组合,圆筒用于连接导线。将导线头部去皮,然后将裸线伸进圆筒中,用电工钳夹扁圆筒固定即可。

绘制该图时,可将矩形沿着多段线路径拉伸出圆筒,冲压接线片头部可用两个圆柱体差集得到。

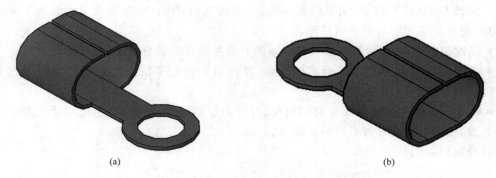

(a)   (b)

图 9-36 冲压接线片

9.10.2 绘图步骤

(1)执行"前视"→"多段线"命令,绘制多段线,如图 9-37 所示。

命令:_pline

指定起点:0,0

当前线宽为 0.0000

指定下一个点或[圆弧(A)/半宽(H)/长度(L)/放弃(U)/宽度(W)]:@1,0

指定下一点或[圆弧(A)/闭合(C)/半宽(H)/长度(L)/放弃(U)/宽度(W)]:A

指定圆弧的端点或[角度(A)/圆心(CE)/闭合(CL)/方向(D)/半宽(H)/直线(L)/半径(R)/第二个点(S)/放弃(U)/宽度(W)]:R

指定圆弧的半径:1.5

指定圆弧的端点或[角度(A)]:@0,3

指定圆弧的端点或[角度(A)/圆心(CE)/闭合(CL)/方向(D)/半宽(H)/直线(L)/半径(R)/第二个点(S)/放弃(U)/宽度(W)]:L

指定下一点或[圆弧(A)/闭合(C)/半宽(H)/长度(L)/放弃(U)/宽度(W)]:@−0.9,0

（2）单击"西南等轴测视图"按钮图标◈，如图 9-38(a)所示，再单击✎按钮，绕 Y 轴旋转 90°，得到坐标系如图 9-38(b)所示。

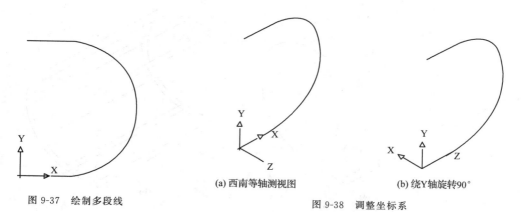

图 9-37　绘制多段线

(a) 西南等轴测视图　　　(b) 绕Y轴旋转90°

图 9-38　调整坐标系

命令：_ucs

当前 UCS 名称：＊前视＊

指定 UCS 的原点或［面(F)/命名(NA)/对象(OB)/上一个(P)/视图(V)/世界(W)/X/Y/Z/Z 轴(ZA)］＜世界＞：Y

指定绕 Y 轴的旋转角度＜90＞：

（3）单击"矩形"按钮图标▢，绘制 4×0.2 的矩形。

命令：_rectang

指定第一个角点或［倒角(C)/标高(E)/圆角(F)/厚度(T)/宽度(W)］：［捕捉如图 9-39(a)所示端点］

指定另一个角点或［面积(A)/尺寸(D)/旋转(R)］：@4,0.2

效果如图 9-39(b)所示。

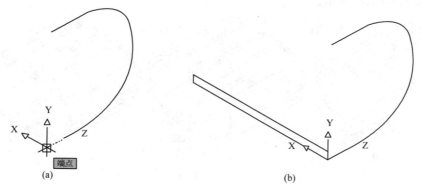

(a)　　　　　　　(b)

图 9-39　绘制矩形

（4）单击"拉伸"按钮图标▣，沿多段线路径拉伸矩形。

命令：_extrude

当前线框密度：ISOLINES＝8

选择要拉伸的对象：找到 1 个［选中矩形，如图 9-40(a)所示］

指定拉伸的高度或［方向(D)/路径(P)/倾斜角(T)］＜0.2000＞：P

选择拉伸路径或[倾斜角(T)]:

效果如图 9-40(b)所示。

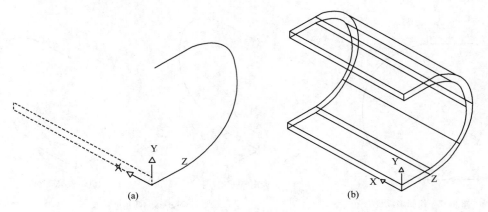

图 9-40　沿多段线路径拉伸

(5)单击"上一个"按钮图标 🔁,调整坐标系,再单击"镜像"按钮图标 ⚒。

命令:_ucs

当前 UCS 名称:＊没有名称＊

指定 UCS 的原点或[面(F)/命名(NA)/对象(OB)/上一个(P)/视图(V)/世界(W)/X/Y/Z/Z 轴(ZA)]＜世界＞:P

命令:_mirror

选择对象:指定对角点:找到 2 个

指定镜像线的第一点:[选中图 9-41(a)所示端点]

指定镜像线的第二点:[选中图 9-41(b)所示端点]

要删除源对象吗?[是(Y)/否(N)]＜N＞:

效果如图 9-41(c)所示。

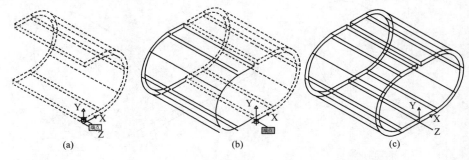

图 9-41　镜像

(6)单击"长方体"按钮图标 ▢,绘制 2×0.2×4 的长方体,如图 9-42 所示。

命令:_box

指定第一个角点或[中心(C)]:－1,0,0

指定其他角点或[立方体(C)/长度(L)]:@2,0.2,4

(7)单击"世界"按钮图标 🌐,单击"原点"按钮图标 ⦜,调整坐标系。

命令:_ucs

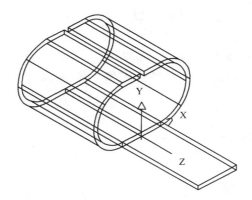

图 9-42　绘制长方体

当前 UCS 名称：＊世界＊

指定 UCS 的原点或［面（F）/命名（NA）/对象（OB）/上一个（P）/视图（V）/世界（W）/X/Y/Z/Z 轴（ZA）］＜世界＞：W

命令：_ucs

当前 UCS 名称：＊世界＊

指定 UCS 的原点或［面（F）/命名（NA）/对象（OB）/上一个（P）/视图（V）/世界（W）/X/Y/Z/Z 轴（ZA）］＜世界＞：O

指定新原点＜0,0,0＞：［捕捉如图 9-43（a）所示的底边中点］

效果如图 9-43（b）所示。

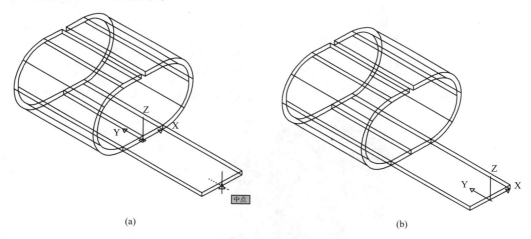

| (a) | (b) |

图 9-43　调整坐标系

（8）单击"圆柱体"按钮图标 ▢，以原点为圆心，绘制半径为 1.25、高度为 0.2 和半径为 2、高度为 0.2 的圆柱体，如图 9-44 所示。

命令：_cylinder

指定底面的中心点或［三点（3P）/两点（2P）/切点、切点、半径（T）/椭圆（E）］：

指定底面半径或［直径（D）］＜2.2500＞：1.25

指定高度或［两点（2P）/轴端点（A）］＜4.0000＞：0.2

命令：_cylinder

指定底面的中心点或[三点(3P)/两点(2P)/切点、切点、半径(T)/椭圆(E)]:

指定底面半径或[直径(D)] <1.2500>:2

指定高度或[两点(2P)/轴端点(A)] <0.2000>:

(9)单击"差集"按钮图标 ◎,选中大圆柱体和长方体,减去小圆柱体,差集后的效果如图 9-45 所示。

命令:_subtract

选择要从中减去的实体、曲面和面域…

选择对象:找到 1 个

选择对象:找到 1 个,总计 2 个

选择对象:

选择要减去的实体、曲面和面域…

选择对象:找到 1 个

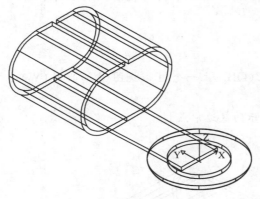

图 9-44　绘制两个圆柱体

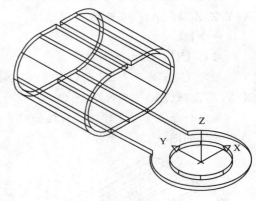

图 9-45　差集后的效果

(10)单击"并集"按钮图标 ◎,选中所有实体。并集后的概念视觉效果如图 9-46 所示。

图 9-46　并集后的概念视觉效果

第 10 章

AutoCAD 图纸打印

打印 AutoCAD 图纸，也是学习和使用 AutoCAD 制图的一个不可或缺的重要部分。本章主要介绍如何在模型空间和图纸空间打印图纸。这里所介绍的打印方法只是一个参考，大家可通过自己的实践和研究，找到适合自己的方法和步骤。

科研没有止境，创新没有止境
大国匠心！
难不倒的"万能姐"

10.1 初始设置

打开装好的 AutoCAD 2023 中文版。每次新装 AutoCAD（或更换 AutoCAD 的版本、打印设备），都要重新设置一下打印的一些基本参数。

10.1.1 设置打印设备和打印样式

（1）单击菜单栏中"工具"→"选项"，在"选项"对话框中选择"打印和发布"选项卡，如图 10-1 所示。

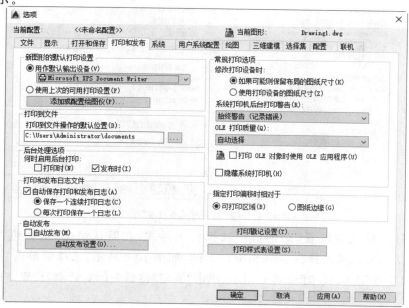

图 10-1　"打印和发布"选项卡

（2）选择默认的打印设备，根据具体情况自行选择，如图 10-2 所示。

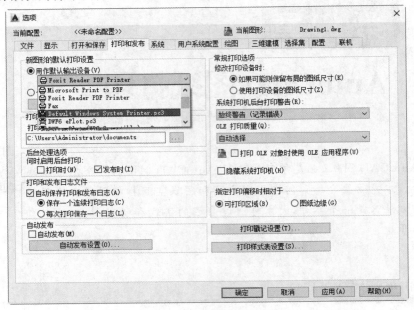

图 10-2　选择默认的打印设备

（3）单击"打印样式表设置"按钮，如图 10-3 所示，打开"打印样式表设置"对话框。

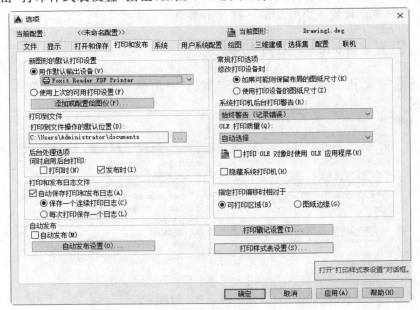

图 10-3　单击"打印样式表设置"按钮

　　（4）在"打印样式表设置"对话框中选择打印样式，在默认情况下，彩色样式可选择"acad.ctb"，黑白样式可选择"monochrome.ctb"，如图 10-4 所示，选择后单击"确定"按钮，回到"打印和发布"选项卡，如图 10-5 所示，单击"确定"按钮关闭对话框，设置完成。

(a)彩色样式　　　　　　　　　　　(b)黑白样式

图 10-4　选择打印样式

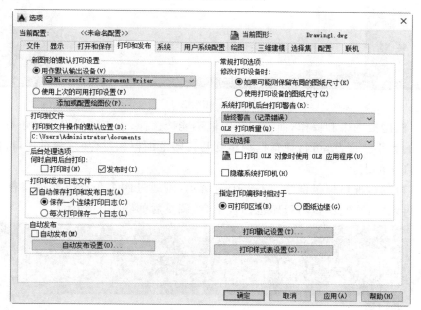

图 10-5　单击"确定"按钮

10.1.2　根据打印范围绘制合适图框

由于单位、图纸大小、横向打印和竖向打印、带分区和不带分区等不同情况的存在,各种图纸的图框是不一样的,可根据实际情况事先绘制好一些常用图纸的图框,保存备用。

不同打印设备的打印范围不一样,绘制图框是要注意打印区域,使整个图框能在打印区域内。下面以 A4 横向无分区的图框为例,让大家体会绘制图框时要注意的地方。

1.确定打印范围的大小

(1)单击任何一个图纸空间,显示如图 10-6 所示,白色部分是一张 A4 纸的尺寸,虚线矩形框是打印范围框,里面的实线矩形框是视口框。如果模型空间内有待打印的图形,那么视口框的里面所显示的部分,就是我们绘制在"模型"里的图形。此图是空白文档下的图纸空间,故视口框中没有图形。

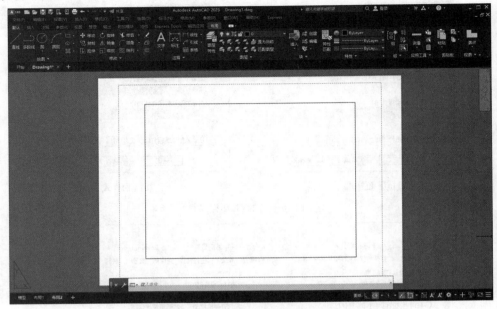

图 10-6 图纸空间

(2)视口框能被选中和操作,而打印范围框不能被选择,也不能捕捉到各角点,不方便测量打印区域的大小。因此,可将视口框调整到与打印范围框相重合时,测量视口框的长度和宽度来确定打印范围。

选中视口框后,视口框呈虚线,如图 10-7 所示,可通过四个角点改变视口框的大小,可通过放大后再调整,让它尽量与打印范围框重合,调整后如图 10-8 所示。

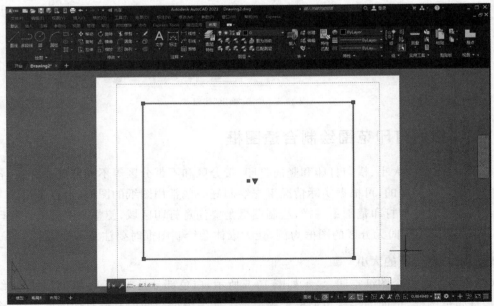

图 10-7 选中视口框

图 10-8　调整视口框

（3）通过尺寸标注或命令行输入"DI"命令来查询视口框的长宽尺寸，如图 10-9 所示，记住这两个参考数据。

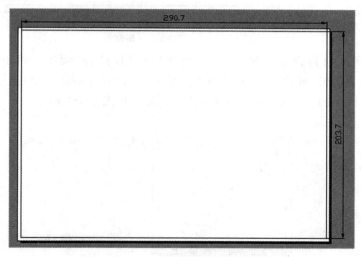

图 10-9　查询尺寸

2. 绘制和保存图框

标准的 A4 纸横向打印的尺寸是 210 mm×297 mm，但用在图纸空间打印的图框不能按标准尺寸来设置，不然，打印出来的图形就不完整，图框会打印到 A4 纸的外面去。

需参考上一步所得的数据，把要用的图框缩小点，长宽的尺寸都缩小到刚才测定的可打印范围之内，以后打印时，才可完整显现，如 A4 横向无分区图框可参考如图 10-10 所示的尺寸。

注意：图框的左下角要定位在 UCS 坐标的原点上，为以后打印的保险起见，图框左下角的角点可以沿 X 轴、Y 轴各离开原点一点距离，如 0.1～0.2，这样，就可以保证打印时，图框能完整显现。

完成后，将图框起个名称保存，如"A4""A4 横向图框"等。

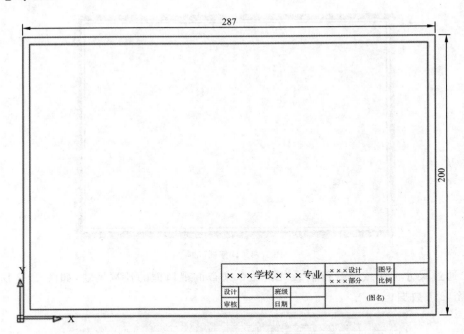

图 10-10   A4 横向无分区图框

最后,要把图框放到合适的位置,以方便今后使用时随时调用。对于默认安装下的 AutoCAD 2023 中文版,可将文件保存到 C:\Users\Administrator\AppData\Local\Autodesk\AutoCAD 2023 中文版\R20.0\chs\Template,如图 10-11 所示。

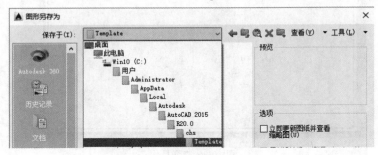

图 10-11   图框保存设置

对于有多个用户或其他情况下的安装,AutoCAD 2023 中文版自带的图框在什么文件夹中,就将自己要使用的图框保存到该文件夹中。当然,可以存储各种样式、各种尺寸的多个图框。

10.2   图纸打印

对于打印如图 10-12 所示的图形,可采用两种方法打印:一是在模型空间打印;二是在图纸空间打印。

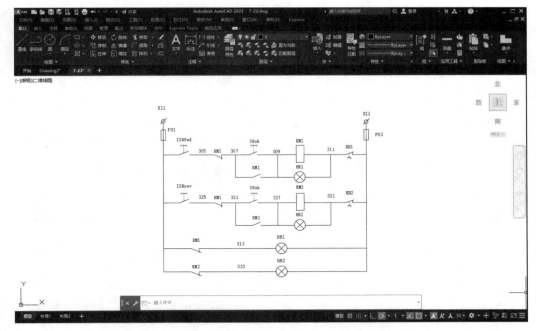

图 10-12　模型空间

在模型空间打印时,如果需要添加图框时,得事先在模型空间插入图框,还要注意比例的缩放,使图形和图框相对合适。

在图纸空间打印时,可在创建布局过程中插入图框,相对更简洁方便。

10.2.1　从模型空间打印

从模型空间打印图形的具体参考步骤如下:

(1)激活"打印"命令。单击"标准"工具栏中的"打印"按钮图标🖨,或者通过执行菜单栏中"文件"→"打印"命令,如图 10-13 所示,激活命令,打开如图 10-14 所示"打印-模型"对话框。

(2)单击 ⊙ 按钮,显示"打印-模型"对话框中"打印样式表(笔指定)""打印选项"等其他选项组。再单击 ⊙ 按钮,隐藏这些选项组。显示完整的"打印-模型"对话框如图 10-15 所示。下面简要介绍图中的部分选项组。

①"打印机/绘图仪"选项组

单击 ✓ 按钮,在下拉列表中选择要使用的打印设备。

②"打印样式表(笔指定)"选项组

单击 ✓ 按钮,在下拉列表中选择打印样式。

③"图纸尺寸"选项组

单击 ✓ 按钮,在下拉列表中选择图纸尺寸。

④"打印份数"选项组

选择打印的图纸份数。

⑤"图形方向"选项组

为支持纵向或横向的打印设备指定图形在图纸上的打印方向。图纸图标代表所选图纸的介质方向;字母图标代表图形在图纸上的方向。

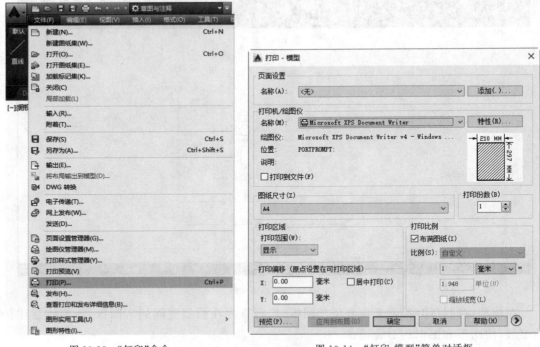

图 10-13 "打印"命令   图 10-14 "打印-模型"简单对话框

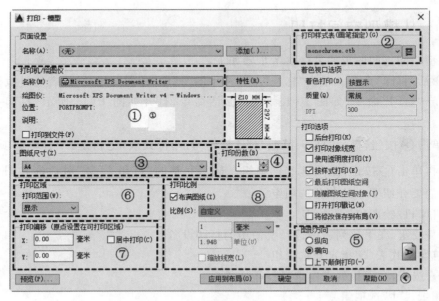

图 10-15 "打印-模型"完整对话框

⑥"打印区域"选项组

单击 按钮,出现以下选项:

● 窗口:打印指定的图形部分。如果选择"窗口"选项,"窗口"按钮将变为可用按钮。单击"窗口"按钮以使用定点设备指定要打印区域的两个角点,或输入坐标。

● 图形界限:打印布局时,将打印指定图纸尺寸的可打印区域内的所有内容,其原点从布局中的(0,0)点计算得出。在模型空间打印时,将打印栅格界限定义的整个图形区域。如果当前视口不显示平面视图,该选项与"范围"选项效果相同。

● 显示:打印选定的模型空间当前视口中的视图或布局中的当前图纸空间中的视图。

● 范围:打印当前空间所包含的所有图形对象,即当前空间内的所有几何图形都将被打印。打印之前可能会重新生成图形以重新计算范围。

⑦"打印偏移"选项组

根据"指定打印偏移时相对于"选项(位于"选项"对话框中"打印和发布"选项卡)中的设置,指定打印区域相对于可打印区域左下角或图纸边界的偏移。

图纸的可打印区域由所选打印设备决定,在布局中以虚线表示。修改为其他打印设备时,可能会修改可打印区域。

● X/Y:通过在"X"和"Y"文本框中输入正值或负值,可以偏移图纸上的图形,单位为英寸或毫米。

● 居中打印:自动计算 X 轴偏移值和 Y 轴偏移值,在图纸上居中打印。在图纸空间打印时,此选项不可用。

⑧"打印比例"选项组

控制图形单位与打印单位之间的相对尺寸。打印布局时,默认缩放比例设置为 1∶1。在模型空间打印时,默认设置为"布满图纸"。

● 布满图纸:缩放打印图形以布满所选图纸尺寸,并在"比例""英寸/毫米""单位"文本框中显示自定义的缩放比例。

● 比例:定义打印的精确比例。"自定义"可定义用户定义的比例。可以通过输入与图形单位数等价的英寸(或毫米)数来创建自定义比例。

设置完后,按"预览"按钮可查看打印预览效果,如图 10-16 所示,单击 按钮可打印图形,单击 ⊗ 按钮关闭打印预览,返回"打印-模型"对话框,调整打印设置。

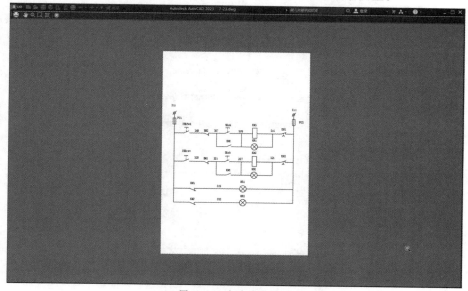

图 10-16 打印预览效果

10.2.2 从图纸空间打印

在图纸空间中,我们可以高效地出图。不论用户在模型空间里绘制了多少图形,都可以利用"布局"出图来打印,既可以全部打印,也可以单个或多个打印。下面介绍如何利用"布局"来出图。

(1)在 AutoCAD 2023 中文版的模型空间里可以用 1∶1 的比例来绘制图形,这样更简单方便,当然某些节点、局部放大部分除外。

(2)执行菜单栏中"插入"→"布局"→"创建布局向导"命令,如图 10-17 所示。

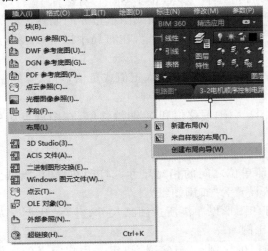

图 10-17　创建布局向导

(3)进入"创建布局"对话框后,第一步是"开始",如图 10-18 所示。输入新布局的名称后(当然,使用默认的布局名称也可以),单击"下一步"按钮。

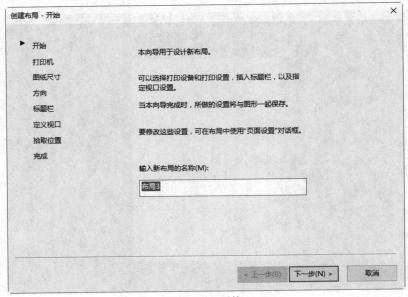

图 10-18　开始

（4）在"创建布局"对话框中，第二步是"打印机"，如图 10-19 所示。选择打印机后，单击"下一步"按钮。

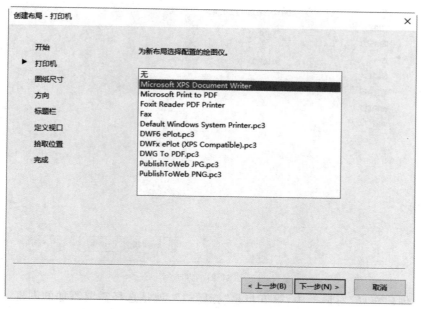

图 10-19　打印机

（5）在"创建布局"对话框中，第三步是"图纸尺寸"，就是选择要打印的图纸的大小，如图 10-20 所示。一般选用 A4 纸，在选择"A4"后，单击"下一步"按钮。

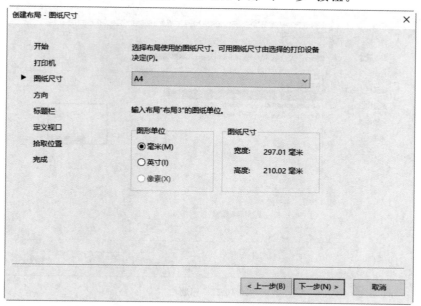

图 10-20　图纸尺寸

（6）在"创建布局"对话框中，第四步是"方向"，就是选择要打印的图纸的方向，如图 10-21 所示。这里可以选择"纵向"，也可以选择"横向"，根据你要打印的图纸方向来选择，这里示范是"横向"，选中"横向"单选按钮，单击"下一步"按钮。

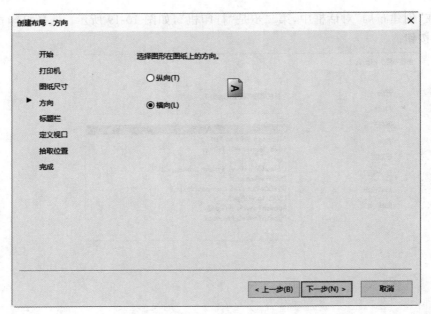

图 10-21　方向

　　(7)在"创建布局"对话框中,第五步是"标题栏",就是选择需要添加的图框,这里称之为标题栏,如图 10-22 所示。事先绘制好的图框放入指定文件夹后,就会在这里出现,并能选择使用。选择了我们要用的图框后,单击"下一步"按钮。

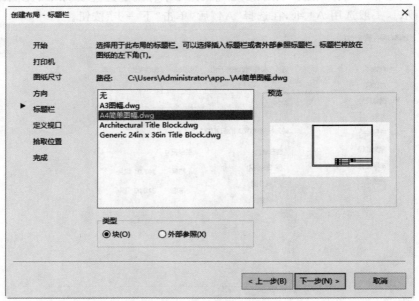

图 10-22　标题栏

　　(8)在"创建布局"对话框中,第六步是"定义视口",就是确定要打印的视口框范围,如图 10-23 所示。一般是打印一个视口,因此,本选项的默认"视口设置"就是"单个"。"视口比例"是指我们要打印的图形以什么比例出图,如有规定的话,可以在此设置,如 1∶50、1∶100 等。如没有要求,或暂时不能确定,可以先不设置,就按默认"按图纸空间缩放"设定,单击"下一步"按钮。

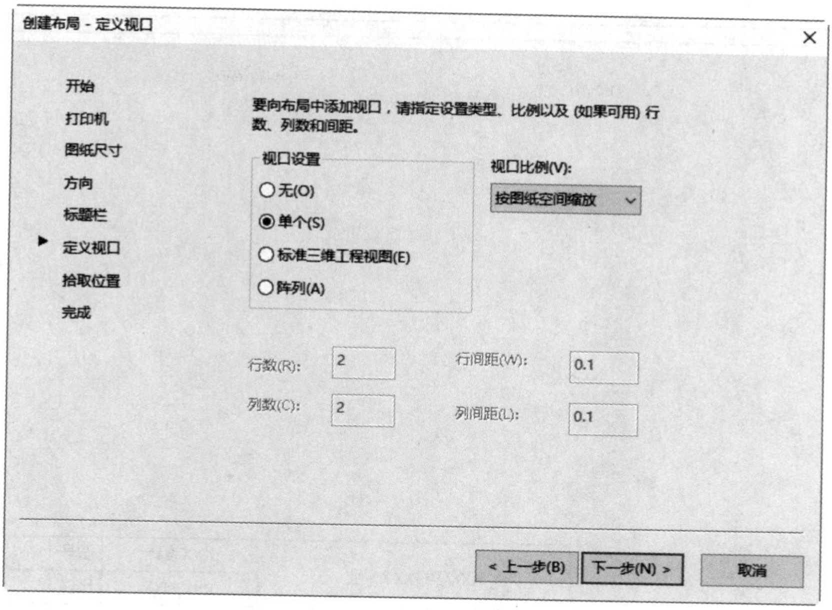

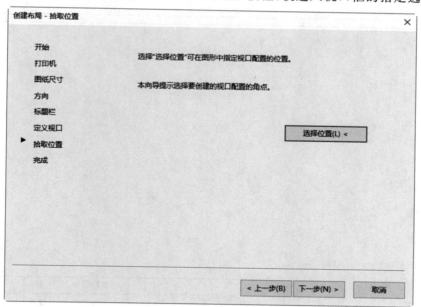

图 10-23　定义视口

（9）在"创建布局"对话框中，第七步是"拾取位置"，就是选择要打印的视口框位置范围，如图 10-24 所示。单击界面右侧中间的"选择位置"按钮，就进入视口框的指定选择界面。

图 10-24　拾取位置

（10）界面转到了布局界面，其中已经显示了我们刚才指定的图框，如图 10-25 所示。选择如图 10-26 所示的范围为视口框范围，对角点为如图 10-26 所示的点 1 和点 2。

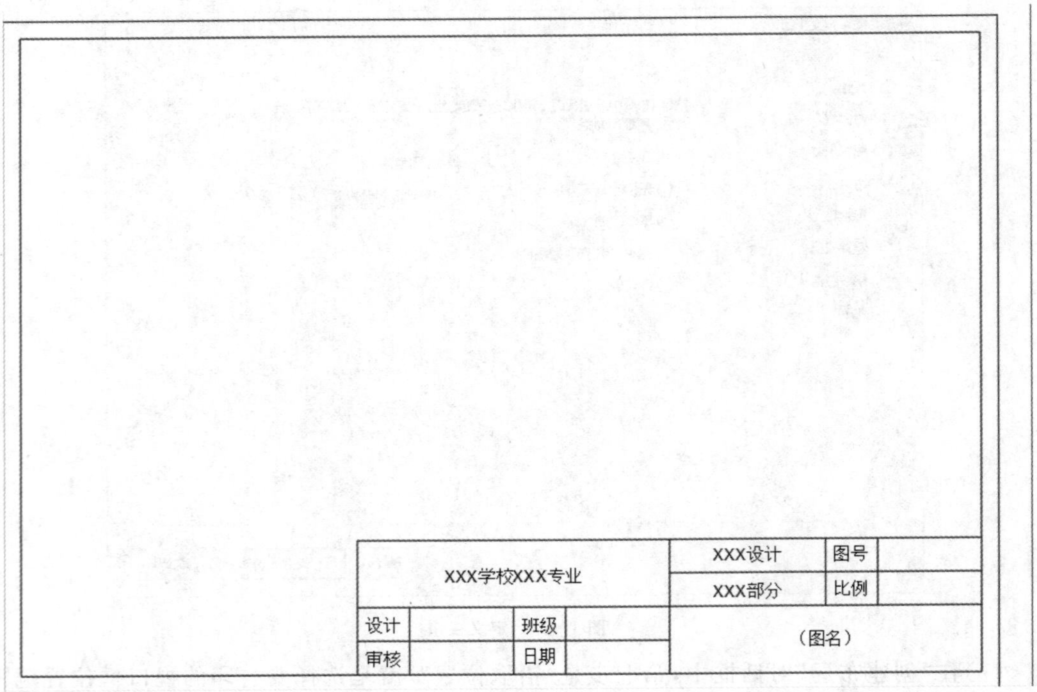

	XXX设计		图号	
XXX学校XXX专业	XXX部分		比例	
设计		班级		(图名)
审核		日期		

图 10-25　布局界面

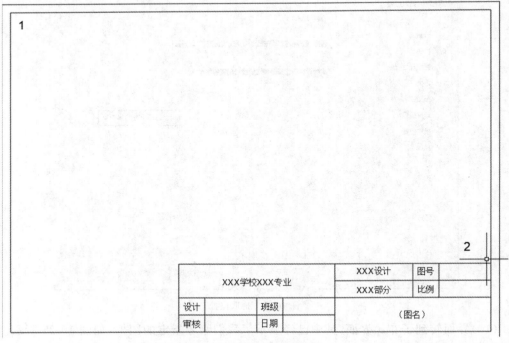

	XXX设计		图号	
XXX学校XXX专业	XXX部分		比例	
设计		班级		(图名)
审核		日期		

图 10-26　两点确定图形位置

(11)在"创建布局"对话框中,最后一步是"完成",如图 10-27 所示。在确认都设置完成后,单击"完成"按钮。如果觉得设置有缺陷或不对,可以单击"取消"按钮,再重新开始。

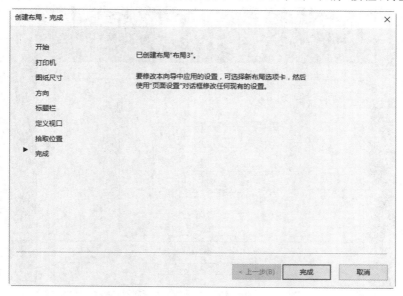

图 10-27　完成

(12)这时,布局已经建立完成,模型中的图形也在视口框中全部显现出来了,如图 10-28 所示。

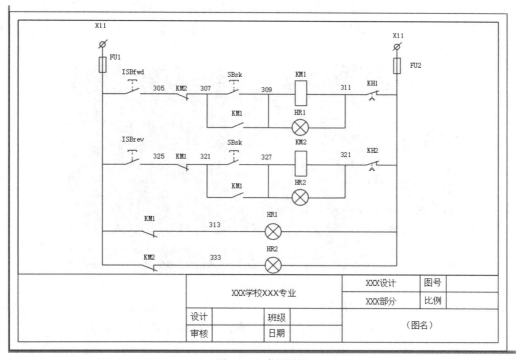

图 10-28　布局显示

(13)单击"打印预览"按钮图标 🔍，显示打印预览效果如图 10-29 所示，它和打印出来的效果是一样的。

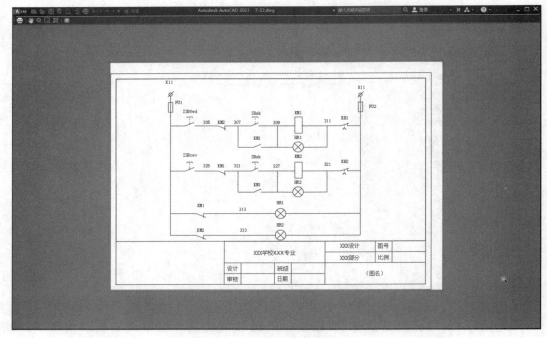

图 10-29 打印预览效果

(14)如图 10-29 所示的打印预览效果中将视口框也显示出来了，尤其是标题栏上面的那条线。要想不打印视口框，可建立一个"视口"图层，将视口框线放入"视口"图层中，并将该图层设为"禁止打印"状态，如图 10-30 所示。

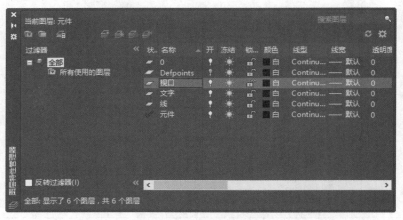

图 10-30 建立"视口"图层并禁止打印

(15)最终打印预览效果如图 10-31 所示。当然打印之前要修改好标题栏中的内容，如果标题栏是一个块，可用"分解"命令分解后进行编辑。如果满意，可直接打印出图了。

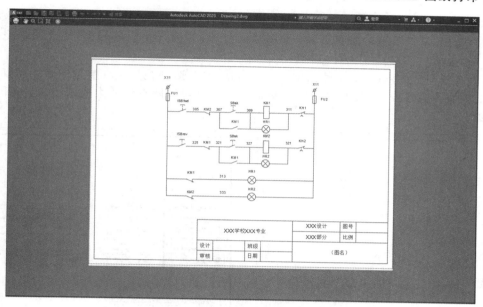

图 10-31 最终打印预览效果

10.2.3 图纸空间打印补充

如果对打印的图纸没有比例要求的,只要把视口框内的图形缩放到合适大小即可打印。按 10.2.2 节所介绍的方法和步骤就能很好地打印图形了。

但是如果你想任意调整打印图形的大小,或者想任意摆放图形的位置时,就要进行适当调整了。下面以如图 10-32 所示图形的打印为例,介绍模型空间的图在多个图纸空间、多个视口里的打印设置。

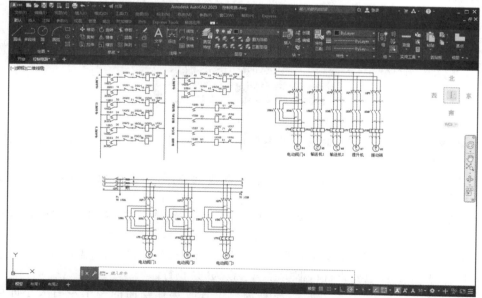

图 10-32 图形全貌

如图 10-32 所示的图形可打印在两个带竖向图框的 A4 纸上。

（1）按照 10.2.2 节介绍的步骤，采用竖向打印，并插入相应的图框，建立图纸空间如图 10-33 所示。

（2）在视口框的内部（无论什么位置），双击鼠标左键，使视口呈现被选中状态，这时，视口框的框线为粗黑线，如图 10-34 所示，里面的图形就可以随意地放大或缩小，也可任意移动位置。

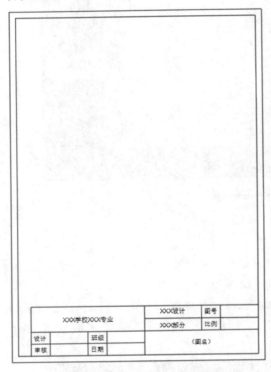

图 10-33　竖向图框的布局

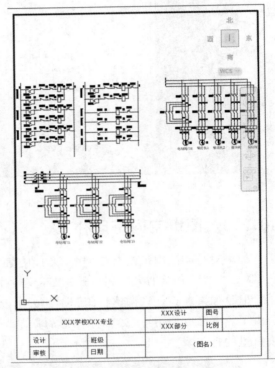

图 10-34　激活视口

（3）如要按比例出图的话，我们可以在"视口"工具栏中的下拉列表中选择设置比例，也可以手工输入比例再确定。"视口"工具栏如图 10-35 所示。

图 10-35　"视口"工具栏

（4）调整图形大小和位置，调整后的图形如图 10-36 所示。大家可以根据自己的需要，自行设定比例。

（5）在视口框外，双击鼠标左键，视口框的框线被还原，即退出视口的被选中状态，如图 10-37 所示。

这一步很重要，如不退出的话，再做其他操作，如缩放、移动等，都只会对视口框内的图形起作用，不对整个布局起作用。

（6）单击"打印预览"按钮，查看打印预览效果，如果打印样式选的是黑白样式，预览的效果如图 10-38 所示。注意要将视口框所在图层设为"禁止打印"。

（7）按同样操作建立另一个布局，注意选择位置时选择幅面的一半左右大小即可，如图 10-39 所示。

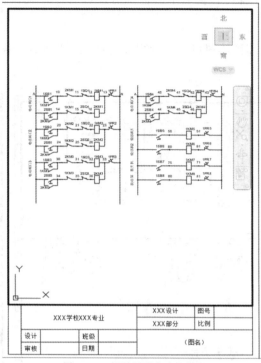

图 10-36　调整图形大小和位置

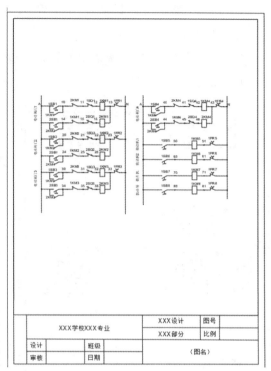

图 10-37　退出视口

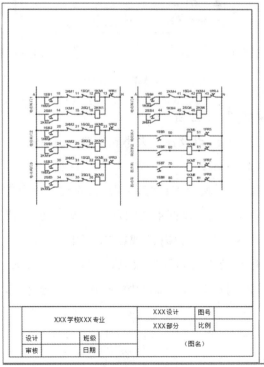

图 10-38　打印预览效果

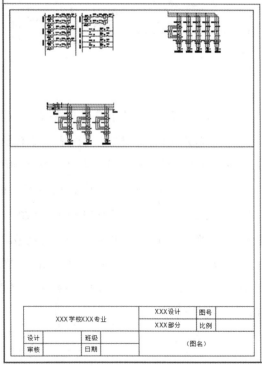

图 10-39　创建布局

（8）单击"视口"工具栏里的"单个视口"按钮图标□，在剩下图框部分绘制另一个视口，如图 10-40 所示。

（9）激活第一个视口，调整图形的大小和位置后，使视口中显示出需打印的图形部分，退出视口，如图 10-41 所示。

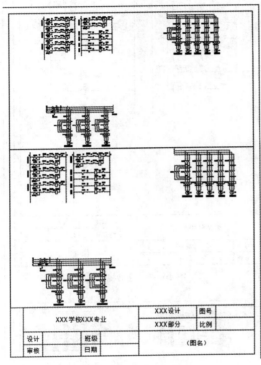

图 10-40　绘制视口

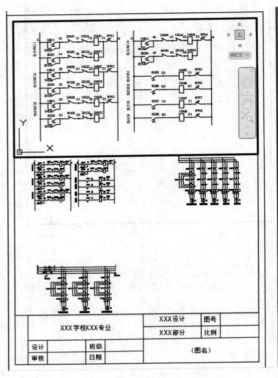

图 10-41　调整第一个视口图形

（10）选择视口，通过角点调整视口大小，效果如图 10-42 所示。

（11）以相同方法调整第二个视口的图形大小和位置，以及视口大小和位置，使该视口中显示整个图形的最右侧部分，调整后效果如图 10-43 所示。

（12）一个布局里有多个视口时，为了防止误操作，可选中视口框，右击，在快捷菜单中选择"显示锁定"→"是"，可锁住视口框，如图 10-44 所示，该视口框中的图形将不能改变了，要想调整，可解锁后再重新调整。同时可将视口框调入被禁止打印的"视口"图层中。

（13）单击"打印预览"按钮，进入预览界面，查看最终打印预览效果，如图 10-45 所示。如果满意，右击，在快捷菜单中选择"打印"即可进行打印了，或直接按"打印"按钮图标⊜打印。

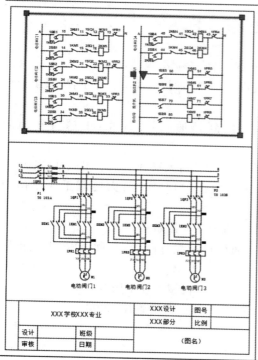

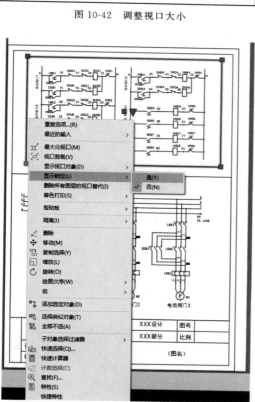

图 10-42　调整视口大小

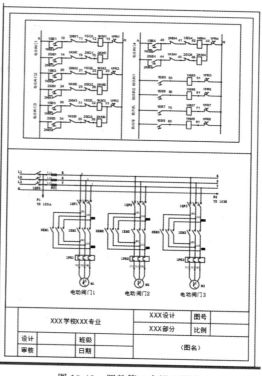

图 10-43　调整第二个视口图形

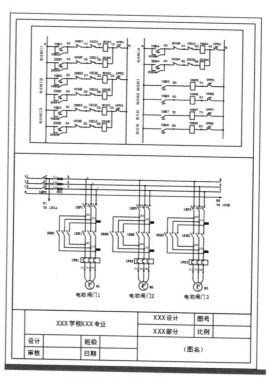

图 10-44　视口锁定

图 10-45　最终打印预览效果

参 考 文 献

[1] 付家才.电气 CAD 工程实践技术[M].北京:化学工业出版社,2009

[2] 江洪,庞伟,邹春曦.AutoCAD 2008 电气设计经典实例解析[M].北京:机械工业出版社,2008

[3] 董其林.AutoCAD 2009 电气设计从入门到精通[M].北京:中国青年出版社,2009

[4] 刘哲,谢伟东.AutoCAD 绘图及应用教程[M].大连:大连理工大学出版社,2009

[5] 刘哲,郑伯学.中文版 AutoCAD 2004 实用教程[M].大连:大连理工大学出版社,2009

[6] 舒飞.AutoCAD 2005 电气设计[M].北京:机械工业出版社,2007

[7] 刘红宁,王国业,王国军.AutoCAD 2010 通用机械设计[M].北京:机械工业出版社,2010

[8] 何利民,尹全英.电气制图与读图[M].2 版.北京:机械工业出版社,2004

[9] 曲学基.电力电子整流技术及应用[M].北京:电子工业出版社,2008

附 录

CAD 快捷键

快捷键	命令	功能
1. L，	* LINE	直线
2. ML，	* MLINE	多线（创建多条平行线）
3. PL，	* PLINE	多段线
4. PE，	* PEDIT	编辑多段线
5. SPL，	* SPLINE	样条曲线
6. SPE，	* SPLINEDIT	编辑样条曲线
7. XL，	* XLINE	构造线（创建无限长的线）
8. A，	* ARC	圆弧
9. C，	* CIRCLE	圆
10. DO，	* DONUT	圆环
11. EL，	* ELLIPSE	椭圆
12. PO，	* POINT	点
13. DCE，	* DIMCENTER	中心标记
14. POL，	* POLYGON	正多边形
15. REC，	* RECTANG	矩形
16. REG，	* REGION	面域
17. H，	* BHATCH	图案填充
18. BH，	* BHATCH	图案填充
19. —H，	* HATCH	
20. HE，	* HATCHEDIT	图案填充...（修改一个图案或渐变填充）
21. SO，	* SOLID	二维填充（创建实体填充的三角形和四边形）
22.	* revcloud	修订云线
23.	* ellipse	椭圆弧

快捷键	命令	功能
24. DI,	＊ DIST	距离
25. ME,	＊ MEASURE	定距等分
26. DIV,	＊ DIVIDE	定数等分
27. DT,	＊ TEXT	单行文字
28. T,	＊ MTEXT	多行文字
29. －T,	＊ －MTEXT	多行文字（命令行输入）
30. MT,	＊ MTEXT	多行文字
31. ED,	＊ DDEDIT	编辑文字.标注文字.属性定义和特征控制框
32. ST,	＊ STYLE	文字样式
33. B,	＊ BLOCK	创建块...
34. －B,	＊ －BLOCK	创建块...（命令行输入）
35. I,	＊ INSERT	插入块
36. －I,	＊ －INSERT	插入块（命令行输入）
37. W,	＊ WBLOCK	"写块"对话框（将对象或块写入新图形文件）
38. －W,	＊ －WBLOCK	写块（命令行输入）
39. AR,	＊ ARRAY	阵列
40. －AR,	＊ －ARRAY	阵列（命令行输入）
41. BR,	＊ BREAK	打断
42. CHA,	＊ CHAMFER	倒角
43. CO,	＊ COPY	复制对象
44. CP,	＊ COPY	复制对象
45. E,	＊ ERASE	删除
46. EX,	＊ EXTEND	延伸
47. F,	＊ FILLET	圆角
48. M,	＊ MOVE	移动
49. MI,	＊ MIRROR	镜像
50. LEN,	＊ LENGTHEN	拉长（修改对象的长度和圆弧的包含角）
51. O,	＊ OFFSET	偏移
52. RO,	＊ ROTATE	旋转（绕基点移动对象）
53. S,	＊ STRETCH	拉伸
54. SC,	＊ SCALE	缩放
55. TR,	＊ TRIM	修剪
56.	＊ EXPLODE	分解
57. DAL,	＊ DIMALIGNED	对齐标注

快捷键	命令	功能
58. DAN,	* DIMANGULAR	角度标注
59. DBA,	* DIMBASELINE	基线标注
60. DCO,	* DIMCONTINUE	连续标注
61. DDI,	* DIMDIAMETER	直径标注
62. DED,	* DIMEDIT	编辑标注
63. DLI,	* DIMLINEAR	线性标注
64. DOR,	* DIMORDINATE	坐标标注
65. DRA,	* DIMRADIUS	半径标注
66. LE,	* QLEADER	快速引线
67. D,	* DIMSTYLE	标注样式管理器
68. DST,	* DIMSTYLE	标注样式管理器
69. STA,	* STANDARDS	标准配置(CAD 标准)
70. DRE,	* DIMREASSOCIATE	重新关联标注
71. DDA,	* DIMDISASSOCIATE	删除选定择标注的关联性
72. LA,	* LAYER	图层特性管理器
73. —LA,	* —LAYER	图层特性管理器(命令行输入)
74. LW,	* LWEIGHT	线宽设置...
75. LT,	* LINETYPE	线型管理器
76. —LT,	* —LINETYPE	线型管理器(命令行输入)
77. LTYPE,	* LINETYPE	线型管理器
78. —LTYPE,	* —LINETYPE	线型管理器(命令行输入)
79. LINEWEIGHT,	* LWEIGHT	线宽
80. LTS,	* LTSCALE	设置全局线型比例因子
81. TOR,	* TORUS	圆环(三维)
82. WE,	* WEDGE	楔体
83. 3P,	* 3DPOLY	三维多段线
84. 3F,	* 3DFACE	三维面
85. IN,	* INTERSECT	交集
86. UNI,	* UNION	并集
87. SU,	* SUBTRACT	差集
88. EXT,	* EXTRUDE	拉伸(三维命令)
89. REV,	* REVOLVE	旋转(通过绕轴旋转二维对象来创建实体)
90. HI,	* HIDE	消隐
91. SHA,	* SHADEMODE	着色

快捷键	命令	功能
92. SL,	* SLICE	剖切(用平面剖切一组实体)
93. SEC,	* SECTION	切割(用平面和实体的交集创建面域)
94. INF,	* INTERFERE	干涉
95. 3A,	* 3DARRAY	三维阵列
96. 3DO,	* 3DORBIT	三维动态观察
97. ORBIT,	* 3DORBIT	三维动态观察器
98. RPR,	* RPREF	渲染系统配置
99. RR,	* RENDER	渲染
100. DC,	* ADCENTER	设计中心 ctrl+2
101. ADC,	* ADCENTER	设计中心
102. DCENTER,	* ADCENTER	设计中心
103. MA,	* MATCHPROP	特性匹配
104. TP,	* TOOLPALETTES	工具选项板 ctrl+3
105. CH,	* PROPERTIES	特性 ctrl+1
106. −CH,	* CHANGE	修改现有对象的特性
107. PR,	* PROPERTIES	特性 ctrl+1(控制现有对象的特性)
108. PROPS,	* PROPERTIES	特性 ctrl+1(控制现有对象的特性)
109. MO,	* PROPERTIES	特性 ctrl+1(控制现有对象的特性)
110. PRCLOSE,	* PROPERTIESCLOSE	(关闭"特性"选项板)
111. PRE,	* PREVIEW	打印预览
112. PRINT,	* PLOT	打印 ctrl+p
113. TO,	* TOOLBAR	工具栏/自定义(显示.隐藏和自定义工具栏)
114. Z,	* ZOOM	实时缩放
115. P,	* PAN	实时平移
116. −P,	* −PAN	实时平移(命令行输入)
117. OS,	* OSNAP	对象捕捉设置
118. −OS,	* −OSNAP	对象捕捉设置(命令行输入)
119. SN,	* SNAP	捕捉(规定光标按指定的间距移动)
120. PU,	* PURGE	清理(删除图形中未使用的命名项目,例如块定义和图层)
121. −PU,	* −PURGE	清理(命令行输入)
122. R,	* REDRAW	(刷新当前视口中的显示)
123. RA,	* REDRAWALL	重画
124. RE,	* REGEN	重生成
125. REA,	* REGENALL	全部重生成
126. REN,	* RENAME	重命名

快捷键	命令	功能
127. —REN，	* —RENAME	重命名（命令行输入）
128. AA，	* AREA	面积
129. AL，	* ALIGN	对齐
130. AP，	* APPLOAD	加载应用程序…
131. ATT，	* ATTDEF	定义属性…
132. —ATT，	* —ATTDEF	定义属性…（命令行输入）
133. ATE，	* ATTEDIT	单个…（编辑块插入上的属性）
134. —ATE，	* —ATTEDIT	单个…（命令行输入）
135. ATTE，	* —ATTEDIT	单个…（命令行输入）
136. BO，	* BOUNDARY	边界创建…
137. —BO，	* —BOUNDARY	边界创建…（命令行输入）
138. CHK，	* CHECKSTANDARDS	检查…（检查当前图形的标准冲突情况）
139. COL，	* COLOR	颜色…（设置新对象的颜色）
140. COLOUR，	* COLOR	
141. DBC，	* DBCONNECT	数据库连接管理器
142. DOV，	* DIMOVERRIDE	替代
143. DR，	* DRAWORDER	显示顺序
144. DS，	* DSETTINGS	草图设置
145. DV，	* DVIEW	定义平行投影或透视视图
146. FI，	* FILTER	为对象选择创建可重复使用的过滤器
147. G，	* GROUP	"对象编组"对话框
148. —G，	* —GROUP	"对象编组"对话框（命令行输入）
149. GR，	* DDGRIPS	选项（…选择）
150. IAD，	* IMAGEADJUST	图像调整（控制图像的亮度.对比度和褪色度）
151. IAT，	* IMAGEATTACH	附着图像（将新的图像附着到当前图形）
152. ICL，	* IMAGECLIP	图像剪裁（为图像对象创建新的剪裁边界）
153. IM，	* IMAGE	图像（管理图像）
154. —IM，	* —IMAGE	图像（命令行输入）
155. IMP，	* IMPORT	输入
156. IO，	* INSERTOBJ	OLE 对象
157. LI，	* LIST	列表（显示选定对象的数据库信息）
158. LO，	* —LAYOUT	新建布局
159. LS，	* LIST	列表（显示选定对象的数据库信息）
160. MS，	* MSPACE	从图纸空间切换到模型空间视口
161. MV，	* MVIEW	创建并控制布局视口（在布局选项卡上工作时）
162. OP，	* OPTIONS	选项…（自定义设置）
163. PA，	* PASTESPEC	"选择性粘贴"对话框（插入剪贴板数据并控制数据格式）
164. PARTIALOPEN，	* —PARTIALOPEN	（将选定视图或图层的几何图形加载到图形中）
165. PS，	* PSPACE	在布局选项卡上工作时，AutoCAD 从模型空间切换到图纸空间

快捷键	命令	功能
166. PTW,	* PUBLISHTOWEB	网上发布...
167. SCR,	* SCRIPT	行脚本...（从脚本文件执行一系列命令）
168. SE,	* DSETTINGS	草图设置（指定捕捉模式.栅格.极轴追踪和对象捕捉追踪的设置）
169. SET,	* SETVAR	设置变量（列出系统变量或修改变量值）
170. SP,	* SPELL	拼写检查...（检查图形中的拼写）
171. TA,	* TABLET	数字化仪（校准.配置.打开和关闭已连接的数字化仪）
172. TH,	* THICKNESS	设置当前的三维厚度（系统变量）
173. TI,	* TILEMODE	将"模型"选项卡或最后一个布局选项卡置为当前（系统变量）
174. TOL,	* TOLERANCE	公差
175. UC,	* UCSMAN	显示 ucs 对话框
176. UN,	* UNITS	单位...（控制坐标和角度的显示格式并确定精度）
177. —UN,	* —UNITS	单位...（命令行输入）
178. V,	* VIEW	命名视图...（保存和恢复命名视图）
179. —V,	* —VIEW	命名视图...（命令行输入）
180. VP,	* DDVPOINT	视点预置...（设置三维观察方向）
181. —VP,	* VPOINT	
182. X,	* EXPLODE	输出...（以其他文件格式保存对象）
183. EXIT,	* QUIT	退出
184. EXP,	* EXPORT	输出
185. XA,	* XATTACH	附着外部参照（将外部参照附着到当前图形）
186. XB,	* XBIND	外部参照绑定（绑定一个或多个在外部参照里的命名对象定义到当前的图形 ）
187. —XB,	* —XBIND	外部参照绑定（命令行输入）
188. XC,	* XCLIP	外部参照剪裁（定义外部参照或块剪裁边界,并设置前剪裁平面或后剪裁平面）
189. XR,	* XREF	外部参照管理器（控制图形文件的外部参照）
190. —XR,	* —XREF	外部参照管理器（命令行输入）